高等职业教育工业生产自动化技术系列教材

生产过程自动化仪表识图与安装（第3版）

李 駪 主 编

姜秀英 王锁庭 宋小旭 副主编

张益起 李 滨 主 审

電子工業出版社

Publishing House of Electronics Industry

北京 • BEIJING

内 容 简 介

本书主要介绍生产过程自动化仪表安装基础知识，仪表工程图例符号与控制室平面布置图的识读，仪表施工基本图的识读，传感器及取源部件的识读与安装，常用仪表安装工程设施和施工材料，生产过程自动化仪表管路的安装，自动化仪表盘的安装及配线，生产过程自动控制设备的安装，生产过程自动化仪表安全防护，仪表辅助设备的制作、安装与工程验收以及仪表安装综合实训等内容。

本书注重操作技能，每章都设有相关的实际技能训练。本书既可作为高职高专和成人教育工业生产自动化类专业相关课程的教材，也可供化工、炼油、冶金、轻工、石油、制药、电力等院校及相关企业职工教育学校作为参考教材，还可作为仪表工识图与安装的简易手册。

图书在版编目（CIP）数据

生产过程自动化仪表识图与安装 / 李駥主编. —3 版. —北京：电子工业出版社，2017.1
ISBN 978-7-121-30319-7

Ⅰ. ①生… Ⅱ. ①李… Ⅲ. ①生产过程－自动化仪表－识图－高等学校－教材②生产过程－自动化仪表－安装－高等学校－教材 Ⅳ. ①TH86

中国版本图书馆 CIP 数据核字（2016）第 271253 号

策划编辑：王昭松
责任编辑：王昭松
印　　刷：北京盛通数码印刷有限公司
装　　订：北京盛通数码印刷有限公司
出版发行：电子工业出版社
　　　　　北京市海淀区万寿路 173 信箱　邮编 100036
开　　本：787×1092　1/16　印张：17　字数：435.2 千字
版　　次：2006 年 12 月第 1 版
　　　　　2017 年 1 月第 3 版
印　　次：2025 年 2 月第 14 次印刷
定　　价：55.00 元

凡所购买电子工业出版社图书有缺损问题，请向购买书店调换。若书店售缺，请与本社发行部联系，联系及邮购电话：（010）88254888，88258888。

质量投诉请发邮件至 zlts@phei.com.cn，盗版侵权举报请发邮件至 dbqq@phei.com.cn。

本书咨询联系方式：（010）88254015　wangzs@phei.com.cn　QQ：83169290。

前　言

“生产过程自动化仪表识图与安装”是工业生产自动化技术、仪表维修技术、电气自动化技术、热工仪表自动化技术、自动控制技术等专业必不可少的专业课，是一门重要的理论与实践相结合的综合性技能型课程。随着我国大中型生产企业自动化生产线水平的日益提高，许多企业都采用了先进的自动化控制系统，因此编写适合高职高专学生，并以现代先进的安装手段及工程图的识读为目标的应用型教材，对培养掌握生产过程自动化技能的人才，具有非常重要的意义。

本书按照“十三五”人才培养的时代要求，突出工程类高职高专教育的特色，以培养技能应用型人才为目标，注重培养学生的实际工作能力和对工程施工规范标准的理解和掌握，提高其专业应变能力和综合专业素质，为学生适应生产过程自动化岗位建立平台。本书严格执行国家生产过程自动化仪表安装规范标准，在内容上，介绍具体原则较多，原理较少，主要介绍实际安装工程及施工图纸的识读，其内容都经过实践检验。本书可以指导学生敢于实践，灵活运用，并在技改及新项目中有创造性的发展。本书突出指导性、实用性和可操作性，着重培养学生的动手安装能力，以达到培养高技能人才的目的。

本书具有以下三个特点。

1．实用性：本书内容接近实际生产过程中的自动化仪表安装工程和生产企业仪表工的日常工作，涉及的专业技术面广，综合运用性强，着重培养学生的动手能力。

2．先进性：为适应高等职业教育的要求，本书知识点力争体现先进性，尽量收集反映生产过程自动化仪表安装的先进技术，如DCS、FCS、PLC等先进系统的安装。

3．通俗性：本书内容以具体原则为主，原理尽量少，充分考虑技能型人才的培养目标，严格执行国家生产过程自动化仪表安装的规范和标准。

本书的第1版于2007年出版、第2版于2011年修改后，受到了不少高职和大专院校的欢迎，被选为教材，也得到了许多自动化技术人员的肯定。再版时我们征求了部分教师与工程师的建议，为方便教学与课程的改革，特增加了“生产过程自动化仪表识图与安装”课程标准；还与仪表公司配合制作了与本教材配套的“仪表自动化识图与安装综合实训装置”并研发了自动评分系统配套使用（可作为技能大赛装置和双证书培训考核装置）。根据设计完成仪表与仪表之间、仪表与工艺管路、现场仪表与中央控制室、现场控制室之间的种种安装与系统调试。

本仪表安装综合实训装置的设计结合了目前职业院校《生产过程自动化仪表识图与安装》、《自动化装置安装与维修》、《过程仪表安装与维护》、《传感器与自动检测仪表》、《过程控制工程实施》、《过程控制工程设计》及《自动检测仪表与控制仪表》等课程实训大纲的要求。学员使用本仪表安装实训装置，工作后可以面向石油、制药、化工、冶金、热电、纺织等行业的大、中型企业，从事自动化仪表工程的安装、维护、调试、验收以及工业自动化仪表维修等工作。

本仪表安装综合实训装置的设计思想主要是：通过使用本实训装置，全面培养学员的动手能力和操作技能，对自动化仪表具有一定程度的识读和安装能力；对过程装置安装调试有一个全面的掌握；能依据工业自动化仪表工程施工及验收规范进行工程验收实训；形成基本解决实践问题的能力体系。即通过使用本实训装置，使学员能从事仪表自动化工程项目的识图安装、仪表选型、精度调校、回路测试、系统联校、运行调试、交工验收等工作。

本书共分11章，第1章为生产过程自动化仪表安装概述，介绍生产过程自动化仪表的安装特点、安装术语与施工图形符号以及仪表安装前的程序等；第2章介绍仪表工程图例符号与控制室平面布置图的识读；第 3 章介绍仪表施工基本图的识读；第 4 章介绍传感器及取源部件的识读与安装；第 5 章介绍常用仪表安装工程设施和施工材料；第 6 章介绍生产过程自动化仪表管路的安装；第 7 章介绍自动化仪表盘的安装及配线；第 8 章介绍生产过程自动控制设备的安装；第 9 章介绍生产过程自动化仪表安全防护；第 10 章介绍仪表辅助设备的制作、安装与工程验收；第 11 章给出仪表安装综合实训。

本书使用了大量的工厂应用实例，在编写过程中聘请企业的专家给予指导，结合工厂的应用实际，对仪表图纸识读及仪表安装方法进行了详尽的阐述。

本书的再版工作由天津渤海职业技术学院的李眺、姜秀英以及天津石油职业技术学院的王锁庭老师完成。希望再版后的教材能为读者理解本书内容提供帮助，同时对原作者李小平、董会英、姜涛以及原主审张德泉老师表示深深的敬意。感谢他们付出的辛勤劳动，并对他们深厚的专业知识表示崇高的敬意。本书配套的电子课件及《工业自动化仪表工程施工及验收规范》等，可登录华信教育资源网（http://www.hxedu.com.cn）免费下载。

由于编者水平有限，书中难免存在不足之处，恳请读者指正。

编　者

2017 年 1 月

目　录

第1章 生产过程自动化仪表安装概述

【知识目标】

1．熟悉各种典型的带控制点工艺流程图的识读。

2．了解仪表识图与安装的工作特点。

3．熟悉仪表安装术语。

【技能目标】

1．掌握工艺设备的仪表选型与基本安装。

2．掌握仪表安装施工前准备阶段与施工安装阶段的内容。

3．会仪表安装施工后的试车、交工验收。

【素质目标】

在以安装为主线的一体化教学过程中，培训学员的团队合作能力；专业技术交流的表达能力；制订工作计划的方法能力；获取新知识、新技能的学习能力；解决实际问题的工作能力。

1.1 仪表识图与安装工作的特点

仪表自动化识图与安装就是要识读各种仪表安装图，把控制系统各个独立的部件即仪表、管线、电缆、桥架、附属设备等按设计图纸的要求组成回路或系统完成检测或调节任务。

1．仪表安装特点

安装技术要求严，工种掌握技能全，基本知识得精通，工艺联系应紧密，施工工期要缩短，安全技术必突出，这些特点构成了仪表安装工作的基础。

（1）安装技术要求严。这一特点主要是由于仪表品种繁多、形式多样，以及安装对检测的准确性及系统运行质量可能造成重大影响。例如，一个元件安装不符合技术要求，就有可能造成很大的检测误差。又如，在高压设备上的施工，任何马虎或不按规程办事，都可能引起生产事故或造成不可估量的损失。从控制系统本身而言，许多工厂由于仪表安装不合理，以致不能达到设计的预期目的。

（2）工种掌握技能全。这一特点是显而易见的。例如，安装一块仪表盘，除需要焊工、钳工、管工、电工及仪表工等主要工种外，还需要土木工、油漆工等辅助工种。因此，要求仪表安装队按一定的比例配备多方面的人才。

（3）基本知识得精通。由于仪表型号众多、品种繁杂，要一一掌握并不容易，因此要求仪表安装人员必须掌握仪表的工作原理、使用方法、注意事项等基本知识，同时还要求他们对工艺有所了解。这对深刻领会仪表安装中的各项技术要求、设计意图很有帮助。

（4）工艺联系应紧密。仪表是为工艺生产服务的，仪表的安装工作也只是整个安装工作的一个组成部分。在施工中，工艺是主体，仪表安装要从属于工艺。当它们之间发生矛盾时，往往仪表就得让路。例如，仪表管线与工艺管线相碰时就得改道。当然，在一些有关检测质量的重大原则上（如孔板安装的直管段问题），仪表安装仍应坚持有关安装规范，要求工艺做出一定的让步，以满足仪表的技术要求。安装中若出现此类情况，仪表安装人员应主动与工艺安装人员联系，使他们能考虑仪表的特殊要求，事先予以配合。

（5）施工工期要缩短。由于仪表安装在整个安装工程中处于从属地位，因此它在现场的施工工期是不允许延长的。通常在主体安装完成 70%之前，仪表施工往往还无法进入现场，但当仪表施工开始展开，工艺主体设备安装却又进入尾声。为了不影响工艺设备、管道的试压和试运转，安装队又催促仪表安装工作加紧进行。如此看来，仪表安装的组织工作极其重要，特别是充分做好施工前的物资准备，制订合理的施工计划，有效调度施工期间的技术力量，以保证安装质量，加快安装进度。

（6）安全技术必突出。因为高空作业、露天作业、交叉作业多等原因，使得安全技术要求尤为突出。另外，除工艺专业外，仪表安装还与其他专业有着密切的联系，例如土建专业，仪表管线的穿孔及支承都要求土建时做好准备，才不致返工或影响施工进度。因此，安装工作必须有统一的领导和各方面的协作。

2. 仪表安装工作

一个完整的仪表安装工作应包括：安装前的准备阶段，图纸资料的准备工作，安装技术的准备工作，辅助安装工作，主要安装工作，安装竣工后校验、调整和试运工作，工程验收和移交等方面的工作。

3. 对仪表安装人员的要求

自动化技术日新月异，对仪表与自动化专业人员的要求越来越高，仪表安装人员必须不断补充新知识与新技能。很多仪表与自动化的专业人员经历了从电动III型仪表逐步过渡到集散控制系统（DCS），又进一步过渡到现场总线控制系统（FCS）这样一个自动化控制装置的发展历程。

在这三种典型控制系统的发展过程中，许多企业仍在不断研究推出以计算机为核心的工业计算机控制系统和含有一定智能模块的智能化控制系统。控制系统的不断变化，要求自动化从业技术人员必须适应技术发展的要求，除了要学习新技术外，对仪表工的基本理论与传统技术也不能完全抛弃，例如，对各类图纸的识别既要具有传统的理论基础，又要掌握新的技术。

1.2　仪表安装术语与图形符号

1.2.1　仪表安装术语

（1）测量点（一次点）：指检测系统或控制系统中，直接与工艺介质接触的点。如压力检测系统中的取压点，温度检测系统中的热电偶、热电阻安装点等。一次点可以在工艺管道上，也可以在工艺设备上。

（2）一次部件（取源部件）：通常指安装在一次点上的仪表加工件，如压力检测系统中的取压短节、测温系统中的温度计凸台等。

（3）一次阀门（取压阀）：指直接安装在一次部件上的阀门，如与取压短节相连的压力检测系统的阀门，与孔板正、负压室引出管相连的阀门等。

（4）一次元件（传感器）：指直接安装在现场且与工艺介质相接触的元件，如热电偶、热电阻等。

（5）一次仪表：现场仪表的一种，指安装在现场且直接与工艺介质相接触的仪表，如弹簧管压力表、双金属温度计、差压变送器等。

（6）一次调校（单体调校）：指仪表安装前的校验。按 GB50093—2013《自动化仪表工程施工及质量验收规范》的要求，原则上每台仪表都要经过一次调校。一次调校的重点是检验仪表的示值误差、变差，调节仪表的比例度、积分时间的误差、微分时间的误差、控制点偏差、平衡度等。只有一次调校符合设计或产品说明书要求的仪表才能安装，以保证二次调校的质量。

（7）二次仪表：指仪表示值信号不直接与工艺介质接触的各类仪表。二次仪表的输入信号通常为变送器变换的标准信号。二次仪表接收的标准信号一般有三种：气动信号，0.02～0.10MPa；Ⅱ型电动单元组合仪表信号，0～10mA DC；Ⅲ型电动单元组合仪表信号，4～20mA DC 或 1～5V。

（8）现场仪表：安装在现场的仪表的总称，包括所有一次仪表，也包括安装在现场的二次仪表。

（9）二次调校（二次联校、系统调校）：指仪表现场安装结束后以及控制室配管、配线完成且通过校验后，对整个检测回路或自动控制系统的检验，也是仪表交付正式使用前的一次全面校验。其校验方法通常是在检测环节上加一信号，然后仔细观察组成系统的每台仪表是否工作在误差允许的范围内。如果超出误差允许范围，又找不出原因，就要对组成系统的全部仪表重新调试。

二次调校通常是一个回路、一个系统地进行，包括对信号报警系统和联锁系统的试验。

（10）仪表加工件：是全部用于仪表安装的金属、塑料机械加工件的总称，在仪表安装中占有特殊地位。

（11）带控制点流程图：指用过程检测和控制系统设计符号来描述生产过程自动化内容的图纸。它详细地标出仪表的安装位置，是确定一次点的重要图纸，是自控方案和自动化水平的全面体现，也是自控设计的依据，并供施工安装和生产操作时参考。

生产过程自动化图纸中的各类仪表功能除用字母和字母组合表达外，其仪表类型、安装位置、信号种类等具体意义可用相关图形符号标出，熟知这些图形符号的含义有利于识读仪表自动化控制类图纸。

1.2.2　仪表安装常用图形符号

1. 仪表类型及安装位置图形符号

仪表类型及安装位置图形符号种类繁多、功能各异，既有传统的常规仪表，又有近年来被广泛使用的DCS类、可编程逻辑控制器及控制计算机类等仪表；既有现场安装仪表，又有架装仪表、盘面安装仪表及控制台安装仪表或显示器等。自动化控制图纸中的各类仪表均是以相应的图形符号表示的，仪表类型及安装位置的部分图形符号如表1.1所示。

表1.1　仪表类型及安装位置的图形符号

系统名称	图形符号	说明
集散系统共享显示或共享控制仪表（通常可由操作者进行存取）	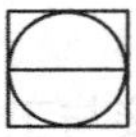	在监视室内，进行图形显示，包括记录仪、报警点、指示器，具有： a．共享显示 b．共享显示和共享控制 c．对通信线路的存取受限制 d．在通信线路上的操作员接口，操作员可以存取数据
	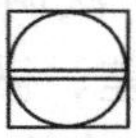	操作者辅助接口装置： a．不装在主操作控制台上，采用安装盘或模拟荧光面板 b．可以是一个备用控制器或手工操作台 c．对通信线路的存取受限制 d．操作员通过通信线路接口存取数据
	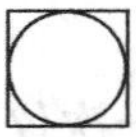	操作者不可存取数据情况： a．无前面板的控制器，共享盲控制器 b．共享显示器，在现场安装 c．共享控制器中的计算、信号处理 d．可装在通信线路上 e．通常为无监视手段运行 f．可以由组态来改变
计算机系统（计算机元部件驱动集散系统各功能的集成电路微处理机不同，组成计算机的各单元装置可以通过数据主链路与系统成一整体，也可以是单独设置的计算机）	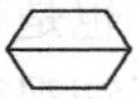	通常可由操作者进行存取，用于图像显示指示器/控制器、记录器/报警点等
	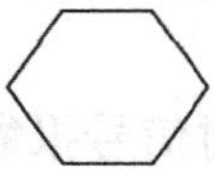	操作者通常不能利用输入/输出部件进行存取，以下情况用该符号： a．输入/输出接口 b．在计算机内进行的计算/信号处理 c．可以看作是没有操作面板的盲控制器或者一个软件计算模件
逻辑控制器与顺序控制器		通用符号，用于没有定义的复杂的内部互连逻辑控制或顺序控制
逻辑控制器与顺序控制器	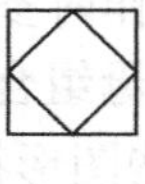	在带有二进制或者顺序逻辑控制的集散系统内，控制设备连接的逻辑控制器。用该符号表示： a．程序标准化的可编程逻辑控制器或集散控制设备的数字逻辑控制整体 b．操作者通常不可存取
		有二进制或者顺序逻辑功能的集散系统内部连接逻辑控制器： a．插件式可编程逻辑控制器或者集散系统控制设备的数字逻辑控制整体 b．操作者正常情况下可以存取

续表

系统名称	图形符号	说　明
通用功能框图（SAMA 标准）		测量值
		手动信号处理
	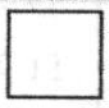	自动信号处理
	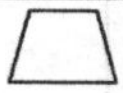	最后的控制对象
共用通信链	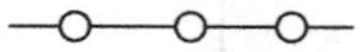	以下情况用通信链表示： a. 用来指示一个软件链路或由制造厂提供的系统各要素之间的连接 b. 所选择的链如果是隐含的，由相邻的符号替代表示 c. 可以用来指示用户选择的通信链

除表 1.1 中所罗列的各类仪表外，还有以下几点补充说明。

（1）盘后安装仪表、不与 DCS 进行通信连接的 PLC、不与 DCS 进行通信连接的计算机功能组件图符如图 1.1 所示。

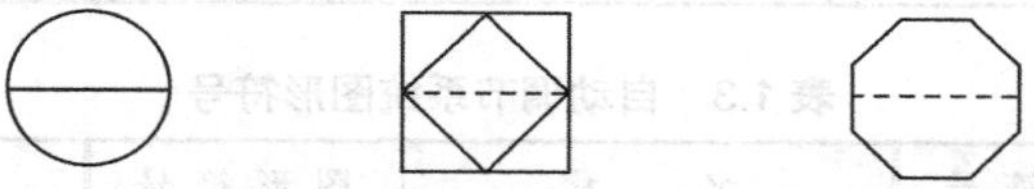

图 1.1　三种图符

（2）表示执行联锁功能的图形符号如图 1.2 所示。

（a）继电器执行联锁功能的图形符号　（b）PLC 执行联锁功能的图形符号　（c）DCS 执行联锁功能的图形符号

图 1.2　执行联锁功能的图形符号

2. 仪表管道管件、自动调节系统及配管配线的图形符号

仪表管道管件、自动调节系统及配管配线的图形符号分别如表 1.2～表 1.4 所示。

表 1.2　仪表管道管件图形符号

序　号	名　称	图　例	说　明
1	主要管道		线宽为 $3b$，b 为一个绘图单位
2	次要管道		线宽为 b
3	软管	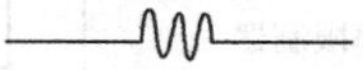	
4	催化剂输送管道		线宽为 $6b$
5	带伴热管道		

续表

序号	名称		图例	说明
6	管内介质流向			
7	进出装置或单元的介质流向		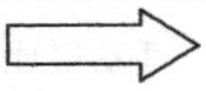	
8	装置内图纸连接方向		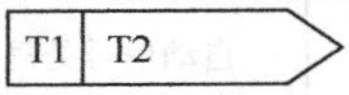	T1 为图纸号，T2 为管道编号或属性
9	成套供货设备范围界限			
10	管道等级分界符			竖杠分界线也可用 Y 表示
11	异径管	同心	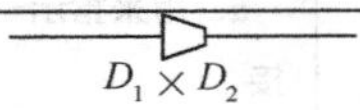	D_1为大端管径，D_2为小端管径，单位为 mm
		偏心	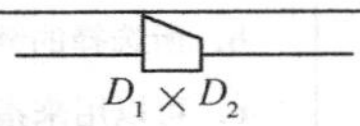	
12	波纹膨胀节		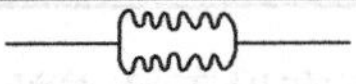	
13	相界面标识符		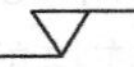	
14	管帽			

表 1.3　自动调节系统图形符号

名称	图形符号	名称	图形符号	名称	图形符号
流量变送器	FT	低值选择器	<	电流/电流转换器	I / I
液位变送器	LT	高值限幅器	≯	电流/气压转换器	I / P
压力变送器	PT	低值限幅器	≮	气压/电流转换器	P / I
温度变送器	TT	高限监视器	H⁄	气压/电压转换器	P / V
转速变送器	ST	低限监视器	L⁄	电压/气压转换器	V / P
位置变送器	GT	高、低值限幅器	≯ ≮	模/数转换器	A/D
指示器	I	高、低限监视器	H / L	开方器	√
记录器	R	速率限制器	V ≯	乘法器	×
继电器线圈		电阻/电流转换器	R / I	除法器	÷

续表

名　称	图形符号	名　称	图形符号	名　称	图形符号
自动/手动切换开关	T	电阻/电压转换器	R/V	偏置器	±
手操信号发生器		热电势/电压转换器	MV/V	比较器	△
模拟信号发生器	A	电压/电流转换器	V/I	加法器	Σ
切换	T	电流/电压转换器	I/V	均值器	Σ/n
高值选择器	>	电压/电压转换器	V/V	积算器	Σ/t
比例调节	K	伺服放大器	AS	自动/手动操作器	A/M
积分调节	∫	不制定形式的执行机构	$f(x)$	跟踪组件	TR
微分	d/dt	死区组件	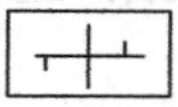	数/模转换器	D/A
时间函数切换器	$f(t)$	速度控制器	v	频率转换器	f/f

表 1.4　配管配线图形符号

序　号	内　容	图形符号	序　号	内　容	图形符号
1	单管向下		4	管束向上	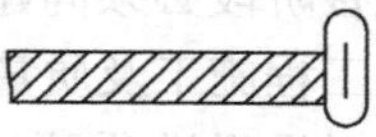
2	单管向上	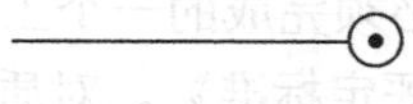	5	管束向下分叉平走	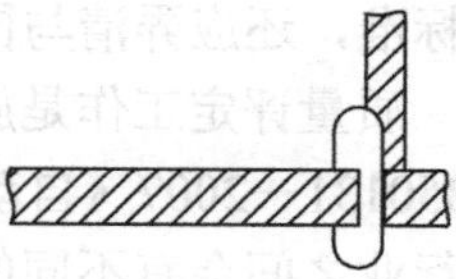
3	管束向下	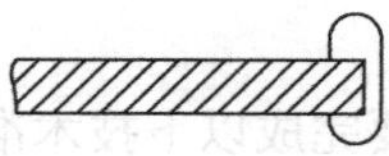	6	管束向上分叉平走	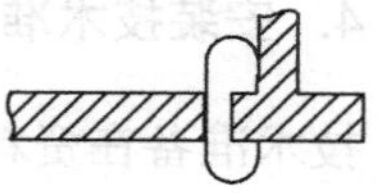

1.3 施工准备阶段

1. 仪表安装准备阶段

仪表安装准备阶段是进行一系列安装项目的前奏，它进行得充分与否，对安装工作质量和施工进度具有决定性的影响。通常，在准备阶段，仪表安装队根据被安装工艺对象预估的工作量来配备管理和技术力量，成立各安装小组，配置必需的施工工具和设备，建立修配、加工车间、库房和办公室等。

2. 安装资料的准备

安装资料包括施工图、常用的标准图、自动化控制安装图册、GB50093—2013《自动化仪表工程施工及质量验收规范》和质量验评标准，以及有关手册、施工技术要领等。

施工图是施工的依据，也是交工验收的依据，还是编制施工预算和工程结算的依据。一套完整的仪表施工图，应该包括下列内容：（1）图纸目录；（2）设计说明书；（3）仪表设备汇总表；（4）仪表一览表；（5）安装材料汇总表；（6）仪表加工件汇总表；（7）电气材料汇总表；（8）仪表盘正面布置图；（9）仪表盘背面接线图；（10）供电系统图；（11）电缆敷设图；（12）槽板（桥架）定向图；（13）信号、联锁原理图；（14）供电原理图；（15）电气控制原理图；（16）控制系统原理图；（17）设备平面图；（18）控制阀、节流装置计算书及数据表；（19）仪表系统接地；（20）带控制点工艺流程图；（21）设计单位企业标准和安装图册。

施工单位向建设单位领取图纸，施工队向项目部领取图纸，施工小组向施工队领取图纸，都要按图纸目录进行核对。

上述图纸是对常规仪表而言，集散控制系统没有仪表盘，增加了端子柜、输入/输出装置、单元控制装置、报警联锁装置和电机控制中心部分的图册等。

3. 施工验收规范

施工验收规范是施工中必须要达到和遵守的技术要求和施工规范。一般在开工前，即在施工准备阶段必须同建设单位商定妥当执行什么规范。通常国家标准 GB50093—2013《自动化仪表工程施工及质量验收规范》是设计、施工、建设三方面都接受的标准。

对于引进项目，在签订合同时，应该明确执行什么标准，以及执行标准的深度。若采用国外标准，还应弄清与国内标准（规范）的差异，便于在施工时掌握。

质量评定工作是施工过程中，特别是施工结束时必须完成的一个工作，一般情况下都执行GB50131—2007《自动化仪表安装工程施工质量检验评定标准》。对质量验评标准，各部门、各行业之间会有不同的要求，在施工准备阶段，必须同建设单位商定。

4. 安装技术准备

技术准备在资料准备的基础上进行，具体来说，要完成以下技术准备工作。

（1）参与施工组织设计的编制。施工组织设计图纸是施工单位拟建工程项目，全面安排施工准备，规划、部署施工活动的指导性技术文件。自动化控制专业要参与由总工程师牵头的施工组织设计编写，其大部分内容都要有自动化控制专业自己的意见。

（2）安装施工方案的编制。施工方案分为三类，其中过程控制仪表专业最重要的方案是中控室仪表的调校方案（集散系统），属于第三类方案。仪表的调校方案由施工队自动化控制仪表专业技术负责人编写，项目部或工程部自动化控制专业技术负责人审核，项目部总工程师审批。其他方案，如仪表安装方案、单体调校方案、信号联锁系统调试方案等均属于一二类方案，由施工队技术员编写，技术组长审核，项目部（工程处）自动化控制专业技术负责人审批即可。

有些更小的方案，如电缆敷设方案等，只要安装施工队审批，工程部备案即可。

（3）完整的自动化控制安装技术方案应包括：① 编制说明；② 编制依据；③ 工程概况，包括主要的实物量；④ 工程特点；⑤ 主要施工方法和施工工序；⑥ 质量要求及质量保证措施；⑦ 安全技术措施；⑧ 进度网络计划；⑨ 劳动力安排，预计经济效益；⑩ 主要施工机具，标准仪器一览表。

主要施工方法和施工工序是方案的核心，质量要求和质量保证措施是方案的基础，这些都是技术方案的重点。施工方案和施工步骤要具体地写出来，作为检验方案的标准。

（4）方案实施基础是保证质量。没有质量就没有进度，质量保证措施应尽可能地具体和详细，执行的工程验收规范要写清楚。

（5）安全技术措施是方案重点。没有安全技术措施的方案是不完善的施工方案，安全第一应贯穿始终。

技术准备还有一项重要内容是特殊工种的培训和特殊工具、机具的准备，强调工具和机具的使用。

5. 施工设计单位图纸会审

自动化控制专业的技术准备工作，还包括两个重要的图纸会审。一个是由建设单位牵头，以设计单位为主，施工单位参加的设计图纸会审，主要解决设计存在的问题，特别是设备、材料的缺项和提供的图纸、图标、作业指导书是否齐全。另一个图纸会审是由施工单位自行组织，通常由技术总负责人（总工程师）牵头，主管工程技术的部门具体组织，各专业技术负责人和施工队技术人员参加。自动化控制专业在这个会审中解决的重点是其他专业可能会影响仪表施工的问题。这些问题要尽量提出来，在施工以前解决。

6. 施工技术准备工作交底

施工技术准备工作交底分别是设计交底、施工技术交底和工程技术人员向施工人员的施工交底。

（1）设计交底在施工准备初期进行，由建设单位组织，施工单位参加，设计单位向这两个单位做设计交底。一般由设计技术负责人主讲，然后按专业分别对口交底。设计交底的主要目的是介绍设计指导思想、设计意图和设计特点。施工单位参加的目的是为了更好地了解设计，使其在解决施工中的问题时，有明确的指导思想。

（2）施工技术交底是由施工单位中主管施工、技术的部门组织，总工程师或项目部、工程处的技术负责人向第一线的施工技术人员的技术交底。重点是对某一特定的工程项目，准备采用的主要施工方法，使用的主要施工机具，施工总进度的具体安排，质量指标、安全指标及效益指标的交底。

（3）技术人员向施工人员的施工交底一般在施工中进行。严格地说，这不是施工准备的内容，这是一个由过程控制仪表专业工程技术员主讲，具体施工人员参加的一个交底。主讲人要针对某一具体工序，向施工人员讲清楚工序衔接、施工要领、预定的目标，同时要交代清楚质量要求、执行规范的具体条款及安全要求。这个交底既可以是文字的，也可以是口头的，但必须要有记录。

7. 单位工程划分

划分单位工程是施工准备的一个重要内容。具体操作是按项目要求，按建设单位的要求，把所施工的项目划分成单项工程、单位工程、分部工程和分项工程。

单位工程的划分与下一步施工，以及交工资料整理都有直接关系。单位工程划分完成后，技术部门与质量管理部门要一起编制“质量控制点明细表”（或称“质量控制点一览表”），按分项工程、分部工程和单位工程的顺序，把每一工序质量检查都列出来，按重要性分为A、B、C三类。C类为班组自检；B类在自检基础上，要求工程处、项目部质量专职检查员检查认可；A类是在专职质检员认可基础上，通知建设单位质检处，要由甲方认可。检查前要发质量共检单，作为交工资料的一个内容。

8. 物资准备

物资准备是施工准备的关键。物资准备包括施工图上提及的所有仪表设备和材料的领取，包括一次仪表，二次仪表，仪表盘（柜），操作台，以及材料表上所列的各种型钢、管材、电缆、电线、补偿导线、加工件、紧固件、垫片，也包括图上未提及的消耗材料及一些不可预计的材料与设备的准备。

物资准备的重点是施工材料（主材和副材）和加工件。加工件包括仪表接头、法兰和辅助容器等。

为保证施工进度和工程质量，在准备加工件的同时，也应准备好加工件保管仓库及保管人员，特别是对数量不多的特种材料加工件，应该建立严格的出入库制度。

9. 施工记录表格准备

对于施工单位来说，竣工时要向建设单位交付两样东西：一是一套完整无缺的能够按设计要求运转的装置，这是硬件；二是按合同和规范要求，交出一套完整的竣工资料，这是软件，现在对软件的要求越来越高。完整的资料是靠表格来反映的，因此，施工前表格资料的准备相当重要。

表格资料主要分两类：一类是施工表格，是如实记录施工过程中工程施工情况的表格，一般由工程管理部门负责；另一类是质量记录表格，是如实记录施工过程中质量管理和质量情况的表格，一般由质量管理部门负责。这两类表格是相对独立的。

施工表格与GBJ 93—2002《自动化仪表安装工程施工验收规范》配套使用。施工表格又可分为两种：一种是施工记录表格，如隐蔽工程记录，节流装置安装记录，导压管吹扫、试压、脱脂、防腐、保温等；另一种是仪表调试记录表格，如仪表单体调校记录、系统调试和信号联锁试验记录等。质量记录表格与国家标准GBJ 93—2013《工业自动化仪表工程施工及质量验收规范》配套使用。由于行业之间理解深度不一，要求不等，因此与这两个国家标准配套使用的表格也各不相同，但一定要符合建设单位的要求。

10. 施工工具和标准仪器、仪表的准备

（1）常用仪表施工机具。

① 台式钻床与手电钻；　② 无油润滑压缩机；

③ 电动套丝机与电动弯管机；　④ 手动切割机与手动弯管机；
⑤ 砂轮切割机；　⑥ 角相磨光机；
⑦ 砂轮机与电动开孔机；　⑧ 电锤与冲击电钻；
⑨ 液压开孔机与自制弯管机；　⑩ 电动弯管机或液压弯管机。

（2）常用校验标准仪器、仪表。

① 压力校验器与活塞式压力计；　② 气动仪表校验仪与氧气表校验器；
③ 温度仪表校验仪（包括水浴、油浴、管状炉）；
④ 0.4 级标准压力表、0.25 级精密台式压力表；
⑤ 数字万用表（5 位半）、数字电压表（0.02 级，0～20mA DC）；
⑥ 0.1 级、0.05 级数字压力计；　⑦ 多功能信号发生器；
⑧ 频率信号发生器；　⑨ 交、直流稳压电源；
⑩ 接地电阻测定仪。

（3）常用安装工具。

① 钢丝钳	6～8 英寸（150～200mm）；
② 弯嘴钳	5 英寸（130mm）；
③ 尖嘴钳	5 英寸（130mm）；
④ 偏口钳	5 英寸（130mm）；
⑤ 剥线钳	140mm，180mm；
⑥ 手虎钳	1 英寸（25mm）；
⑦ 台虎钳	4 英寸（100mm）；
⑧ 管虎钳	1 号（10～73mm）；
⑨ 管钳子	6～12 英寸（20mm×150mm～40 mm×200mm）；
⑩ 电工刀	88～112mm；
⑪ 剪刀	1 号（抛光）；
⑫ 铁皮剪子	2 号；
⑬ 玻璃刀	
⑭ 割管刀	ϕ6；
⑮ 木柄螺丝刀	2～6 英寸（50mm×5mm～125mm×6mm）；
⑯ 胶柄螺丝刀	3/2～3 英寸；
⑰ 十字花螺丝刀	3/2～4 英寸；
⑱ 钟表起子	1～6 号；
⑲ 钟表拿子	双头；
⑳ 活扳子	4 和 6 英寸（14mm×100mm 和 19mm×150mm）；
㉑ 活扳子	8 和 15 英寸（24mm×200mm 和 46mm×375mm）；
㉒ 单头扳子	18 件；
㉓ 双头扳子	6～10 件；
㉔ 两用扳子	6～10 件；
㉕ 套筒扳子	6～11 件；
㉖ 梅花扳子	6～8 件；

㉗ 内六角扳子　13件；
㉘ 什锦组锉　12支；
㉙ 板锉　6英寸（150mm）中齿；
㉚ 扁锉　6英寸（150mm）细齿；
㉛ 方锉　6英寸（150mm）中齿；
㉜ 三角锉　6英寸（150mm）中齿；
㉝ 半圆锉　6英寸（150mm）中齿；
㉞ 木锉　12英寸（300mm）；
㉟ 板牙　Ml～6，1M2～6；
㊱ 圆锉　6英寸（150mm）；
㊲ 板牙扳手　2～6mm；
㊳ 丝锥　Ml～6，1M2～6；
㊴ 丝锥扳手　2～6mm；
㊵ 螺纹卡　公制60°，英制55°；
㊶ 钢板尺　150mm、300mm、500mm；
㊷ 钢卷尺　2m；
㊸ 直角尺
㊹ 水平尺
㊺ 游标卡尺　0～125（±0.25）mm；
㊻ 千分尺　0～25（±0.01）mm；
㊼ 卡钳　内、外卡；
㊽ 钳工画规　中号；
㊾ 冲子　尖；
㊿ 凿子　扁形、窄形；
51 麻花钻头　ϕ1～ϕ10；
52 带丝
53 钟表铁砧台
54 钟表手镊
55 钟表镊子　不锈钢；
56 钟表汽油刷
57 钟表三角油石　天然；
58 放大镜　3～5倍；
59 手电筒
60 冲击电钻
61 射钉枪　ϕ8；
62 弓锯　可调整式；
63 钳工手锤　0.5～1kg；
64 铜锤　0.5kg；
65 木锤　小号；

㊻ 弯管器　　　　　1/2～3/4 英寸。

1.4 施工安装阶段

仪表安装工程的施工周期很长，在土建施工期间就要主动配合，要明确预埋件、预留孔的位置、数量、标高、坐标、大小尺寸等。在设备安装、管道安装时要随时关心工艺安装的进度，主要是确定仪表一次点的位置。

仪表施工的重要阶段一般是在工艺管道施工量完成 70%时，这时装置已初具规模，几乎全部工种都在现场，会出现深度的交叉作业。

1. 安装施工过程的主要工作

（1）配合工艺进行一次仪表安装。

（2）在线仪表安装。

（3）仪表盘、柜、箱、操作台安装就位。

（4）仪表桥架、槽板安装，仪表管、线配制，支架制作安装。

（5）仪表管路吹扫、试压、试漏。

（6）单体调试、系统联校、模拟开/停车。

（7）配合工艺进行单体试车。

（8）配合建设单位进行联动试车。

2. 仪表安装施工顺序

（1）仪表控制室仪表盘的安装与现场一次仪表的安装。仪表控制室的安装工作有仪表盘基础槽钢的制作安装和仪表盘、操作台的安装。核对土建预留孔和预埋件的数量和位置，考虑各种管路、槽板进出仪表控制室的方式和位置。

（2）对出库仪表进行一次调校。这项工作进行时间较为灵活，可以早做准备，也可在仪表盘安装后进行。

（3）在现场要考虑仪表各种管路的走向和标高，以及固定它的支架形式和支架制作安装。保温箱、保护箱底座制作，接线盒、箱的定位。

（4）现场仪表配线和安装包括保护箱、保温箱、接线箱的安装，仪表槽板、桥架的安装，保护管、导压管、气动管缆的敷设，控制室仪表的安装和配线、查线。

（5）仪表管路吹扫和试压。在现场仪表安装和现场仪表管路施工完成后，要配合工艺管道进行吹扫、试压。因此，节流装置不能安装孔板，调节阀在吹扫时必须拆下，用相同长度的短节代替，用临时法兰连接。

（6）配合工艺管道试压、吹扫完毕，在工艺管道正式复位时，再安装上孔板，取下临时短节，安装好调节阀，接好线，配好管。

（7）二次联校。在完成仪表控制室盘上仪表安装、盘后接线及查线，并与现场仪表连接且校核后，应做好系统联校准备。安装基本结束时，与建设单位和设计单位一起进行装置的三查四定，检查是否完成设计变更全部内容。控制室进行二次联校，模拟开/停车，包括报警和联锁回路，集散系统进行回路调试。

1.5 试车、交工阶段

工艺设备安装就位，工艺管道试压、吹扫完毕，工程即进入单体试车阶段。试车由单体试车、联动试车和整体系统试车三个阶段组成。

1. 单体试车

单体试车是由施工单位负责，建设单位参加。单体试车阶段的主要工作是传动设备试运转，电力系统受电、送电，照明系统试照。对于仪表专业来说只是简单的配合。传动设备试运转时，只是应用一些检测仪表，并且大都是就地指示仪表，如泵出口压力指示、轴承温度指示等。大型传动设备试车时，仪表配合复杂些，除就地指示仪表外，信号、报警、联锁系统也要投入，有些还通过就地仪表盘或智能仪表、可编程逻辑控制器进行控制，重要的压缩机还要进行抗喘振、轴位移控制。

2. 联动试车

联动试车是在单体试车成功的基础上进行的。整个装置的动设备、静设备、管道都连接起来。有时用水做介质，称为水联动，打通流程。这个阶段，原则上所有自动化控制系统都要投入运行，就地指示仪表全部投入，控制室仪表（或 DCS）大部分也投入。自动化控制系统先手动，系统平稳后，转入自动。除个别液位系统外，全部流量系统、液位系统、压力系统、温度系统都投入运行。

联动试车以建设单位为主，施工单位为辅。按规范规定，联动试车仪表正常运行 72 小时后施工单位将系统和仪表交给建设单位。

3. 整体系统试车

整体系统试车是在联动试车成功的基础上进行的。顺利通过联动试车后，有些容器完成惰性气体置换后即具备了正式投料生产的条件。

投料是试车的关键，仪表工应全力配合。此时建设单位的仪表工已经接替施工单位的仪表工进入岗位。随着整个系统试车的进行，自动控制系统逐个投入，直到全部仪表投入正常运行。

投料以后，施工单位仪表工仅作为保镖参加整个系统试车，具体操作和故障排除，全由建设单位的仪表工来完成。

将仪表系统交给建设单位，是交工的主要内容。同时，也要把交工资料交给建设单位。原则上，交工资料要与工程同时交给建设单位，但一般是在工程交工后一个月内把资料交接完毕。一份完整的仪表安装后交工资料应有如下内容。

① 交工资料目录；
② 工程交接证书（或交工验收证书）；
③ 中间交接证书（若有中间交接）；
④ 仪表设备移交清单；
⑤ 未完工程（项目）明细表；
⑥ 隐蔽工程记录；
⑦ 仪表管路试压、脱脂记录；
⑧ 节流装置安装记录；
⑨ 仪表（单体）调校记录；
⑩ 仪表二次联校记录；
⑪ 信号联锁系统调试、试验记录；
⑫ 仪表电缆、电线、补偿导线敷设记录；
⑬ 仪表电缆绝缘测试记录；
⑭ 设备、材料汇总表；

⑮ 设计变更、联络图汇总；　　　　　　⑯ 竣工后所有图纸；

⑰ 其他相关文件。

对石化系统，仪表工程建设交工技术文件应按 SH 3503—2007《石油化工建设工程项目交工技术文件规定》标准。化工系统、冶金系统及电力系统也可参照这一标准。

综上所述，以集散系统安装为例，仪表安装施工顺序如图 1.3 所示。

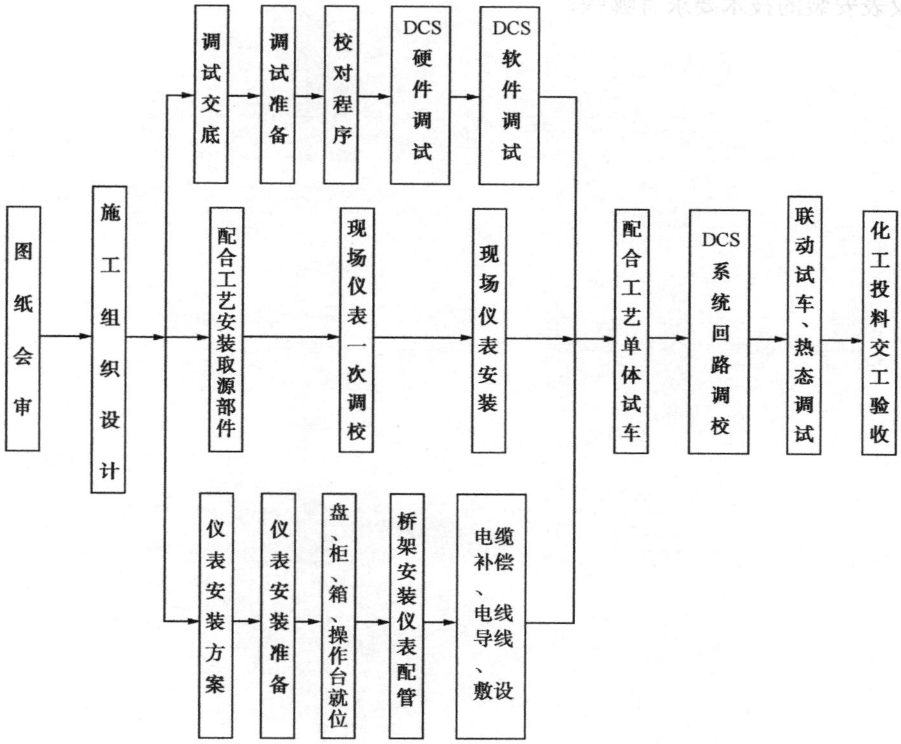

图 1.3　仪表安装施工顺序图

4. 仪表安装技术要求

仪表安装应按照设计提供的施工图、设计变更、仪表安装使用说明书的规定进行，当设计无特殊规定时，要符合 GBJ 93—2013《工业自动化仪表工程施工及质量验收规范》的规定。仪表和安装材料的型号、规格和材质要符合设计规定。修改设计必须要有设计部门签发的设计变更。

思　考　题

1．仪表安装工作有哪些特点？仪表安装工作中需要哪些技术人员和工种？

2．什么叫一次点、一次仪表和一次调校？分别举例说明。

3．仪表安装常用图形符号有哪些？

4．仪表安装前需要做哪些准备工作？
5．技术准备包括哪些内容？
6．仪表安装前需要做哪些物资准备工作？
7．仪表安装时需要哪些常用机具和标准仪器、仪表？
8．仪表安装的主要工作有哪些？安装顺序怎样安排？
9．仪表安装的技术要求有哪些？

第 2 章

仪表工程图例符号与控制室平面布置图的识读

【知识目标】

1．熟悉仪表安装术语与施工图形符号。

2．识读自动化仪表工程图例符号与控制室平面布置图。

3．能对管子、管件、阀门尺寸进行正确选择与识读。

【技能目标】

1．掌握生产过程中四大参数现场仪表的安装与控制室仪表的安装。

2．能根据设计要求完成仪表与工艺管道之间的安装。

3．会现场仪表与中央控制室、DCS 控制室之间的多种连接。

【素质目标】

在以安装为主线的一体化教学过程中，培训学员的团队合作能力；专业技术交流的表达能力；制订工作计划的方法能力；获取新知识、新技能的学习能力；解决实际问题的工作能力。

2.1 常用生产过程自动化安装工程图例符号

2.1.1 图形符号的识读

1．测量点的识读

测量点（包括检测元件）是由生产过程的设备或管道符号引到仪表圆圈的连接引线的起点，一般无特定的图形符号，如图 2.1（a）所示。

若测量点位于设备中，当有必要标出测量点在生产过程设备中的位置时，可在引线的起点加一个直径为 2mm 的小圆符号或使用虚线，如图 2.1（b）所示。

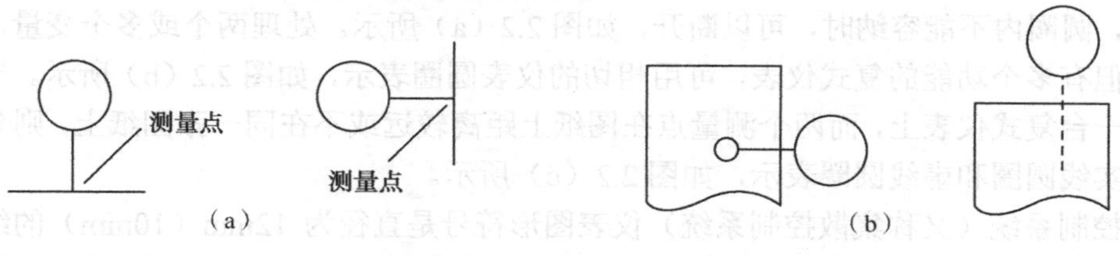

图 2.1 测量点

2. 连接线图形符号的识读

仪表圆圈与生产过程的测量点之间的连接引线、通用的仪表信号线和能源线用细实线表示。当有必要标出能源类别时，可采用相应的缩写标注在能源线符号之上。例如，AS-0.14 为 0.14MPa 或 0.28MPa 的空气源，ES-24DC 为 24V 直流电源。

当通用的仪表信号线为细实线可能造成混淆时，通用信号线符号可在细实线上加斜短画线（一般，斜短画线与信号线成 45°）。仪表连接线图形符号如表 2.1 所示。

表 2.1　仪表连接线图形符号

序　号	类　别	图形符号	序　号	类　别	图形符号
1	仪表与工艺设备、管道上测量点的连接线或机械连动线	（细实线、下同）	4	连接线交叉	
2	通用仪表信号线		5	连接线相接	
3	表示信号的方向				
当有必要区别信号的类别时					
序　号	类　别	图形符号	序　号	类　别	图形符号
6	气压信号		11	电磁、辐射、热、光、声等信号（无导向）	
7	电信号线	或	12	内部系统链（软件或数据链）	
8	导压毛细管		13	机械链	
9	液压信号线		14	二进制电信号	或
10	电磁、辐射、热、光、声等信号（有导向）		15	二进制气信号	

3. 仪表图形符号的识读

仪表图形符号用直径为 12mm（10mm）的细实线圆圈表示。若仪表位号的字母或阿拉伯数字较多，圆圈内不能容纳时，可以断开，如图 2.2（a）所示。处理两个或多个变量，或处理一个变量但有多个功能的复式仪表，可用相切的仪表圆圈表示，如图 2.2（b）所示。当两个测量点引到一台复式仪表上，而两个测量点在图纸上距离较远或不在同一张图纸上，则分别用两个相切的实线圆圈和虚线圆圈表示，如图 2.2（c）所示。

分散控制系统（又称集散控制系统）仪表图形符号是直径为 12mm（10mm）的细实线圆圈，外加与圆圈相切的细实线方框。作为分散系统一个部件的计算机功能图形符号，是对角线长为 12mm（10mm）的细实线六边形。分散控制系统内部连接的可编程逻辑控制器功能图形符号外四方形为 12mm（10mm）。

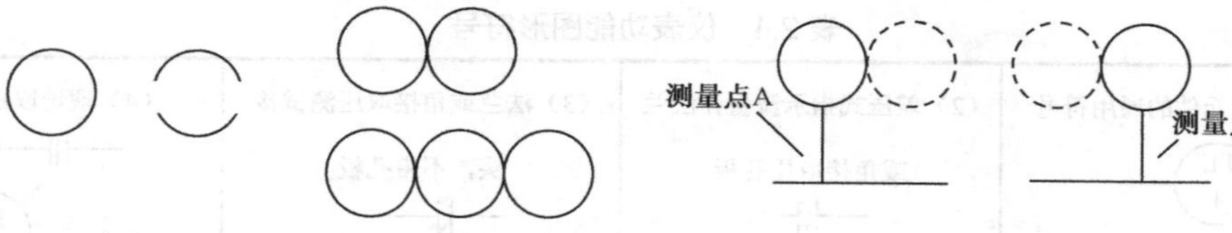

（a）　　（b）　　（c）

图 2.2　仪表图形符号

表示仪表安装位置、执行机构、仪表功能和控制阀体的图形符号的识读，分别如表 2.2～表 2.5 所示。

表 2.2　仪表安装位置的图形符号

	控制室安装操作员监视用*	现场安装正常情况下操作员不监视	辅助位置操作员监视用
离散仪表	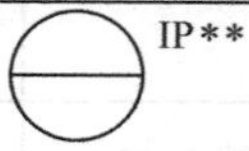 IP**	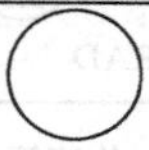	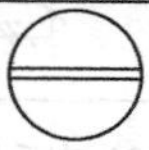
共用显示 共用控制	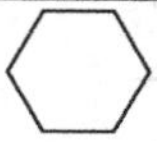	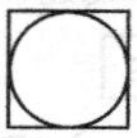	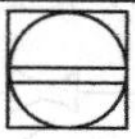
计算机功能	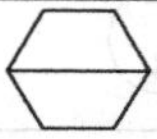	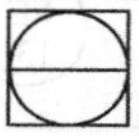	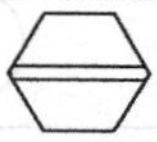
可编程序 逻辑控制功能	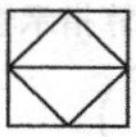		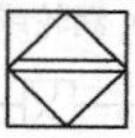

注：*正常情况下操作员不监视盘后安装的仪表设备或功能，仪表图形符号可表示为：

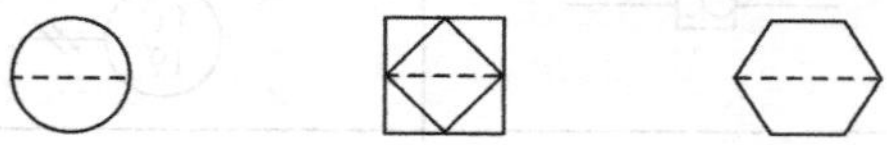

**在需要时标注仪表盘号或操作台号。

表 2.3　执行机构图形符号

（1）带弹簧的薄膜执行机构 	（2）不带弹簧的薄膜执行机构 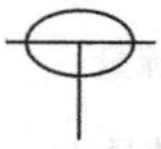	（3）电动执行机构 	（4）数字执行机构 	（5）活塞执行机构单作用 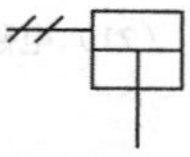
（6）活塞执行机构双作用 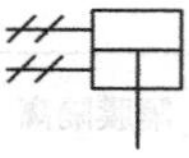	（7）电磁执行机构 	（8）带手轮的气动薄膜执行机构 	（9）带气动阀门定位器的气动薄膜执行机构 	（10）带电气阀门定位器的气动薄膜执行机构 
（11）带人工复位装置的执行机构（以电磁执行机构为例） 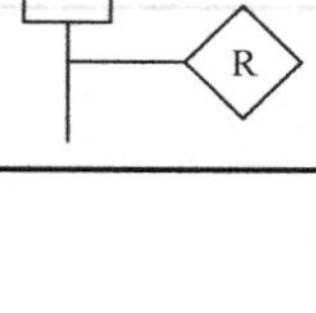		（12）带远程复位装置的执行机构（以电磁执行机构为例） 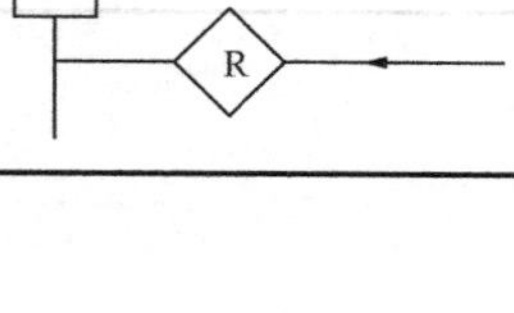		

表 2.4　仪表功能图形符号

（1）流量检测元件的通用符号 FE 4	（2）差压式指示流量计法兰或角接取压孔板 FI 5	（3）法兰或角接取压测试接头，不带孔板 FP 6	（4）理论取压孔板 FE 7 VC
（5）理论取压、径距取压或管道取压孔板，差压式流量变送器 FT 8	（6）径距取压测试接头不带孔板 FP 9A　FP 9B RAD	（7）快速更换装置中的孔板 FE 10	（8）皮托管或文丘里皮托管 FE 11
（9）文丘里管 FE 12	（10）均速管 FE 13	（11）狭槽 FE 14	（12）堰 FE 15
（13）涡轮或旋翼式 FE 16	（14）转子流量计 FE 17	（15）位移式流量积算指示器 FQI 18	（16）流量控制器 FE FC 19
（17）超声流量计 FE 20	（18）旋涡传感器 FE 21	（19）靶式传感器 FE 22	（20）流量喷嘴 FE 23
（21）电磁流量计 FE 24 M	（22）流量元件和变送器为一体 FT 25	MF—质量流量 EMF—电磁流量计 IFO—内藏孔板 VOT—旋涡传感器	（23）时钟 KI 26
（24）指示灯	（25）吹气或冲洗装置 P	（26）复位装置 R	（27）隔膜隔离

表 2.5　控制阀体图形符号

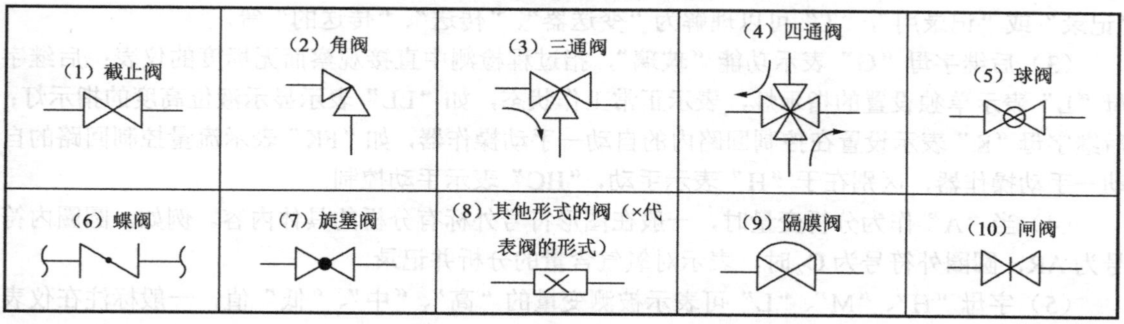

2.1.2　仪表功能及字母代号

在带控制点的工艺流程图中，表示仪表的实线圆里面，可以用字母组合表示该仪表的功能等。如 FI 表示流量指示，F 表示流量，I 表示指示；FE 表示流量检测元件，E 表示检测元件；FP 表示流量测量点，P 表示实验点、测量点；而 PI 表示压力指示，P 在这里则表示压力；FQI 表示流量积算显示。又如 TdRC 几个字母组合在化工自动化中有特定的含义，Td 称为第一位字母，T 代表被测变量温度，d 为 T 的修饰词，含义是“差”，即代表温差；RC 称为后继字母，它可以是一个字母或更多，分别代表不同的仪表功能，R 代表记录或打印，C 代表控制。这就是说，TdRC 实际上是“温差记录控制系统”的代号。

如表 2.6 所示为有关被测变量和仪表功能代号的含义。

表 2.6　检测、控制系统字母代号的含义

字　母	第一位字母		后 继 字 母	字　母	第一位字母		后 继 字 母
	被 控 变 量	修　饰　词	功　能		被 控 变 量	修　饰　词	功　能
A	分析		报警	N	供选用		供选用
B	喷嘴火焰		供选用	O	供选用		节流孔
C	电导率		控制	P	压力、真空		实验点
D	密度	差		Q	数量	积算	积分、积算
E	电压		检测元件	R	放射性		记录、打印
F	流量	比		S	速度、频率	安全	开关或联锁
G	供选用		玻璃	T	温度		传送
H	手动			U	多变量		多功能
I	电流		指示	V	黏度		阀、挡板
J	功率	扫描		W	质量或力		套管
K	时间		手操器	X	未分类		未分类
L	物位		指示灯	Y	供选用		继动器
M	水分			Z	位置		驱动、执行

根据上表规定，在判断仪表或控制系统功能时，还应注意以下几点。

（1）同一字母在不同的位置有不同的含义或作用，处于首位时表示被测变量或初始变量；处于次位时作为首位的修饰，一般用小写字母；处于后继位时表示仪表的功能。

（2）后继字母的确切含义，根据实际情况可做相应解释。如，“R”可以解释为“记录仪”、“记录”或“记录用”，“T”可以理解为“变送器”、“传送”、“传送的”等。

（3）后继字母“G”表示功能“玻璃”，指过程检测中直接观察而无标度的仪表；后继字母“L”表示单独设置的指示灯，表示正常工作状态，如“LL”表示显示液位高度的指示灯；后继字母“K”表示设置在控制回路内的自动—手动操作器，如“FK”表示流量控制回路的自动—手动操作器，区别在于“H”表示手动，“HC”表示手动控制。

（4）当“A”作为分析变量时，一般在图形符号外标有分析的具体内容。例如，圆圈内符号为AR，圆圈外符号为O_2时，表示对氧气含量的分析并记录。

（5）字母“H”、“M”、“L”可表示被测变量的“高”、“中”、“低”值，一般标注在仪表的圆圈外。“H”、“L”还可以表示阀门或其他通、断设备的开关位置，“H”表示全开或接近全开，“L”表示全关或接近全关。

（6）字母“U”表示多变量或多功能时，可代替两个以上的变量或两个以上的功能。

（7）字母“X”代表未分类变量或未分类功能，适用于在设计中一次或有限几次使用。

（8）“供选用”指的是在个别设计中多次使用，而表中未规定其含义。

2.1.3 仪表位号的表示方法

1. 仪表位号组成

在检测、控制系统中，构成一个回路的每个仪表（或元件）都应有自己的仪表位号。仪表位号由字母代号组合与回路编号两部分组成。仪表位号中，第一位字母表示被测变量，后继字母表示仪表的功能。回路编号可按照装置或工段（区域）进行编制，一般用3～5位数字表示。如下例所示：

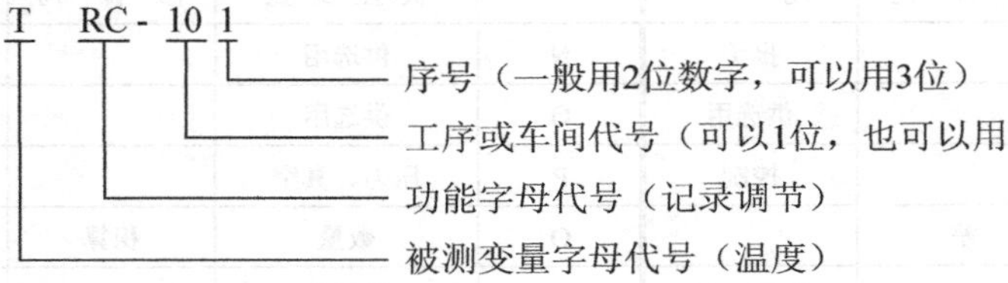

2. 分类与编号

仪表位号按被测变量分类。同一装置（或工段）的相同被测变量的仪表位号中数字编号是连续的，但允许中间有空号；不同被测变量的仪表位号不能连续编号。如果同一个仪表回路有两个以上具有相同功能的仪表，可以在仪表位号后面附加尾缀（大写英文字母）加以区别，例如，PT-202A、PT-202B 表示同一回路里的两台变送器，PV-201A、PV-201B 表示同一回路里的两台控制阀。当属于不同工段的多个检测元件共用一台显示仪表时，仪表位号只编序号，不表示工段号，例如，多点温度指示仪的仪表位号为TI-1，相应的仪表位号为TE-1-1、TE-1-2等。

当一台仪表由两个或多个回路共用时，应标注各回路的仪表位号，例如一台双笔记录仪记录流量和压力时，仪表位号为 FR-121/PR-131，若记录两个回路的流量时，仪表位号应为 FR-101/FR-102 或 FR-101/102。

3. 带控制点流程图和仪表系统图上表示方法

仪表位号的表示方法是：字母代号标在圆圈上半圈中，回路编号标在圆圈的下半圈中。集中仪表盘面安装仪表，圆圈中间有一横，如图 2.3（a）所示；就地安装仪表圆圈中间没有一横，如图 2.3（b）所示。

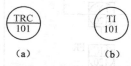

图 2.3　在带控制点流程图上的表示方法

根据图形符号、文字代号和仪表位号表示方法，可以绘制仪表系统图，如表 2.7 所示。

表 2.7　带控制点流程图例

内　容	方　法　一	方　法　二
流量记录、开关、报警	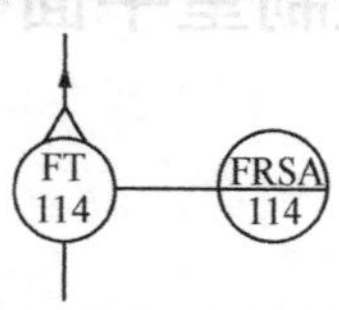FT 114 FRSA 114	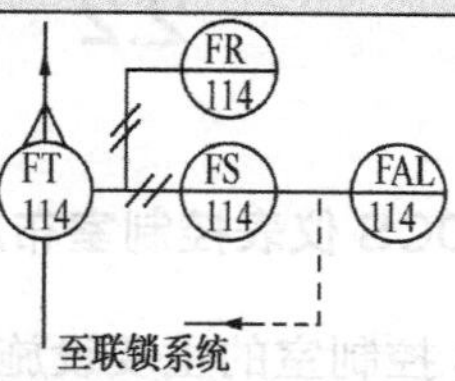FR 114 FT 114 FS 114 FAL 114 至联锁系统
带温度补偿的流量记录、积算	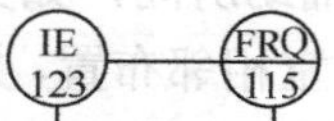IE 123 FRQ 115	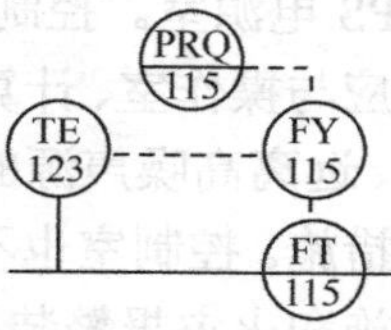PRQ 115 TE 123 FY 115 FT 115
液位指示、联锁、报警	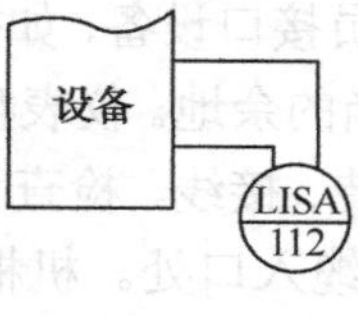设备 LISA 112	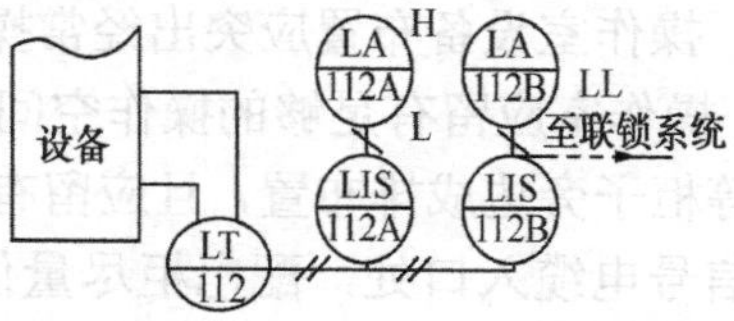H LA 112A LA 112B LL L 至联锁系统 设备 LIS 112A LIS 112B LT 112
温度、压力串级控制系统温度趋势记录，低报警	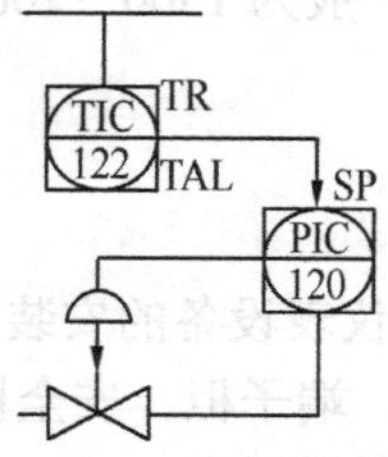TIC 122 TR TAL SP PIC 120	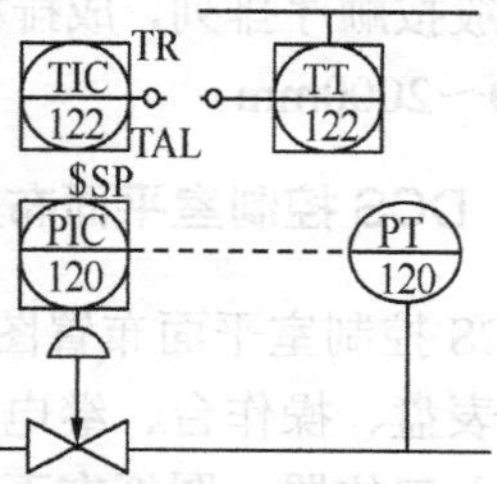TIC 122 TR TAL TT 122 $SP PIC 120 PT 120
带集中指示、操作器的就地压力控制系统（四管系统）	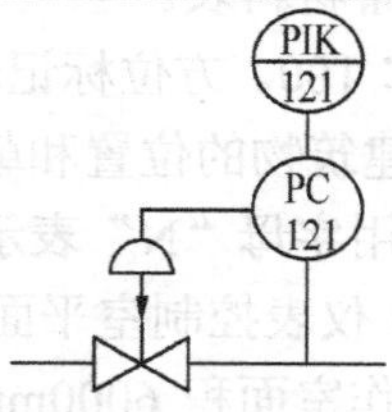PIK 121 PC 121	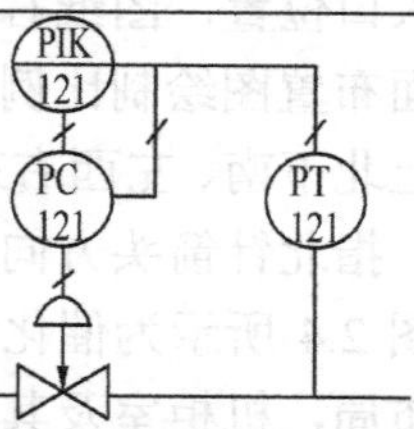PIK 121 PC 121 PT 121

续表

内　　容	方 法 一	方 法 二
带压力和温度补偿的流量记录控制系统	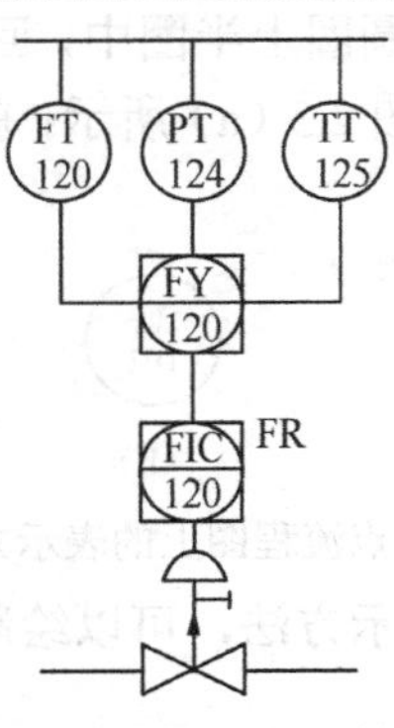	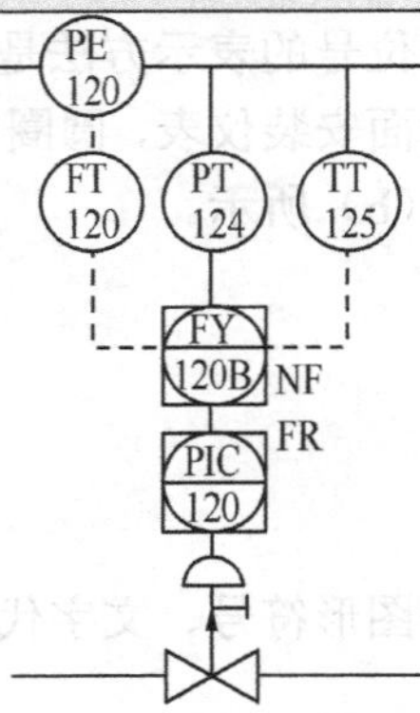

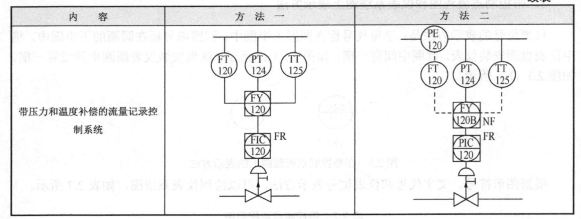

2.2　DCS 仪表控制室平面布置图例

1. DCS 仪表控制室布局

DCS 控制室的主要设施有：安装 DCS 硬件和仪表盘的操作室、机柜室、计算机室或工程师站室及 UPS 电源室。控制室还设有配套的辅助房间，如交接班室、仪表维修室等。

控制室应与操作室、计算机室或工程师站室相邻布置，并有门直通，其位置应选在非爆炸、无火灾危险、远离高噪声源的区域内，最好不要与高压配电室比邻布置，若与高压配电室相邻，应采取屏蔽措施。控制室也不应与压缩机和化学药品库比邻。控制室应按消防规范要求设有相应的消防设施和火灾报警装置。有可燃或有毒气体的控制室，应设有相应的检测报警器。

操作室设备布置应突出经常操作的操作员接口设备，如操作站，以便于操作人员观察和处理。操作室应留有足够的操作空间并留有适当的余地。仪表盘或打印设备可在操作室的侧面机柜等柜子旁边成排布置，且应留有足够的安装、接线、检查和维修所需的空间。端子柜尽量靠近信号电缆入口处，配电柜尽量位于电源电缆入口处。机柜间连接电缆尽量避免交叉。DCS 机柜一般按顺序排列，成排机柜间的净距离一般为 1500～2000mm，机柜侧面离墙净距离一般为 1500～2000mm。

2. DCS 控制室平面布置图

DCS 控制室平面布置图包含了室内所有仪表设备的安装位置，如 DCS 操作站、DCS 控制站、仪表盘、操作台、继电器箱、总供电盘、端子柜、安全栅柜、辅助盘和 UPS 等。图中标出电缆入口位置，图纸右下角有标题栏及设备材料表。

平面布置图绘制比例一般为 1∶50 或 1∶100。方位标记表明其朝向，平面布置类图纸中，一般按上北下南、左西右东的惯例表示厂房建筑物的位置和朝向，也有用指北针方向来表示其朝向的。指北针箭头方向表示正北方，通常用字母“N”表示。

如图 2.4 所示为催化剂半合成装置 DCS 仪表控制室平面布置图，图中只画出了操作室及其设备布局，机柜室及其内部设备略画。操作室面积 6000mm×6000mm。操作室有 UPS 电源柜、端子柜、I/O 柜、FCU 柜各一个，操作台两个，打印台一个，其尺寸均在图中示出，尺寸单位为 mm。电缆从地沟进入。操作室采用活动地板，操作台和机柜固定在钢制支撑架上。

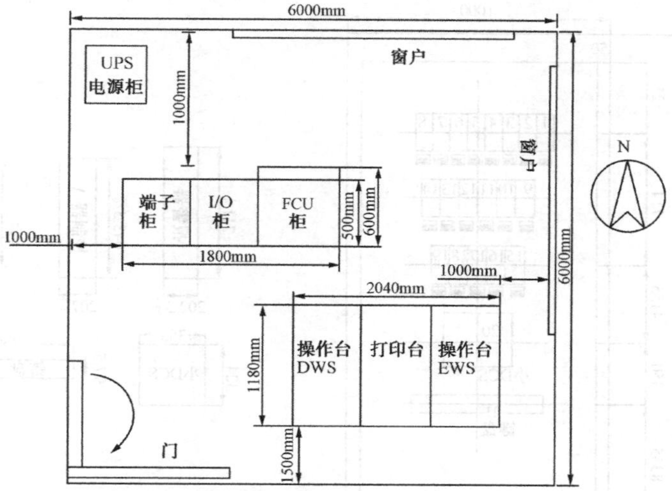

图 2.4　催化剂半合成装置 DCS 仪表控制室平面布置图

3. DCS 控制室的电缆敷设和供电

（1）电缆进线及敷设。控制室电缆进线一般采用架空进线或地沟进线，电缆架空时，要注意穿墙、穿楼板必须有相应的防气、液、鼠害等措施。电缆进入活动地板下应在基础地面上敷设，且信号电缆和电源电缆应分开，避免平行敷设，若不能则应满足最小间距或采用隔离措施。信号电缆和电源电缆垂直相交时，电源电缆应放在汇线槽里，并满足相应的距离要求。

（2）控制室供电。DCS 和计算机系统电源应采用保安电源，供电电压和频率应满足要求，且应独立供电。其接地系统也应满足厂家要求和仪表接地系统的有关规定。

2.3　仪表控制室仪表盘图例

一般根据工程设计的需要，应选用标准仪表盘。盘面布置应尽量将一个操作岗位或一个操作工序的仪表排列在一起，参照流程自左至右排列。

盘面仪表布置高度一般分三段。上段为扫视类仪表，如指示仪表、闪光报警器、信号灯等，距地标高为 1650～1900mm；中段为需要经常监视的重要仪表，如控制器、记录仪等，距地标高为 1000～1650mm；下段为操作类仪表或元件，如操作器、遥控板、开关、按钮等，距地标高为 800～1000mm。盘面上安装仪表的外形边沿到盘顶距离不应小于 140mm，到盘边距离不应小于 80mm。

仪表盘正面布置图中，应画出仪表在盘、台或框架上的正面布置位置，标注其位号和用途。仪表盘正面图上还应标注尺寸线，包括盘、柜、台的尺寸线，元件设备安装位置尺寸线和元件设备开孔尺寸线。图上仪表和电气元件的正下方应有标记仪表位号及内容说明的铭牌框。

如图 2.5 所示是某装置控制室仪表盘面布置及仪表开孔尺寸图。图中，1～8 号仪表为报警器，9～11 号为压力控制调节器，12～14 号为流量控制调节器，15～18 号为温度控制调节器，

19 号为阀位控制调节器，20 号为小 DCS 控制系统，21 号为操作键盘。各仪表开孔尺寸见盘下示例，仪表盘尺寸也在图中标注出。

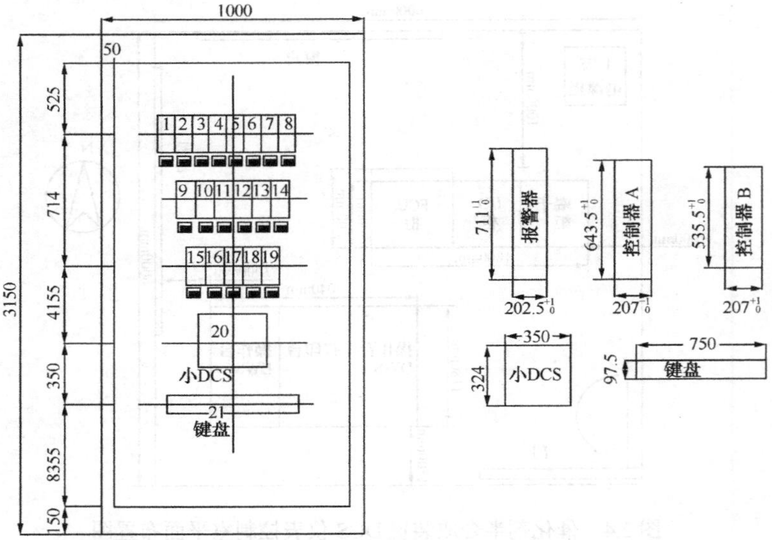

图 2.5　某装置控制室仪表盘面布置及仪表开孔尺寸图

如图 2.6 所示为某装置挤条机控制室仪表盘内元件布置图，各符号的作用在图中已标出。

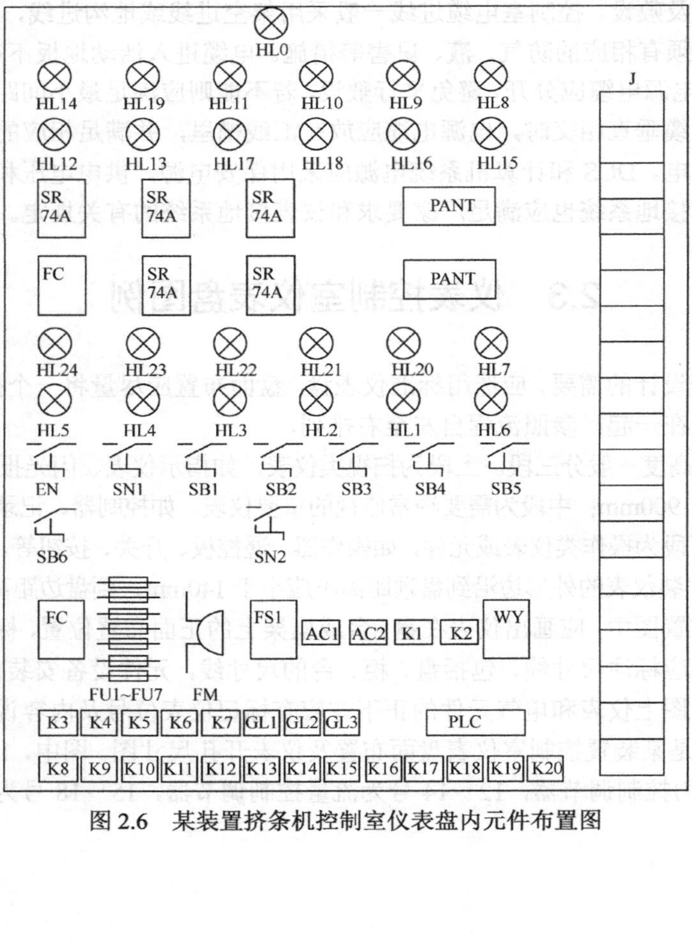

图 2.6　某装置挤条机控制室仪表盘内元件布置图

由于连接生产设备的管道及附件的管道型号、性质、介质等均不相同，因此需要用不同的图例符号或字母来表示，如表 2.8 所示为工艺流程中的管道物料代号，如表 2.9 所示为常用管件的字母代号。

表 2.8　工艺流程中管道物料代号

物料名称	代号	物料名称	代号	物料名称	代号
工业用水	S	热水回水	RS'	排出下水	PS
回水	S'	低温水	DS	酸性下水	CS
循环上水	XS	低温回水	DS'	碱性下水	JS
循环回水	XS'	冷却盐水	YS	蒸汽	Z
生活用水	SS	冷却盐水回水	YS'	空气	K
消防用水	FS	脱盐水	TS	氮气或惰性气体	D_1
热水	RS	凝结水	N	输送用氮气	D_2
真空	ZK	有机载体	EM	润滑油	LY
放空	F	油	Y	密封油	HY
煤气、燃料气	M	燃料油	RY	化学软水	HS

表 2.9　常用管件字母代号

序号	管件符号	管件名称	序号	管件符号	管件名称
1	BV	呼吸阀	5	SG	视镜
2	FA	阻火器	6	ST	疏水器
3	FL	过滤器	7	SV	安全阀
4	FX	膨胀节或软连接	8	SZ	消声器

2.4　管道仪表流程图

1. 工艺管道及设备的表示方法

机器和设备种类繁多、分类不一，一般按作用类别分为塔、反应器、容器、换热器、泵、压缩机、工业炉等。如表 2.10 所示为工艺流程图常用设备代号和图例符号。

2. 管道仪表流程图内容

管道仪表流程图又称施工流程图或工艺安装流程图，它是在工艺流程图的基础上，用生产过程检测和控制系统设计符号，描述生产过程自动化内容的图纸。

流程图用细实线绘制，以设备外形和字母符号表示设备类型，图纸按工艺流程顺序绘制。其绘制比例大致为 1∶100 或 1∶200，一般不按比例画，但应保持各设备的相对大小、高低位置和设备上的重要接口的位置大致符合实际情况。

表 2.10　常用设备代号和图例符号

序号	设备名称	代号	图　例	序号	设备名称	代号	图　例
1	塔	T	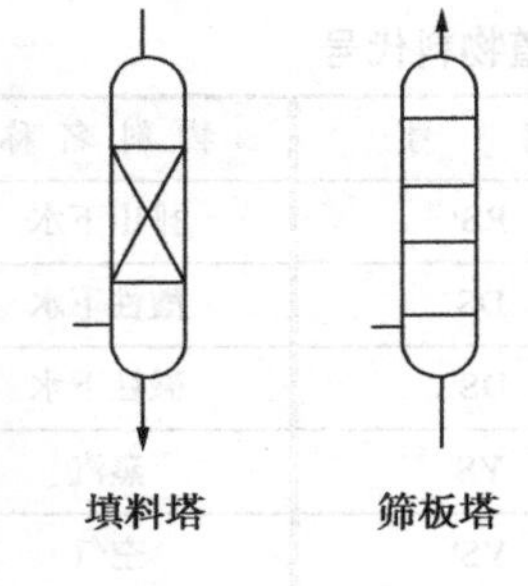 填料塔　筛板塔	5	容器（槽、罐）	V	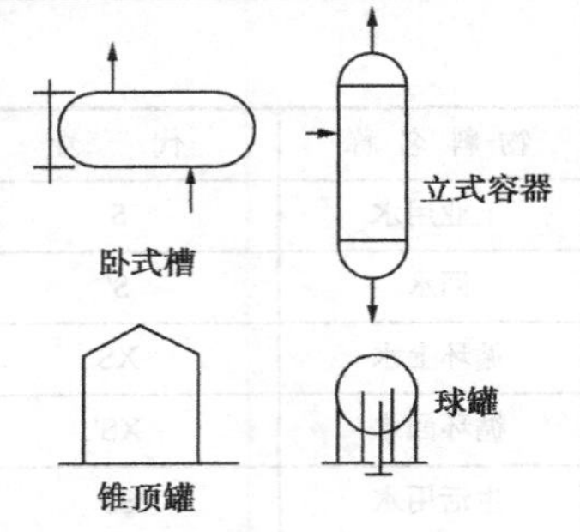 卧式槽　立式容器　锥顶罐　球罐
2	反应器	R	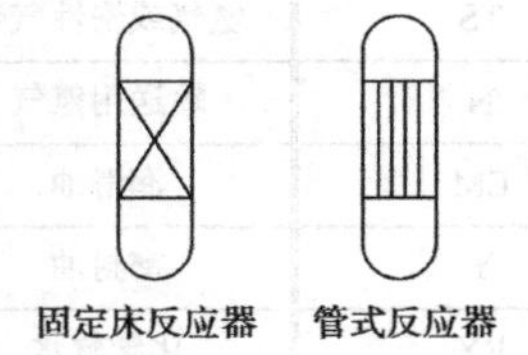 固定床反应器　管式反应器	6	换热器冷却器	E	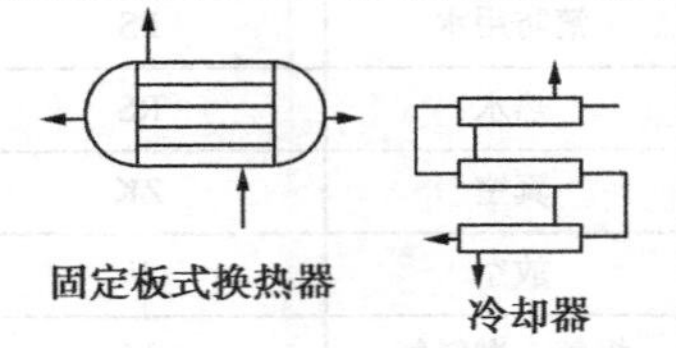 固定板式换热器　冷却器
3	泵	P	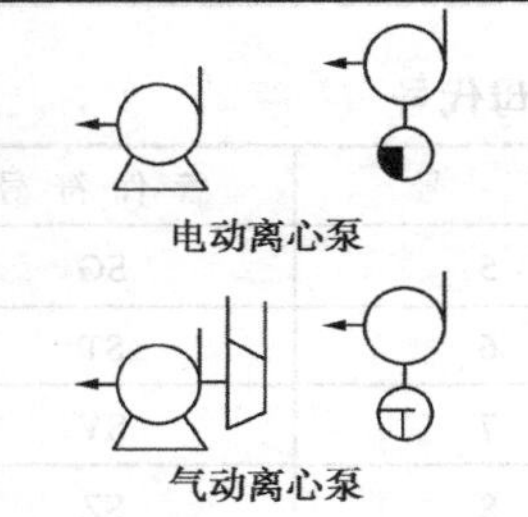 电动离心泵　气动离心泵	7	压缩机	C	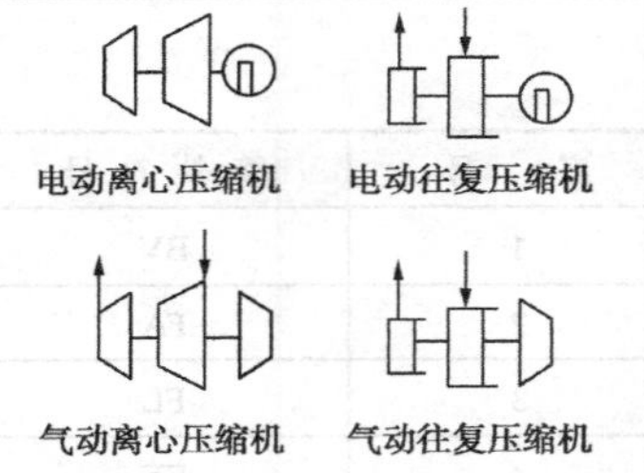 电动离心压缩机　电动往复压缩机　气动离心压缩机　气动往复压缩机
4	工业炉	F	 圆筒炉	8	烟囱火炬	S	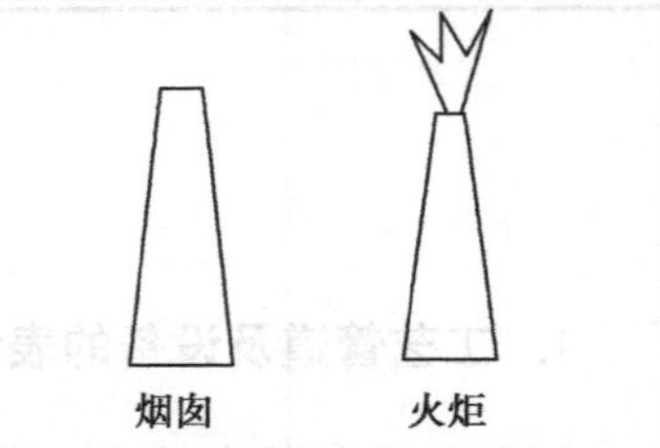 烟囱　火炬

流程图中，一般只画主要的工艺管线，管道应垂直或水平画，尽量避免斜线。表示交叉管道相交时，一般应将纵向管道断开。在管道拐弯处，一般画成直角而不画圆弧。流程线上还要用箭头表明物料流向，并在流程线的起始处表明物料的名称、来源和去向。用文字标明接续图的图号及来自（或去）的设备位号或管道号。每段管道都应有标注，横向管道标注在管道上方，竖向管道标注在管道左侧。管径为管道的公称直径，单位为 mm。

管道上的阀门及其他管件，用细实线按国家所规定的符号在相应位置画出，并注明规格代号。无特殊要求时，管道上的一般连接构件，如法兰、三通、弯头等均不画出。管道上的设备一般只标注位号，不标注名称。

通常，一个主项目绘一张图样，若流程复杂，可分数张绘制，但应使用同一图号。

一张管道流程图主要内容有：

（1）设备示意图。带位号、名称和接管口的各种设备示意图。
（2）管路流程线。带编号、规格、阀门、管件及仪表控制点的各种管路流程线。
（3）标注。设备位号、名称、管线编号、控制点符号、必要的尺寸及数据等。
（4）图例。图形符号、字母代号及其他的标注说明索引等。
（5）标题栏。图名、图号、设计项目、设计阶段、设计时间及会签栏。

3. 管道仪表流程图读图

读图步骤如下：
（1）了解工艺流程概况，如熟悉工艺设备及功能，了解介质名称及流向，分析工艺流程等。
（2）熟悉控制方案，一般典型工艺的控制方案是特定的。
（3）分析控制方案，在了解控制系统的基础上，根据相关的图形符号含义进行识读。
识读管道仪表流程图，还需综合工艺、设备、机器、管道、电气等多方面专业知识。

如图 2.7 所示为采用集散型控制系统（DCS）进行控制的脱丙烷塔控制流程图的一个局部，图中的各仪表符号、设备符号见本章符号图例的相关图表。

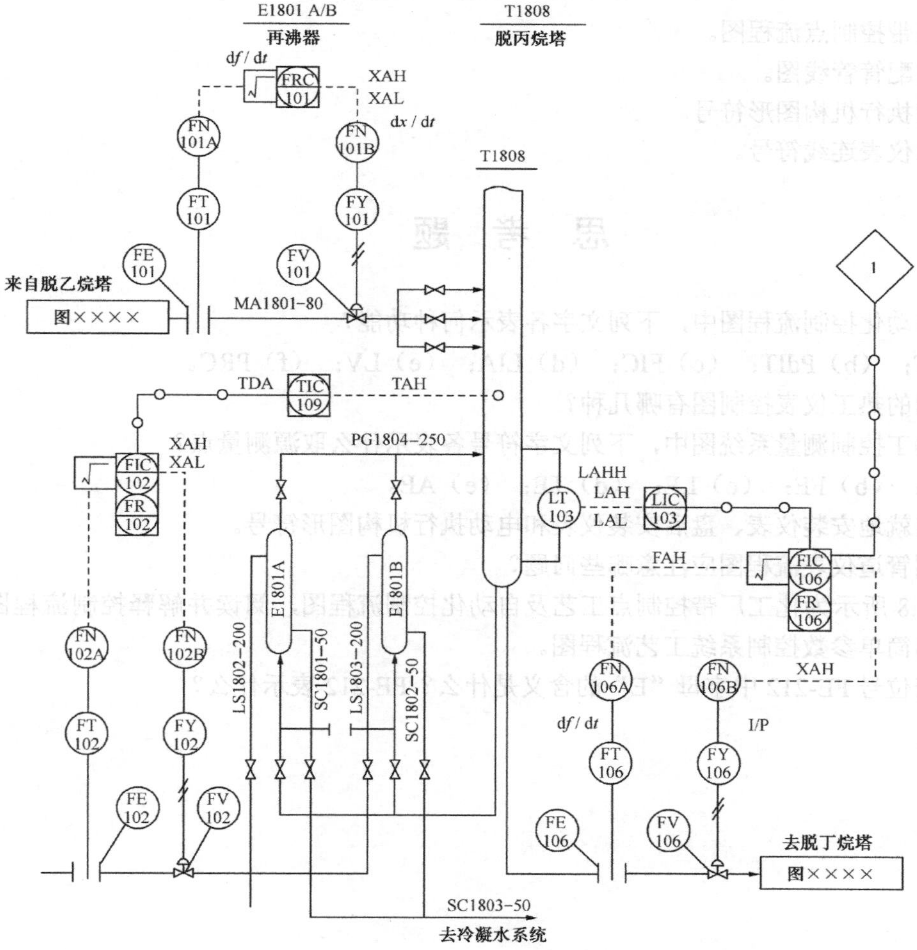

图 2.7　DCS 系统进行控制的脱丙烷塔控制局部流程图

图 2.7 所示的自控系统描述如下：

带方框的集中盘面安装的控制点图标为计算机控制环节，表示正常情况下操作员可以监控；非集中盘面安装图标则中间没有横线，标识为计算机系统的检测、变换环节，表示正常情况下操作员不能监控。

图 2.7 中字母的含义如下：

FN——安全栅；
df/dt——流量变化率运算函数；
XAH——控制器输出高限报警；
XAL——控制器输出低限报警；
d*x*/d*t*——控制器输出变化率运算；
FY——I/P 电气转换器；
TAH——温度高限报警；
TDA——温度设定点偏差报警；
LAH——液位高限报警；
LAL——液位低限报警；
LAHH——液体高限报警。

实训课题

1．画出带控制点流程图。
2．画出配管管线图。
3．画出执行机构图形符号。
4．画出仪表连线符号。

思　考　题

1．在自动化控制流程图中，下列文字各表示何种功能？
（a）TIT；（b）PdIT；（c）FIC；（d）LIA；（e）LV；（f）PRC。
2．常用的热工仪表控制图有哪几种？
3．在热工控制测量系统图中，下列文字符号各表示什么取源测量点？
（a）PE；（b）FE；（c）LE；（d）TE；（e）AE。
4．画出就地安装仪表、盘后安装仪表和电动执行机构图形符号。
5．绘制管道仪表流程图应注意哪些问题？
6．图 2.8 所示为化工厂带控制点工艺及自动化控制流程图，阅读并解释控制流程图。
7．画出简单参数控制系统工艺流程图。
8．仪表位号 FE-212 中字母“E”的含义是什么？FE-212 表示什么？

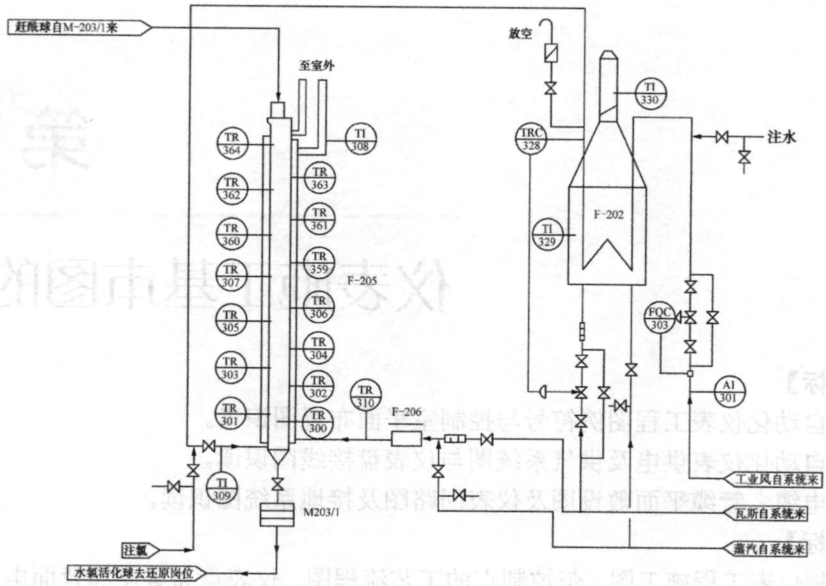

图 2.8 化工厂带控制点工艺及自动化控制流程图

第3章

仪表施工基本图的识读

【知识目标】

1．熟悉自动化仪表工程图例符号与控制室平面布置图识读。

2．熟悉自动化仪表供电及供气系统图与仪表盘接线图识读。

3．熟悉电缆、管缆平面敷设图及仪表回路图及接地系统图识读。

【技能目标】

1．能绘制仪表工程施工图（带控制点的工艺流程图、仪表盘布置图和背面电气接线图）。

2．能熟练进行仪表盘背面电气配线。

3．会按照施工图，进行仪表系统供电、供气线路的敷设及连接。

【素质目标】

在以安装为主线的一体化教学过程中，培训学员的团队合作能力；专业技术交流的表达能力；制订工作计划的方法能力；获取新知识、新技能的学习能力；解决实际问题的工作能力。

3.1　仪表供电、供气系统的相关规定及系统图识读

3.1.1　仪表供电系统的相关规定及系统图识读

仪表及自动化装置的供电包括：模拟仪表系统、DCS、PLC、FCS、监控计算机、自动分析仪表、安全联锁系统和工业电视系统等。仪表辅助设施的供电包括：仪表盘（柜）内照明、仪表及测量线路电伴热系统，以及其他自动化监控系统。

1．仪表供电系统的相关规定

仪表供电系统的引用标准有：

GB50093—2013《自动化仪表工程施工及质量验收规范》；

GB50236—2011《现场设备、工业管道焊接工程施工及验收规范》；

GB50184—2011《工业金属管道工程施工质量及验收规范》。

（1）设备的外观和技术性能应符合下列规定。

① 继电器、接触器及开关的接触点，接触应紧密可靠，动作灵活，无锈蚀、损坏。

② 固定和接线用的紧固件、接线端子，应完好无损，且无污物和锈蚀。

③ 防爆设备、密封设备的密封垫、填料涵，应完整、密封。

④ 设备的电气绝缘、输出电压值、熔断器的容量，以及备用供电设备的切换时间，应符合安装使用说明书的规定。

⑤ 设备的附件齐全，不应缺损。

（2）不宜将设备安装在高温、潮湿、多尘、有爆炸或火灾危险、有腐蚀作用、振动及可能干扰其附近仪表的场所。不可避免时，应采取相应的防护措施。

（3）设备的安装位置应选在便于检查、维修、拆卸，通风良好，且不影响人行和邻近设备安装与解体的场所。

（4）设备的安装应牢固、整齐、美观，设备位号、端子编号、用途标牌、操作标志及其他标记，应完整无缺，书写正确清楚。

（5）检查、清洗或安装设备时，不应损伤设备的绝缘、内部接线和触点部分。无特殊原因时，不应将设备上已密封的可调装置及密罩启封，启封后应重新密封，并做好记录。

（6）盘上安装的供电设备，其裸露带电体相互间或与其他裸露导电体之间的距离，不应小于 4mm。无法满足时，相互间应可靠接地。

（7）供电箱安装在混凝土墙、柱上时，宜采用膨胀螺栓固定，并符合下列规定。

① 箱体中心距地面的高度宜为 1.3～1.5m。

② 成排安装的供电箱应排列整齐、美观。

（8）金属供电箱应有明显的接地标记，接地线连接应牢固可靠。

（9）不间断电源系统应检查其自动切换装置的可靠性，切换时间及切换电压值应符合设计要求。

（10）供电设备的带电部分与金属外壳之间的绝缘电阻，用 500V 兆欧表测量时，不应小于 5MΩ。当安装使用说明书中有特殊规定时，应符合其规定。

2. 仪表供电系统图识读

在仪表供电系统图中，用方框图表示出供电设备（如不间断电源 UPS、电源箱、总供电箱、分供电箱和供电箱等）之间的连接系统，标注出供电设备的位号、型号、输入与输出的电源种类、等级和容量，以及输入的电源来源等。

如图 3.1 所示为某装置 DCS 供电系统接线原理图。输入的 220V、50Hz 交流电源进入总电源 UPS，经总断路器 K1 后分三路分别给 FCU1（断路器 K2）、FCU2（断路器 K3）和操作台（断路器 K6）供电，经 K4、K5 分别给两台稳压电源供电，其输出 24V DC 进端子排，分配给各台仪表。

注意以下几点。

（1）按仪表用电的总容量选择符合要求的空气开关或闸刀开关（含熔断丝）。

（2）按仪表供电回路选择好各自的开关（含熔断丝）。

（3）由外面引入的电源线和到各仪表的供电，统一由配电盘下面部分端子板引出。

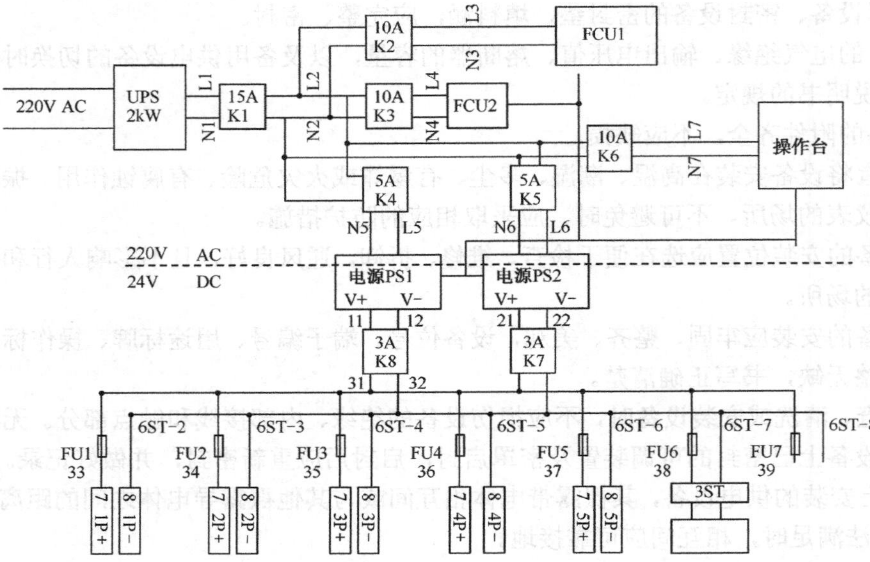

图 3.1　某装置 DCS 供电系统接线原理图

3.1.2　仪表供气系统的相关规定及系统图识读

仪表的供气装置由空气压缩站和供气管路组成。空气压缩站提供经过干燥、除油、除杂质后干净的压缩空气。供气管路是用来传输压缩空气的配管网络，并送至各用气仪表及部件。仪表用气一般为压缩空气，必要时，也可用氮气。

对工艺管道和设备进行吹扫、充压、置换，其用气为非仪表用气，一般不与仪表供气共用。

1. 仪表供气系统的相关规定

仪表供气系统的引用标准有：

GB50093—2013《自动化仪表工程施工及质量验收规范》；

GB50236—2011《现场设备、工业管道焊接工程施工及验收规范》；

GB50184—2011《工业金属管道工程施工及质量验收规范》。

（1）气管采用镀锌钢管时，应用螺纹连接，连接处必须密封。缠绕密封带或涂抹密封胶时，不应使其进入管内。采用无缝钢管时可焊接，焊接时焊渣不应掉进管内。

（2）统配管应整齐、美观，其末端和集液处应有排污阀。在水平主管上支管的引出口，应在主管的上方。

2. 仪表供气系统管路

仪表供气系统管路中介质是仪表用的常温压缩空气。气源来自专用仪表空气压缩机，主管压力为 0.5～2.0MPa，到每个仪表上的气源经过过滤器减压阀后，气源压力为 0.14MPa 或 0.284MPa。由于仪表的要求较高，因此，每条气源支管的最低点末端要装排污阀以排去可能的污物和水分。气源管安装要求横平竖直，整齐美观，不能交叉，如图 3.2 所示为气源分配器图。

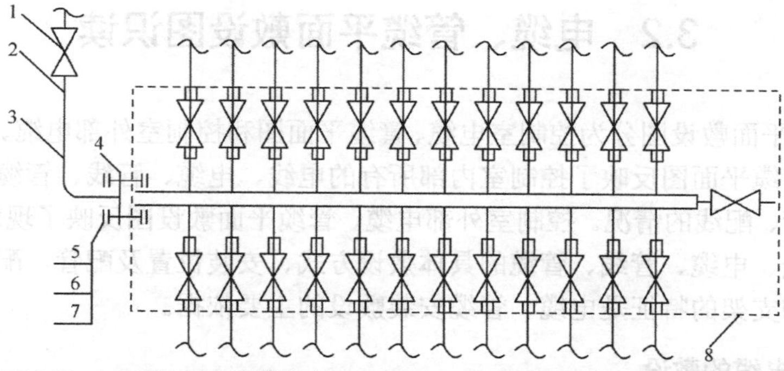

1—内螺纹截止阀 *PN*1.6 *DN*25 CS；2—对焊式直通终端接头 ZG1/ϕ32 0Cr18Ni10Ti；3—冷拔无缝钢管 ϕ32×2 0Cr18Ni10Ti；4—法兰盘 *PN*16 *DN*32 0Cr18Ni10Ti；5—螺栓 M16×60 35；6—螺栓 M16×25；7—垫圈 16 Q235-A；8—气源分配器 24 点/ϕ6 0Cr18Ni10Ti

图 3.2　气源分配器图

3. 现场仪表供气方式

现场仪表供气多采用单线式和支干线式两种方式。

（1）单线式供气。单线式供气是直接由气源总管引出管线，经过滤减压后为单个仪表供气，这种供气系统多用于分散负荷或耗气量较大的负荷。如在为大功率执行器供气时，为不影响相邻负荷的供气压力，应尽可能在气源总管上取气源，如图 3.3 所示。

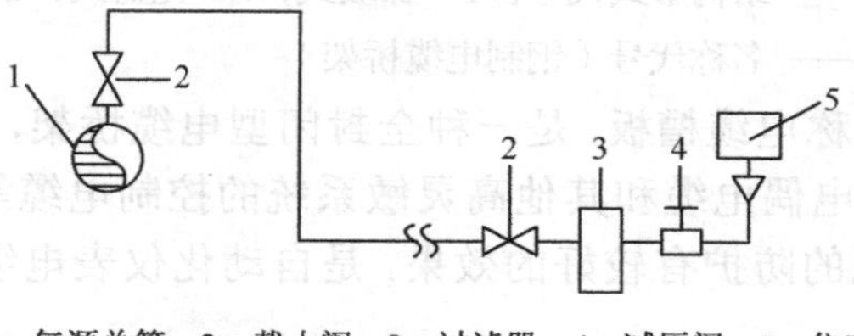

1—气源总管；2—截止阀；3—过滤器；4—减压阀；5—仪表

图 3.3　现场仪表单线供气配管系统图

（2）支干线式供气。支干线式供气是由气源总管分出若干条干线，再由每条干线分别引出若干条支线，每条支线经过截止阀、过滤器、减压阀后为每台仪表供气。这种方式多用于集中负荷，或为密度较大的仪表群供气，如图 3.4 所示。

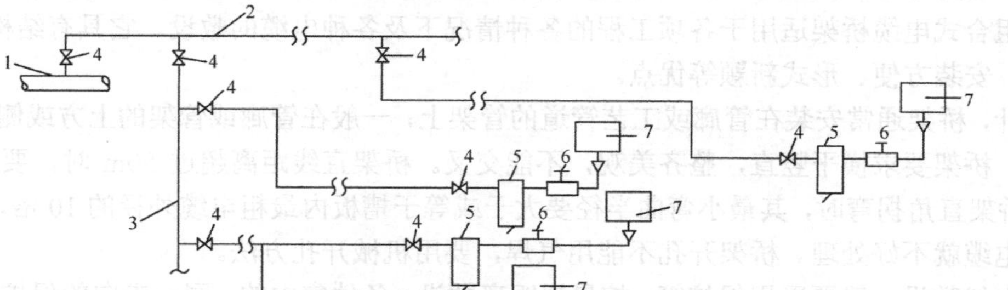

1—气源总管；2—干管；3—支管；4—截止阀；5—过滤器；6—减压阀；7—仪表

图 3.4　气动信号管线支干式供气

3.2 电缆、管缆平面敷设图识读

电缆、管缆平面敷设图分为控制室电缆、管缆平面图和控制室外部电缆、管缆平面敷设图。控制室电缆、管缆平面图反映了控制室内部所有的电线、电缆、管线、管缆的具体敷设方式、安装位置及配管、配线的情况。控制室外部电缆、管缆平面敷设图反映了现场不同区域、不同平面上所有电线、电缆、管线、管缆的具体敷设方式、安装位置及配管、配线状况。汇线槽、导线管、托座和支架的特征是电缆、管缆安装敷设的主要依据。

1. 电线、电缆的敷设

一般情况下，仪表电缆不用直埋方式敷设，而采用架空敷设。在电缆集中场合，大多采用槽板或桥架。电缆桥架敷设、维修和查询故障都较为方便，且综合造价比高，因此应用越来越广泛。电缆桥架按材质可分为玻璃钢电缆桥架（BQJ）和钢制电缆桥架（XQJ）。钢制电缆桥架又分为梯级式、托盘式、槽式和组合式四种。

电缆桥架的表示方法，以钢制电缆桥架为例说明。

XQJ－□－□－□

规格代号（用阿拉伯数字表示）

种类代号（用阿拉伯数字加英文字母表示）

结构形式代号：T—梯级式，P—托盘式，C—槽式，ZH—组合式

名称代号（钢制电缆桥架）

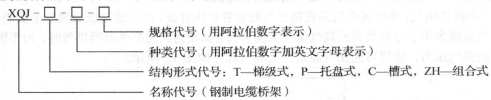

钢制槽式电缆桥架又称电缆槽板，是一种全封闭型电缆桥架，适用于敷设计算机电缆、通信电缆、仪表电缆、热电偶电缆和其他高灵敏系统的控制电缆等。它对屏蔽控制电缆的干扰和重腐蚀环境中电缆的防护有较好的效果，是自动化仪表电缆敷设普遍采用的桥架方法。

钢制梯级式电缆桥架质量轻、成本低、造型别致、安装方便，散热透气性好，适用于直径大的电缆敷设。钢制梯级式电缆桥架特别适用于高、低压动力电缆的敷设，是电气专业专用桥架，仪表专业较少应用。

钢制托盘式桥架因为质量轻、载荷大、造型美观、结构简单、安装方便，故被广泛采用。它既适用于动力电缆，又适用于控制电缆，自动化控制专业常用。

钢制组合式电缆桥架适用于各项工程的各种情况下及各种电缆的敷设。它具有结构简单、配合灵活、安装方便、形式新颖等优点。

按设计，桥架通常安装在管廊或工艺管道的管架上，一般在管廊或管架的上方或侧面，不能在下方。桥架要求横平竖直，整齐美观，不能交叉。桥架直线距离超过 50m 时，要有热膨胀措施。桥架直角拐弯时，其最小弯曲半径要大于或等于槽板内最粗电缆外径的 10 倍，否则，这条最粗电缆就不好处理。桥架开孔不能用气焊，要用机械开孔方法。

仪表电线敷设一般要采用保护管，按最短距离敷设。条件集中的，同一走向的保护管要集中敷设。仪表电气线路不能在高温工艺设备、管道上方平行敷设，也不能在有腐蚀性液体介质的工艺设备、管道下方平行敷设，而应在侧面平行敷设。仪表电线与工艺设备、管道的保温层表面之间的距离要大于 200mm；与有伴热管道的仪表导压管线之间的距离大于 200mm；对不保温的工艺设备、管道，其间距以工艺设备检修不构成对仪表线路的损害为准，一般为 100～

150mm。

自动化控制电缆原则上不允许中间接头。特殊情况，可用压接或加分线盒、接线盒的方法连接，也可用无腐蚀性焊剂焊接，但在有腐蚀空气环境中，不得焊接。补偿导线不能焊接，只能压接，且极性不能接错。

如图 3.5 所示为电缆走向图。

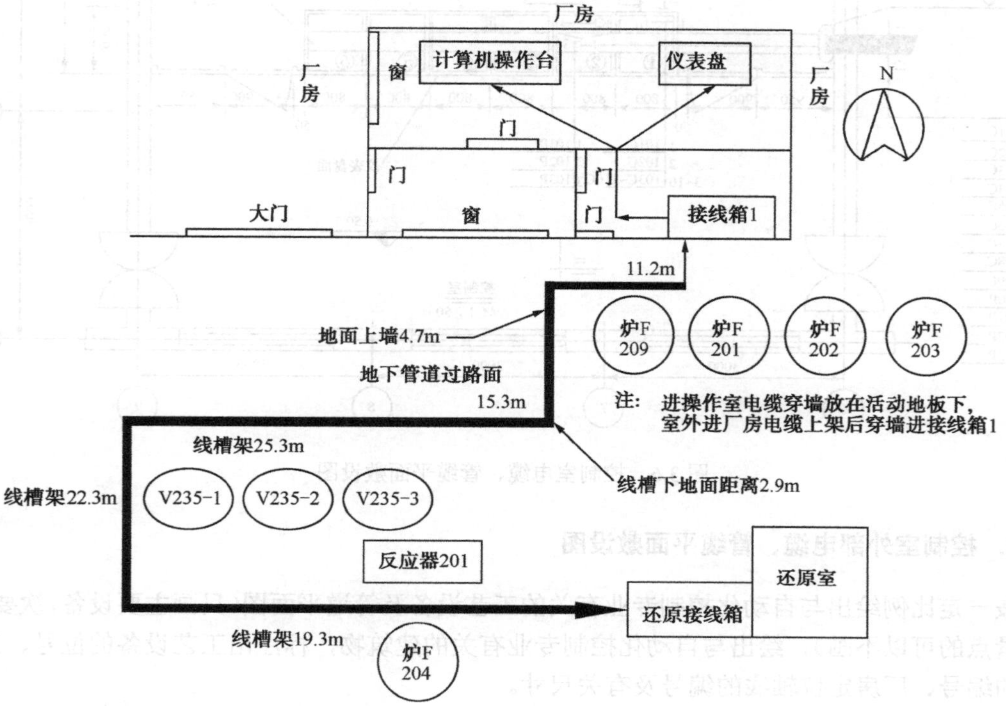

图 3.5 电缆走向图

2. 控制室电缆、管缆平面图

控制室电缆、管缆平面图包括现场仪表到接线箱（供电箱）、接线箱（供电箱）到电缆桥架和现场仪表到电缆桥架之间的配线平面位置，电缆（管缆）桥架的安装位置、标高和尺寸，电缆（管缆）桥架安装支架与吊架位置和间距，以及电缆（管缆）在桥架中的排列和电缆（管缆）编号等。

参照常规仪表控制室平面布置图，按一定比例绘制控制室内仪表盘、操作台、供电箱、继电器箱、供气装置等的平面位置。根据控制室的设计，绘制控制室的门和窗，对控制室在工艺装置区的定位轴线和有关尺寸加以标注。

按规定的图形符号绘出进出控制室及室内盘箱之间的电线、电缆、管线、管缆、供气管线等的敷设图，按电线、电缆、管线、管缆在管、线束中的实际排列位置标出它们的编号。

为了表明仪表背面、框架上、墙上安装的仪表、电气设备、元件和供气装置的位置，以及管线在盘上（或框架上）等处的敷设情况，应绘制出必要的剖视图和部件详图。

在标题栏上绘制设备材料表，表中列出供电箱、继电器箱、气源装置、仪表、管件、阀门及其他安装材料的编号、名称、型号、规格、材料、数量等内容。

如图 3.6 所示为控制室电缆、管缆平面敷设图。

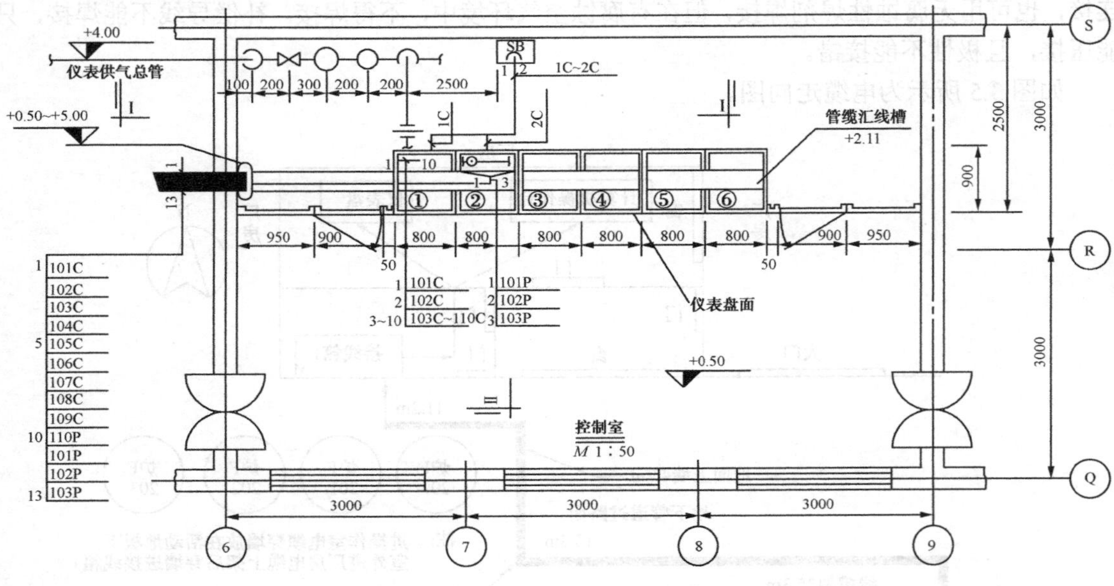

图 3.6　控制室电缆、管缆平面敷设图

3. 控制室外部电缆、管缆平面敷设图

按一定比例绘出与自动化控制专业有关的工艺设备及管道平面图(只画主要设备,次要的、无测量点的可以不画)，绘出与自动化控制专业有关的建筑物，标注出工艺设备的位号、工艺管道的编号、厂房定位轴线的编号及有关尺寸。

绘出与控制室有关的仪表、变送器、执行器、接线端子箱、接管箱、现场供电箱等自动化控制设备，绘出在工艺管道或设备上安装的检测元件、测量取源点、变送器、控制阀等，标注出它们在图中的位置、位号（或编号）及标高，并标出电线（或管线）在接线端子箱（或接管箱）中接点（或接头）的编号。

电缆、管缆分别画到接线端子箱、接管箱处即可。由接线端子箱、接管箱连接到测量点、变送器及执行机构的电线、管线一般不画，由施工单位根据现场实际情况酌情敷设。但是，由测量点、检测元件等不经接线端子箱、接管箱而直接连到控制室去的电线、电缆、管线、管缆应就近从测量点画到绘线槽中，并标注出电线、电缆、管线、管缆的编号。

绘出线、缆、管集中敷设的管架及在管架上的排列方式，并标注出标高、平面坐标尺寸、管架编号等，必要时应画出局部详图。在图纸的适当位置列表注出所选用的标准管架等的安装制造图号、管架形式、编号、规格和数量，在特殊情况下应绘出管架图。地下敷设的管、缆、线应绘制敷设方式，并说明保护措施。现场电缆、管缆进控制室穿墙处（或穿楼板处），如有特殊要求时，应在图上注明穿墙（或穿楼板）处理的标准图号。

当工艺装置为多层、多区域局部布局时，应按不同平面分层（一般按楼层分），分区域绘制电缆、管缆平面敷设图。当有的平面上测量点和仪表较少时，可只绘出有关部分，也可用多层投影的方法绘图，并在各个测量点和仪表旁标注出位号和标高。

如图 3.7 所示为控制室外部电缆、管缆平面敷设图。

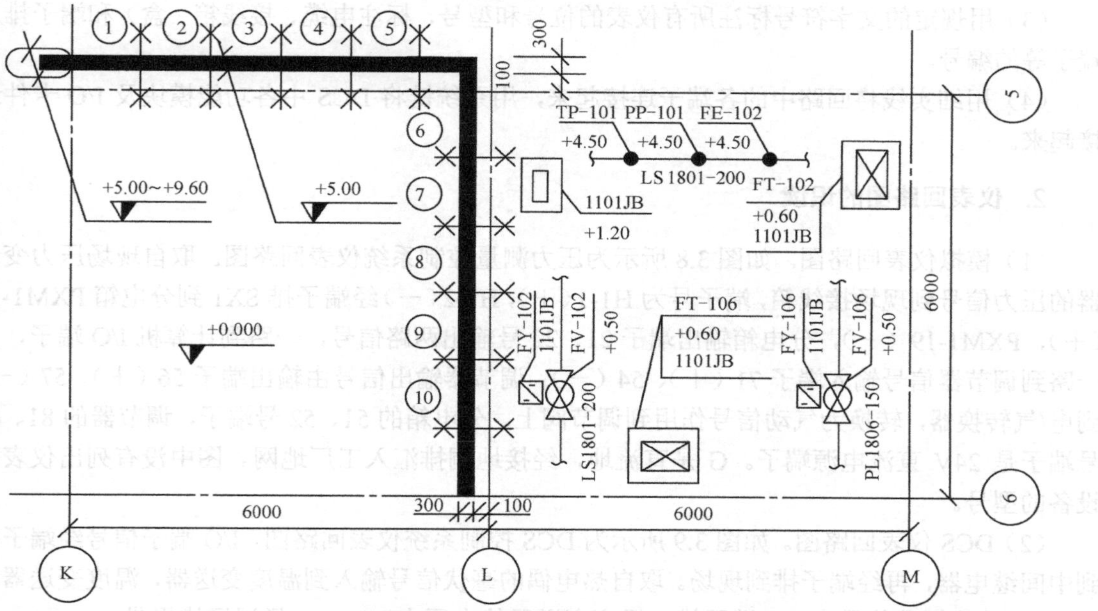

管架号	管架形式及规格	数量	安装制造图号	托座或槽板类型及规格	数量	安装制造图号	备注
①-②	单层双杆吊架 l=300	10	HK 09-22	梯形桥架　b = 300	14m	HK09-31	

图 3.7　控制室外部电缆、管缆平面敷设图

3.3 仪表回路图及接地系统图识读

3.3.1 仪表回路图识读

1. 仪表回路图概述

仪表回路图是采用直接连线法，将一个系统回路中的所有仪表、自动化控制设备和部件的连接关系表达出来的图纸。其特点是将安装、施工、检验、投运和维护等所需的全部信息方便地表达在一张按一定规格绘制的图纸上，使回路信息具有完整性和准确性，便于使用仪表回路图的各类人员之间的交流和理解。

仪表回路图中设备和元件的标记和标志由图形符号和文字符号组合而成，且与管道仪表流程图一致。

一幅仪表回路图通常只包括一个回路，其内容包括以下几个方面。

（1）仪表回路图分左右两大区域，左边为现场，右边为控制室。根据实际情况，现场又分为工艺区和接线箱。控制室有两种情况：在 DCS 仪表回路中，控制室可分为端子柜、辅助柜、控制站和操作台等区域；在模拟仪表回路图中，控制室分为架装和盘装等区域。

（2）用规定的图形符号表示接线端子、穿板接头、仪表信号屏蔽线、仪表及仪表端子或通道编号等。

（3）用规定的文字符号标注所有仪表的位号和型号，标注电缆、接线箱（盒）和端子排及端子等的编号。

（4）用细实线将回路中的各端子连接起来，用系统链将DCS中各功能模块及I/O卡件连接起来。

2. 仪表回路图的识读

（1）模拟仪表回路图。如图3.8所示为压力测量控制系统仪表回路图。取自现场压力变送器的压力信号到现场接线箱，端子号为H1-1（＋），H1-2（－）经端子排SX1到分电箱PXM1-18（＋），PXM1-19（－），分电箱输出端子21、22号输出两路信号，一路到计算机I/O端子，另一路到调节器信号输入端子71（＋）、54（－）；调节器输出信号由输出端子56（＋）、57（－）到电/气转换器，转换为气动信号作用到调节阀上。分电箱的51、52号端子，调节器的81、61号端子是24V直流电源端子。G是直流地，经接地铜排汇入工厂地网。图中没有列出仪表等设备的型号。

（2）DCS仪表回路图。如图3.9所示为DCS控制系统仪表回路图，I/O端子信号经端子排到中间继电器，再经端子排到现场。取自热电偶的毫伏信号输入到温度变送器，温度变送器输出4～20mA标准信号去I/O端子排，温度变送器的电压由24V DC经端子排提供。

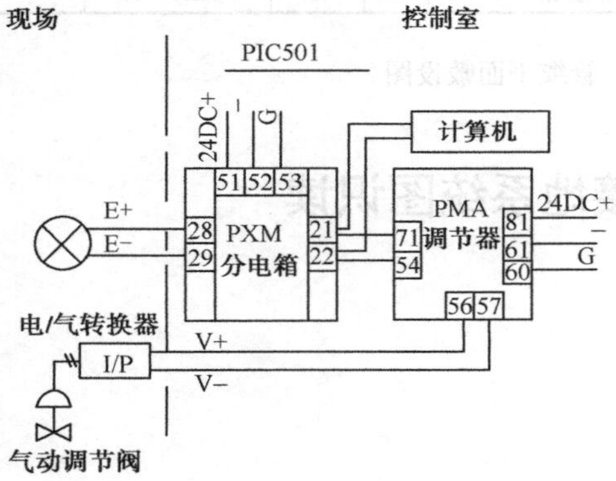

图3.8 压力测量控制系统仪表回路图

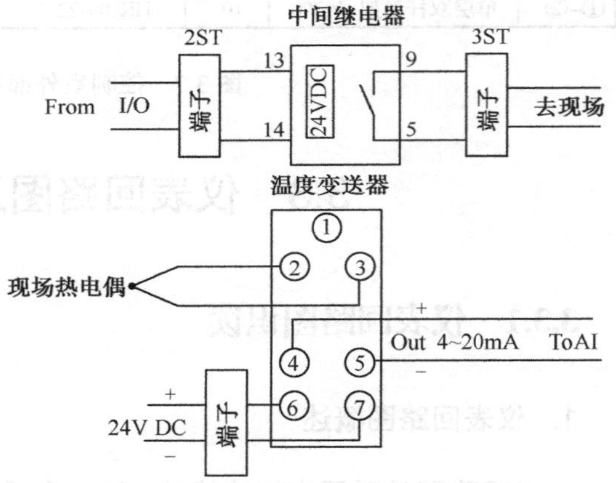

图3.9 DCS控制系统仪表回路图

3.3.2 接地系统图识读

接地是指用电仪表、电气设备、屏蔽层等用接地线与接地体连接，以保护自动化控制设备及人身安全，抑制干扰对仪表系统正常工作的影响。

接地系统由接地连接和接地装置组成。接地连接包括接地连线、接地汇流排、接地分干线、接地总线和接地干线等。接地装置包括总接地板、接地总干线和接地极等。

1. 接地连接的方法

现场仪表的工作接地一般应在控制室侧接地，对被要求或必须在现场接地的现场仪表，应在现场侧接地，但不能两地同时接地，如图 3.10 所示。

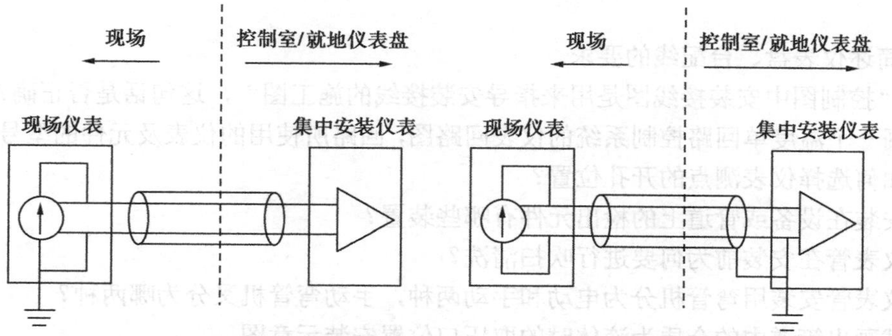

（a）信号回路在现场仪表侧接地时工作接地图　（b）信号回路在集中安装仪表侧接地时工作接地图

图 3.10　接地连接

控制室仪表接地的连接方法为：控制室集中安装仪表的自动化控制设备（仪表柜、台、盘、架、箱）内应分类设置保护接地汇流排、信号及屏蔽接地汇流排和本安接地汇流条。各仪表的保护接地端子和信号及屏蔽接地端子各自的接地连线分别接到保护接地汇总板和工作接地汇总板。

齐纳式安全栅的每个汇流条（安装轨道）可分别用两根接地分干线接到工作接地汇总板，也可由接地分干线与两端分别串接，再分别接至工作接地汇总板。

一般来说，仪表盘、柜等的外壳，仪表的外壳都要接地；电缆的屏蔽层、排扰线，仪表上的屏蔽接地端子，均应进行屏蔽接地；齐纳安全栅的汇流条必须与供电的直流电源公共端相连，应进行本安接地；隔离安全栅不需要接地。

仪表的直流地、信号地都汇集到铜排，最后接入工厂地网。机柜地、仪表地和交流地通过短接汇集，最后也接入工厂地网。

接地汇流排一般用 25mm×6mm 的铜条制作。接地总板一般用铜板做，厚度不小于 6mm。

2. 连接电阻、对地电阻和接地电阻

从仪表设备的接地端子到总接地板之间，导体及连接点电阻的总和称为连接电阻。仪表系统的连接电阻不应大于 10Ω。接地极的电位与通过接地极流入大地的电流之比称为接地极对地电阻。接地极对地电阻和总接地板、接地总线及接地总干线两端的连接点电阻之和称为接地电阻。仪表系统的接地电阻不应大于 4Ω。

实 训 课 题

1．画出 DCS 供电系统接线原理图。
2．画出控制室电缆、管缆平面敷设图。
3．画出控制系统仪表回路图。
4．画出现场仪表的工作接地图。

思 考 题

1．简述仪表盘、台配线的要求。

2．“控制图中安装接线图是用来指导安装接线的施工图”，这句话是否正确？

3．画一个温度单回路控制系统的仪表回路图，回路所使用的仪表及元件的型号自己选择。

4．如何选择仪表测点的开孔位置？

5．安装在设备或管道上的检出元件有哪些装置？

6．仪表管在安装前为何要进行吹扫清洗？

7．仪表管安装用弯管机分为电动和手动两种，手动弯管机又分为哪两种？

8．试画出管道中的介质为液体时的取压口位置安装示意图。

第4章

传感器及取源部件的识读与安装

【知识目标】

1．熟悉四大参数取源点选择与部件的安装。

2．熟悉四大参数变送器的选型及安装方法选择。

3．了解四大参数系统测量回路的连接及调试方法。

【技能目标】

1．能熟练准确地进行现场仪表（一次元件）的安装位置选择。

2．掌握导压管的安装要点，完成导压管的正确敷设。

3．能熟练地进行电气保护管的连接与安装。

【素质目标】

在以安装为主线的一体化教学过程中，培训学员的团队合作能力；专业技术交流的表达能力；制订工作计划的方法能力；获取新知识、新技能的学习能力；解决实际问题的工作能力。

4.1 温度传感器与取源部件的安装

4.1.1 温度取源部件的安装位置

温度取源部件的安装应按设计或制造厂的规定进行，若无规定，应尽量选在被测介质温度变化灵敏和便于支撑、维修的地方，不宜选在阀门等阻力部件的附近或介质流束成死角处，以及振动较大的地方。热电偶取源部件的安装位置，应注意周围强磁场的影响。

温度取源部件在工艺管道上的安装，应符合下列规定。

（1）与管道相互垂直安装时，取源部件轴线应与管道轴线垂直相交。

（2）在管道的拐弯处安装时，宜逆着物料流向，取源部件轴线应与工艺管道轴线相重合。

（3）与管道呈倾斜角度安装时，宜逆着物料流向，取源部件轴线应与管道轴线相交。

设计文件规定传感器及取源部件需要安装在扩大管上时，异形管的安装方式应符合设计文件规定。同时注意，取源部件安装在高压管道上时，取源测点之间及与焊缝间的距离，不得小于管子的外径；在同一地点的温度测孔中，用于自动控制系统的测孔应开凿在前面；测量、保护与自动控制用仪表的测点一般不合用一个测孔。

4.1.2 测温组件的安装

1. 测温组件在管道、设备上的安装种类

一般在管道、设备上安装的测温组件有以下几种。

（1）工业内标式玻璃液体温度计。

（2）工业用棒式玻璃液体温度计。

（3）压力式温度计（温包）。

（4）热电偶及热电阻。

（5）铠装热电偶。

（6）双金属温度计。

（7）耐磨热电偶。

（8）表面热电偶。

2. 测温组件的安装方式

测温组件的安装方式按固定形式不同分为四种，即法兰固定安装、螺纹连接头固定安装、法兰与螺纹连接头共同固定安装及简单保护套插入安装。

（1）法兰固定安装。法兰固定安装适用于在设备上，以及高温、腐蚀性介质的中低压管道上安装测温组件，因此具有适应性广、利于防腐蚀、维护方便等优点。

法兰固定安装方式中的法兰有四种，即平焊钢法兰、对焊钢法兰、平焊松套钢法兰和卷边松套钢法兰，具体标准可参见相关标准。

（2）螺纹连接头固定安装。螺纹连接头固定安装适于在无腐蚀性介质的管道上安装测温组件，具有体积小、安装较为紧凑的优点。高压（*PN* 22MPa、32MPa）管道上安装温度计采用焊接式温度计套管，属于螺纹连接固定方式，有固定套管和可换套管两种形式，前者用于一般的介质，后者用于因易腐蚀、易磨损而需要更换的场合。

螺纹连接固定中常用的螺纹有四种，公制的有 M33×2 和 M27×2，英制的有 3/4 英寸和 1/2 英寸。

热电偶多采用 M33×2 和螺纹固定，也有采用 3/4 英寸螺纹的。热电阻多采用英制管螺纹固定，其中以 3/4 英寸最为常用。双金属温度计的固定螺纹是 M27×2。

值得注意的是，3/4 英寸与 M27×2 外径很接近，容易弄混，安装时要小心辨认，否则焊错了测量组件的凸台，将无法安装。

（3）法兰与螺纹连接头共同固定安装。当配有附加保护套时，法兰与螺纹连接头共同固定安装适用于工业内标式玻璃温度计、热电偶、热电阻在腐蚀性介质的管道、设备上的安装。

（4）简单保护套插入安装。简单保护套插入安装有固定套管和卡套式可换套管（插入深度可调）两种，适用于棒式玻璃温度计在低压管道中进行临时检测时的安装。

测温组件一般安装在碳钢、耐酸钢、有色金属、衬里活土层的管道及设备上，有的安装在铸铁、玻璃钢、陶瓷、搪瓷等管道及设备上，其安装方式基本与在衬里管道及设备上的安装方式相同，仅取源部件不同，因此安装方式可以参考在设备上的安装方式。

3. 安装温度计采用保护套管及扩大管

在下列情况下安装温度计时可以采用扩大管。

（1）各类玻璃体温度计在 *DN*<50mm 的管道上安装。

（2）热电偶、热电阻、双金属温度计在 *DN*<80mm 的管道上安装。

测量组件在管道上插入深度和附加保护套长度，如表 4.1 和表 4.2 所示。

表 4.1　测温组件在管道上插入深度和附加保护套长度（一）　（mm）

名称	内标式玻璃温度计						棒式玻璃温度计	压力式温度计	热电偶					
安装方式	直形连接头，直插		45° 角连接头，斜插		法兰＋直形连接头，直插		固定套管 $\phi 18\times 3$，直插	直形连接头＋固定套管直插	直形连接头，直插		45° 角连接接头，斜插		法兰，直插	
连接件标称高度 *H*	60	120	90	150	法兰 100＋连接头 60		40	60	60	120	90	150	150	
DN	插入深度 *L*					保护外套长度 L_1	套管长度 L_1	连接头＋套管长度 L_3	插入深度 *L*					保护外套长度 L_1
50	100	160	100	160	200	140	70							
65	100	160	120	160	200	140	70							
80	100	160	120	200	200	140	100		100	150	150	200	200	195
100	120	160	160	200	200	140	100		100	150	150	200	200	195
120	100	200	120	200	250	190	120		150	200	150	200	200	195
150	120	200	160	250	250	190	120	210	150	200	200	250	250	245
175	160	200	200	250	250	190	130	235	150	200	200	250	250	245
200	160	200	200	250	250	190	150	260	150	200	200	250	250	245
300	200	250	250	320	320	260	200		200	250	300	300	300	295
350	250	320	320	400	320	260			250	300	300	400	300	295
400	250	320	320	400	400	340			250	300	400	400	400	395
450	320	320	320	400	400	340			300	300	400	400	400	395
500	320	400	400	500	400	340			300	400	400	500	400	395
600	320	400	500		500	440			400	400	500		500	495
700	400	500							400	500				
800	500								500					

表 4.2　测温组件在管道上插入深度和附加保护套长度（二）　（mm）

名　称	热电偶				热电阻										双金属温度计		铠装热电偶		
安装方式	高压套管 *PN*220、320（21.6、31.4MPa）				直形连接头，直插		45°角连接头，斜插		法兰，直插		高压套管 *PN*220、320（21.6、31.4MPa）				直形内、外螺纹连接头，直插		铠装热电偶连接头（卡套式纹）直插		法兰直插
	固定套管		可换套管								固定套管		可换套管						
连接件标称高度 *H*	41		70		60	120	90	150	150		41		70		内 80 外 60	内 140 外 120	45		60
DN	插入深度 *L*	连接头加套管长度 L_3	插入深度 *L*	可换套管长度 L_2	插入深度 *L*					保护外套长度 L_1	插入深度 *L*	连接头加套管长度 L_3	插入深度 *L*	可换套管长度 L_2	插入深度 *L*		插入深度 *L*	接头加套管长度 L_2	插入深度 *L*
32																	75	70	75
40																	75	70	75
50																	75	70	100
65	100	100	100	70							100	100					100	95	100
80	100	100	100	70	100	150	150	200	200	195	100	100	150	115	125	200	100	95	100
100	100	100	150	115	150	200	150	200	200	195	100	100	150	115	125	200	100	95	100
125	100	100	150	115	150	200	200	250	250	245	150	150	150	115	150	200	150	145	150
150	150	150	150	115	150	200	200	250	250	245	150	150	200	165	150	250	150	145	150
175	150	150	150	115	150	200	200	250	250	245	150	150	200	165	200	250	150	145	150
200	150	150	200	165	200	250	250	300	250	245	200	200	200	165	200	250	150	145	150
225					200	250	250	300	300	295					200	300	200	195	200
250					200	250	250	300	300	295					250	300	200	195	200
300					250	300	300	400	300	295					250	300			
350					250	300	300	400	300	295					300	400			
400					300	300	400	400	400	395					300	400			
450					300	400	400	500	400	395					400	400			
500					400	400	500		400	395					400	400			
600					400	500			500	495					400	500			
700					500										500				
800																			

4. 常用温度测量组件安装图

常用温度测量组件的安装如图 4.1～图 4.7 所示。

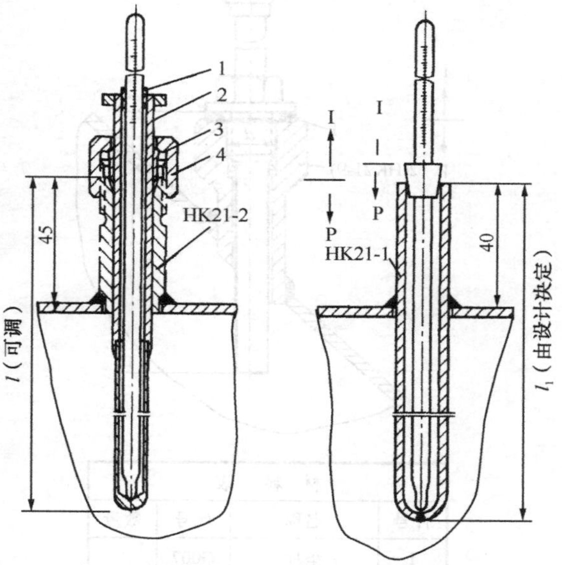

（a）活动套管　　（b）固定套管

材料表							
件号	名称	代号	数量	件号	名称	代号	数量
1	套	F772	1	3	卡套	F774	1
2	套管	F757	1	4	外套螺母	N063	1

图 4.1　工业棒式玻璃液体温度计在钢管道上垂直安装图

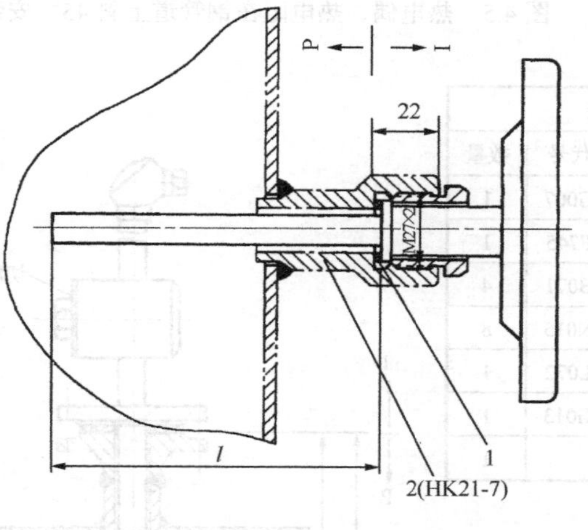

材料表			
件号	名称	代号	数量
1	垫片	G003	1
2	直形连接头	F740	1

d	件号 1ϕ、δ
M27×2	ϕ43/30 δ=2
G1/2 英寸	ϕ35/22 δ=2
G3/4 英寸	ϕ43/30 δ=2
G1 英寸	ϕ51/38 δ=2

图 4.2　双金属温度计安装图

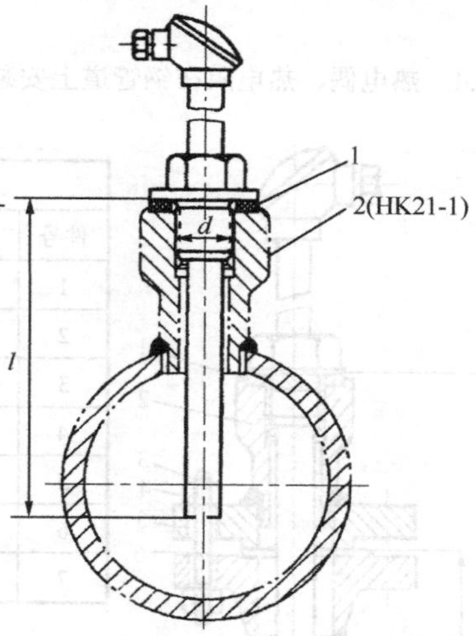

材料表			
件号	名称	代号	数量
1	垫片	G007	1
		G006	
		G012	
2	直形连接头		1

图 4.3　热电偶、热电阻在钢管道上垂直安装图

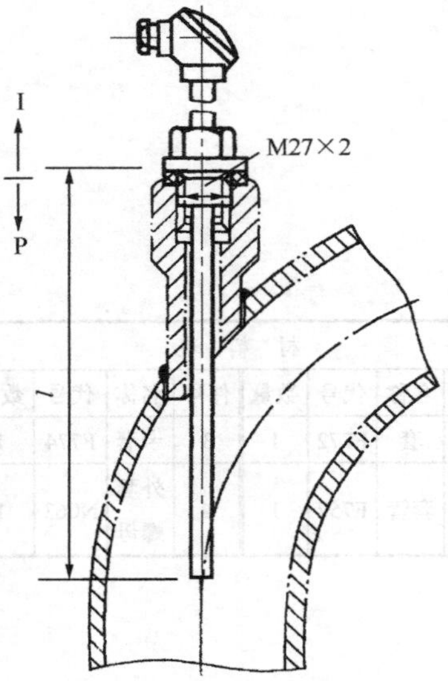

d	件号 1ϕ、δ
M27×2	ϕ43/30 δ=2
G1/2 英寸	ϕ35/22 δ=2
G3/4 英寸	ϕ43/30 δ=2
G1 英寸	ϕ51/38 δ=2

图 4.4　热电偶、热电阻在钢管道上安装图

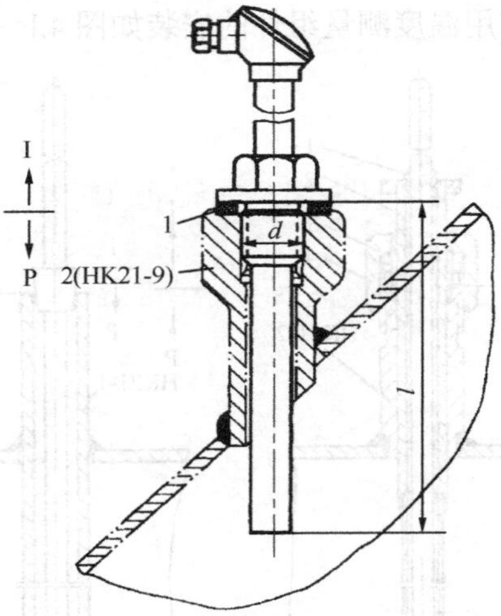

材料表			
件号	名称	代号	数量
1	垫片	G007	1
		G006	
		G012	
2	45°角连接头		1

图 4.5　热电偶、热电阻在钢管道上斜 45°安装图

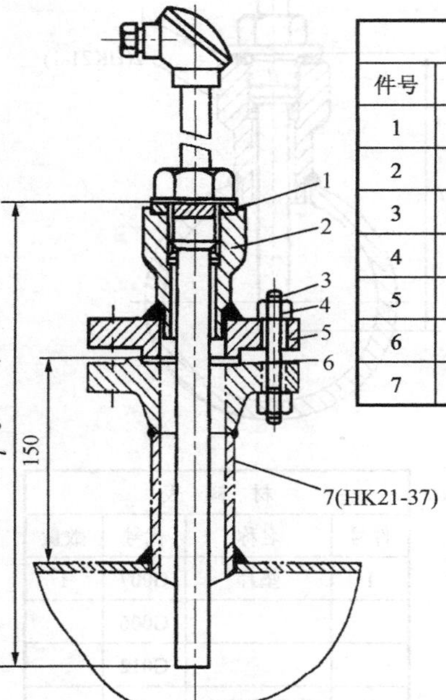

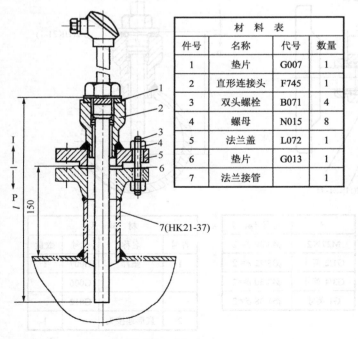

材料表			
件号	名称	代号	数量
1	垫片	G007	1
2	直形连接头	F745	1
3	双头螺栓	B071	4
4	螺母	N015	8
5	法兰盖	L072	1
6	垫片	G013	1
7	法兰接管		1

图 4.6　用凹凸法兰带固定接头的热电阻

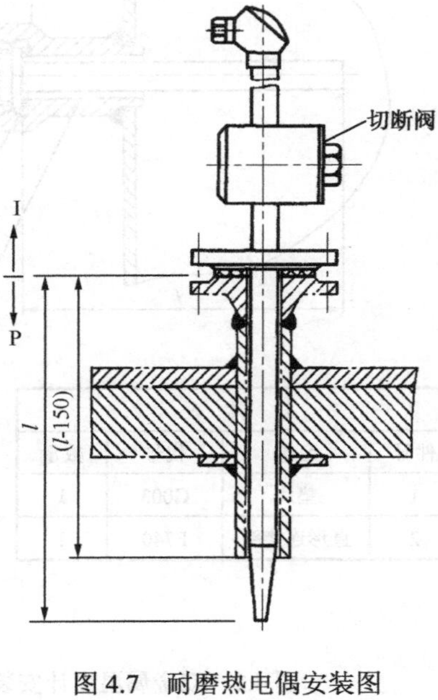

图 4.7　耐磨热电偶安装图

4.1.3　测温组件安装注意事项

在正确选择测温组件及仪表之后，还必须注意正确安装，否则测量精度得不到保证。下面介绍安装注意事项。

（1）测温组件要与二次表配套使用。热电偶、热电阻要配相应的二次表或变送器，特别要注意分度号。

（2）热电偶必须配用相应分度号的补偿导线，热电阻要采用三线制接法。

（3）电缆或补偿导线通过金属挠性管与热电偶或热电阻连接，注意接线盒的防爆形式。

（4）在测量管道中介质的温度时，应保证测温组件与流体充分接触，以减少测量误差。因此，要求安装时测温组件应迎着被测介质流向插入（斜插），至少应与被测介质流向正交，切勿与被测介质形成顺流，如图 4.8 所示。

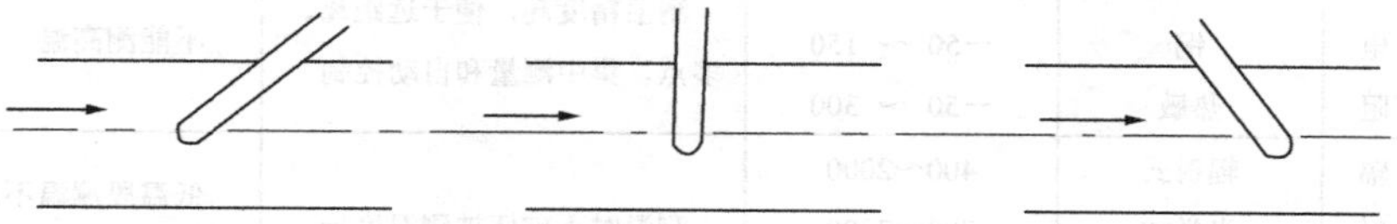

（a）逆流　（b）正交　（c）顺流

图 4.8　测温元件安装示意图

（5）测温组件的感温点应处于管道中流速最大处。一般来说，热电偶、铂电阻、铜电阻保护套管的末端应分别越过流束中心线 5～10mm、50～70mm、25～30mm。

（6）应尽量避免测温组件外露部分的热损失而引起测量误差。因此，一要保证有足够的插入深度（斜插或在弯头处安装），二要对测温组件外露部分进行保温。

（7）若工艺管道过小，安装测温组件处可接装扩大管。

（8）用热电偶测量炉温时，应避免测温组件与火焰直接接触，也不宜距离太近或装在炉门旁边。接线盒不应碰到炉壁，以免热电偶冷端温度过高。

（9）使用热电偶、热电阻测温时，应防止干扰信号的引入，同时应使接线盒的出线孔向下方，以防止水汽、灰尘等进入而影响测量。

（10）测温组件安装在负压管道或设备中时，必须保证安装孔的密封，以免冷空气被吸入后而降低测量指示值。

（11）凡安装承受压力的测温组件时，都必须保证密封。当工作介质压力超过 0.1MPa 时，还必须另外加装保护套管。此时，为减少测温的滞后，可在套管之间加装传热良好的填充物。当温度低于 150℃时可充入变压器油，当温度高于 150℃时可充填铜屑或石英砂，以保证传热良好。

4.1.4　测温仪表分类

测温仪表的种类及优缺点如表 4.3 所示。

表 4.3　测温仪表种类及优缺点

测温方式	温度计种类		常用测温范围/℃	优　点	缺　点
接触式测温仪表	膨胀式	玻璃液体	−50 ～600	结构简单，使用方便，测量准确，价格低廉	测量上限和精度受玻璃质量的限制，易碎，不能记录和远传
		双金属	−80 ～ 600	结构紧凑，牢固可靠	精度低，量程和使用范围有限
	压力式	液体	−30 ～ 600	耐振，坚固，防爆，价格低廉	精度低，测温距离短，滞后大
		气体	−20 ～ 350		
		蒸汽	0 ～ 250		
	热电偶	铂铑−铂	0 ～ 1600	测温范围广，精度高，便于远距离、多点、集中测量和自动控制	需要冷端温度补偿，在低温段测量精度较低
		镍铬−镍硅	0 ～ 900		
		镍铬−康铜	0 ～ 600		
	热电阻	铂	−200 ～ 500	测温精度高，便于远距离、多点、集中测量和自动控制	不能测高温
		铜	−50 ～ 150		
		热敏	−50 ～ 300		
非接触式测温仪表	辐射式	辐射式	400～2000	测温时不破坏被测温度场	低温段测温不准，环境条件会影响测温准确度
		光学式	700～3200		
		比色式	900～1700		
	红外线	热敏探测	−50～3200	测温时不破坏被测温度场，响应快，测温范围大	易受外界干扰
		光电探测	0～3500		
		热电探测	200～2000		

4.1.5　连接导线与补偿导线安装注意事项

连接导线与补偿导线的安装，应符合下述要求。

（1）线路电阻要符合仪表本身的要求，补偿导线的种类及正、负极不要接错。

（2）连接导线与补偿导线必须预防机械损伤，应尽量避免高温、潮湿、腐蚀性及爆炸性气体与灰尘的作用，禁止敷设在炉壁、烟囱及热管道上。

（3）为保护连接导线与补偿导线不受外来的机械损伤，并削弱外界电磁场对电子式显示仪表的干扰，导线应加屏蔽，即把连接导线或补偿导线穿入钢管内，钢管还需在一处接地。钢管的敷设应保证便于施工、维护和检修。

（4）管径应根据管内导线（包括绝缘层）的总截面积决定，总截面积不超过管子截面积的2/3。管子之间宜用丝扣连接，禁止使用焊接。管内杂物应清除干净，管口应无毛刺。

（5）导线、电缆等在穿管前应检查其有无断头和绝缘性能是否达到要求，管内导线不得有接头，否则应加装接线盒。补偿导线不应有中间接头。

（6）导线附近应尽量避免交流动力电线。

（7）补偿导线最好与其他导线分开敷设。

（8）应根据管内导线芯数及其重要性，留有适当数量的备用线。

（9）穿管时同一管内的导线必须一次穿入，同时导线不得有曲折、迂回等情况，也不宜拉得过紧。

（10）导线应有良好的绝缘，禁止与交流输电线合用一根穿线管。

（11）配管及穿管工作结束后，必须进行校对与绝缘试验。在进行绝缘试验时，导线必须与仪表断开。

4.2　压力传感器与取源部件的安装

4.2.1　压力传感器与取源部件的安装要求

压力测量包括液体、气体及蒸汽的压力测量。压力仪表包括就地压力表和引远的压力变送器等。对于腐蚀性、黏稠性的介质，应采用隔离法测量。吹气法隔离，适用于测量腐蚀性介质或带有固体颗粒的流体；冲液法隔离，适用于黏稠液体及含固体颗粒的悬浮液。

1. 压力取源部件安装要求

压力取源部件就是取压短节，有不带螺纹和带外螺纹的两种。用来连接管道上的取压点和取压阀门，其连接形式有焊接和螺纹连接。

压力取源部件的安装应符合下列要求。

（1）压力取源部件的安装位置应选在被测物料流束稳定的地方。

（2）压力取源部件与温度取源部件在同一管段上时，压力取源部件应安装在温度取源部件的上游，以免因温度测量组件使流体产生涡流而影响取压。

（3）压力取源部件的端部不应超出设备或管道的内壁。

（4）当测量带有灰尘、固体颗粒或沉淀物等浑浊物料的压力时，在垂直和倾斜的设备和管道上，取源部件应倾斜向上安装，在水平管道上宜顺物料流束成锐角安装。

（5）当检测温度高于 60℃的液体、蒸汽和可凝性气体的压力时，就地安装的压力表的取源部件应带有环形或 U 形冷凝管。

（6）在水平和倾斜的管道上安装压力取源部件时，取压点的方位应符合下列规定。

① 测量气体压力时，在管道的上半部。

② 测量液体压力时，在管道的下半部与管道的水平中心线成 0°～45°夹角的范围内。

③ 测量蒸汽压力时，在管道的上半部及下半部与管道水平中心线成 0°～45°夹角的范围内。

（7）在砌筑体上安装取源部件时，取压管周围应用耐火纤维填塞严密，然后用耐火泥浆封堵。

2. 导压管安装

（1）导压管管径的选择。就地压力表安装，选用$\phi14\times2$或$\phi18\times3$无缝钢管。引远导压管，选用$\phi14\times2$或$\phi18\times3$的无缝钢管。压力高的高压管道应采用$\phi14\times3$、$\phi14\times4$、$\phi18\times3$、$\phi22\times4$等无缝钢管。压力表环形管或冷凝管一般选用$\phi18\times3$的无缝钢管制作。对于低压、微压的粉尘气体则采用水煤气管。

（2）引远导压管的安装。引远安装的压力变送器，导压管管路应尽可能短。当导压管水平敷设时，必须保持一定的坡度，一般情况应保持（1∶10）～（1∶20）的坡度，在特殊情况下可减小到 1∶50。当管内介质为气体时，在管路的最高点设有排气装置；当液体内有污浊物时，应在管路的最低位置设排污装置。

（3）灌注隔离液的方法。在采用隔离法测量压力的管路中，管路的最低位置应有排隔离液的装置。灌注隔离液有两种方法，一种方法是将压缩空气引至专用的隔离液罐，从管路最低处的排污阀注入，以利于管路内空气的排出，直至灌满顶部放空阀为止，这种方法特别适用于变送器远离取压点安装的情况；另一种方法是当变送器就近取压点安装时，隔离液从隔离容器顶部丝堵处进行灌注。为易于排净管内气泡，应尽可能采用前一种灌注方法。

（4）安装位置。测量液体压力和隔离法测量腐蚀性气体压力时，取压点位置高于压力变送器，以便测量管路内不易聚集气体。测量气体时压力变送器的位置应高于取压点，以利于管路内冷凝液回流工艺管道。

3. 垫片

压力表及压力变送器通常使用铝垫、紫铜垫和聚四氟乙烯垫。蒸汽、水、空气等不是腐蚀性介质，一般垫片可选用普通的石棉橡胶板。对于油品，垫片材质应选用耐油橡胶石棉板。垫片材质的种类及其适用范围如表 4.4 所示。

表 4.4 垫片材质的选用

垫片		适用范围		
种类	材料	压力/0.098MPa	温度/℃	介质
纸垫	青壳纸		＜120	油、水
橡胶垫	天然橡胶	≈6	−6100	水、海水、空气
	普通橡胶板（HG4-329-86）		−40～60	水、空气
夹布橡胶垫（GB583—85）	夹布橡胶	≈ 6	−30～60	海水、空气
软聚氯乙烯垫	软聚氯乙烯板	≤16	＜60	稀酸、碱溶液、具有氧化性的蒸汽及气体
聚四氟乙烯垫	聚四氟乙烯（HG2-534-87）	≤30	−180～250	浓酸、碱、溶剂、油类、抗燃油
橡胶石棉垫	高压橡胶石棉垫（JC125-86）	≤60	≤450	空气、压缩空气、蒸汽、惰性气体、水、海水、酸、盐
	中压橡胶石棉垫	≤40	≤350	
	低压橡胶石棉板	≤10	≤220	
	耐油橡胶石棉板（GB539-86）	≤40	≤ 400	油、油气、溶剂、碱类
缠绕垫片（JB 1162−93） 金属包平垫或波形垫（JB 1163−93）	金属部分： 铜、铝、08 钢、1Cr13、1Cr18Ni9Ti 非金属部分： 石棉带、聚四氟乙烯	≤64	≈ 600	蒸汽、氢、空气、油、水

续表

垫　　片		适 用 范 围		
种　　类	材　　料	压　力/0.098MPa	温　　度/℃	介　　质
金属平垫	A3、10、20、lCrl3	≈ 200	550	汽、水
	lCr lSNi9Ti	≈ 200	600	汽
	铜、铝	100	250	水
		64	425	汽
金属齿形垫	0.8、1Cr13 合金钢 1 软钢	同金属平垫 ≥40 ≥40	同金属平垫 660	同金属平垫 抗燃油

4. 压力表安装位置

就地压力表的安装位置要便于观察。泵出口压力表应安装在出口阀门前，压力表不应固定在震动较大的工艺设备或管道上。检测高压的压力表安装在操作岗位附近时，必须距地面 1.8m 以上，或者安装保护罩。

4.2.2　压力管路连接方式与安装图

1. 管路的连接方式

（1）采用卡套式阀门与卡套或管接头连接。

（2）采用外螺纹截止阀和压垫式管接头连接。

（3）采用内螺纹闸阀和压垫式管接头连接。

2. 常用压力测量安装图

常用压力测量安装图如图 4.9～图 4.12 所示。

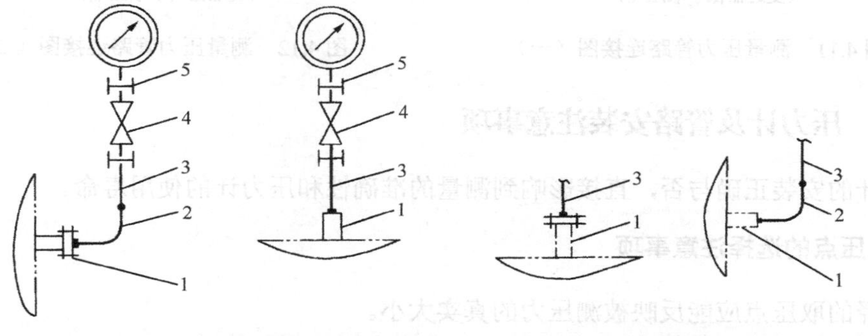

1—管接头或法兰接管；2—无缝钢管；3—接表阀接头；4—压力表截止阀或阻尼截止阀；5—垫片

图 4.9　压力表安装图

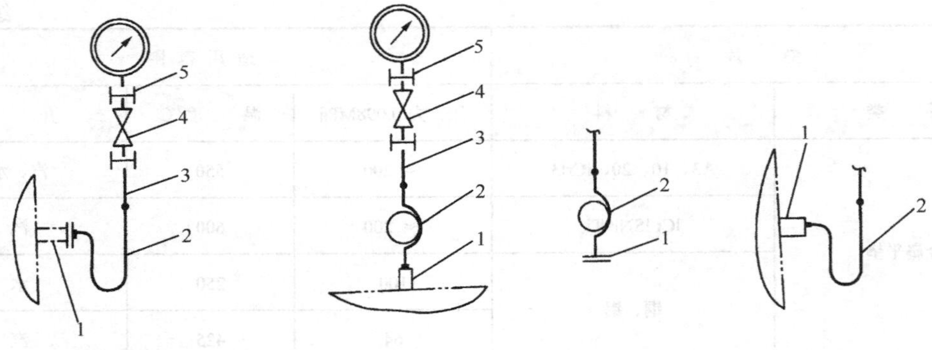

1—管接头或法兰接管；2—冷凝圈或冷凝管；3—接表阀接头；4—压力表截止阀或阻尼截止阀；5—垫片

图 4.10　带冷凝管的压力表安装图

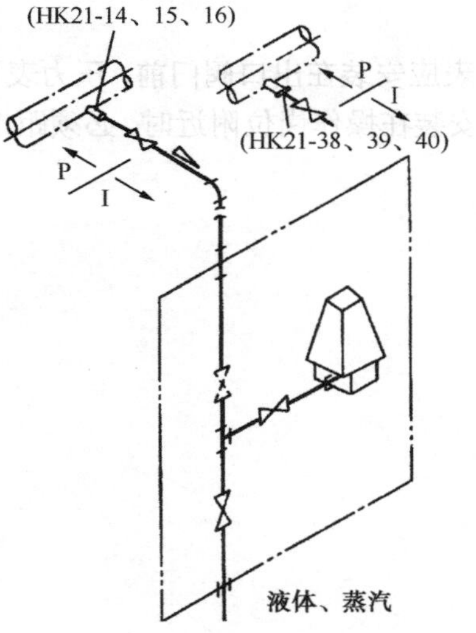

（变送器低于取压点）

图 4.11　测量压力管路连接图（一）

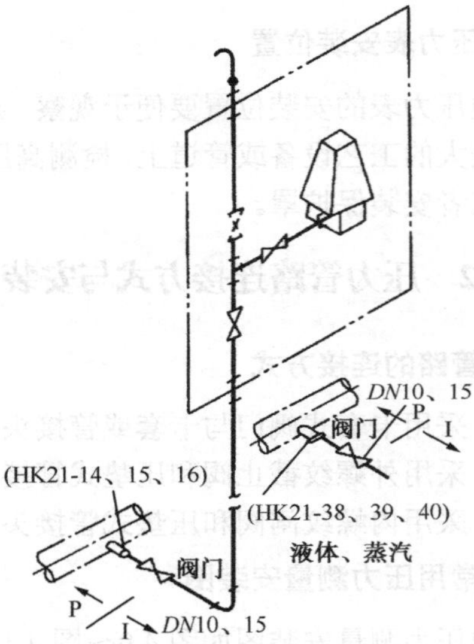

（变送器高于取压点）

图 4.12　测量压力管路连接图（二）

4.2.3　压力计及管路安装注意事项

压力计的安装正确与否，直接影响到测量的准确性和压力计的使用寿命。

1. 取压点的选择注意事项

所选择的取压点应能反映被测压力的真实大小。

（1）要选在被测介质直线流动的管段部分，不要选在管路拐弯、分叉、死角或其他易形成旋涡的地方。

（2）测量液体压力时，取压点应在管道下部，使导压管内不积存气体；测量气体压力时，取压点应在管道上方，使导压管内不积存液体。

2. 导压管敷设注意事项

（1）导压管粗细要合适，一般内径为 6～10mm，长度应尽可能短，最长不得超过 50m，以减小压力指示的迟缓。如超过 50m，应选用能远距离传送的压力计。

（2）导压管水平安装时应保证有 1∶10～1∶20 的倾斜度，以利于积存于其中的液体（或气体）的排出。

（3）当被测介质易冷凝或冻结时，必须加保温伴热管线。

（4）取压口到压力计之间应装有切断阀，以备检修压力计时使用。切断阀应装在靠近取压口的地方。

3. 压力计安装注意事项

（1）压力计应安装在易观察和检修的地方。

（2）安装地点应力求避免震动和高温影响。

（3）测量蒸汽压力时，应加装凝液管，以防止高温蒸汽直接与测压元件接触，如图 4.13（a）所示。对于有腐蚀性介质的压力测量，应加装有中性介质的隔离罐，如图 4.13（b）所示为被测介质密度ρ_2大于和小于隔离液密度ρ_1的两种情况。

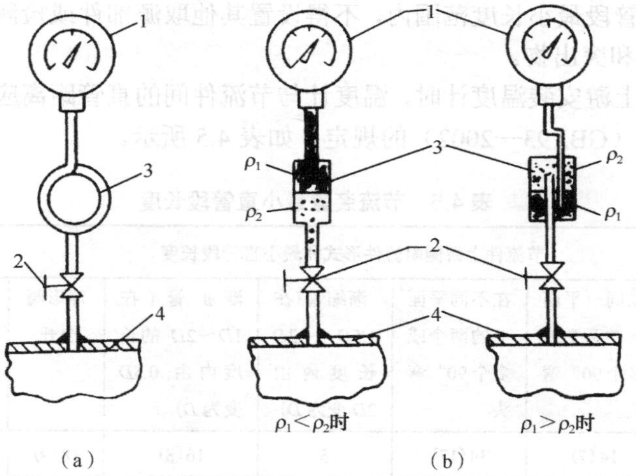

图 4.13 三种不同的压力计安装示意图

总之，针对被测介质的不同性质（高温、低温、腐蚀、脏污、结晶、沉淀、黏稠等），要采取相应的防热、防腐、防冻、防堵等措施。

（4）压力计的连接处，应根据被测压力的高低和介质性质，选择适当的材料作为密封垫片，以防泄漏。一般低于 80℃及 2MPa 时，用牛皮或橡胶垫片；介于 350～450℃及 5MPa 以下用石棉或铝垫片；温度及压力更高（50MPa 以下）用退火紫铜或铅垫片。但测量氧气压力时，不能使用浸油垫片及有机化合物垫片；测量乙炔压力时，不能使用铜垫片，因它们均有发生爆炸的危险。

（5）当被测压力较小，而压力计与取压口又不在同一高度时，对由此高度差而引起的测量误差应按$\Delta p=\pm h\rho g$进行修正。式中，h 为高度差，ρ为导压管中介质的密度，g 为重力加速度。

（6）为安全起见，测量高压的仪表除选用表壳有通气孔的外，安装时表壳应向墙壁或无人通过之处，以防发生意外。

4.3 流量取源部件的安装

4.3.1 流量取源部件的安装要求

流量测量包括气体、液体和蒸汽流量的测量。对于腐蚀性、黏稠和含有固体物质易堵的介质，应采用隔离、吹气和冲液等方法测量。

1. 安装要求

流量取源部件的安装应符合下列要求。

（1）流量取源部件上、下游直管段的最小长度，应按设计文件规定，并符合产品技术文字的有关要求。

（2）孔板、喷嘴和文丘里管上、下游直管段的最小长度，当设计文件无规定时，应符合《自动化仪表工程施工及验收规范》（GBJ 93—2002）的规定，如表4.5所示。

（3）在规定的直管段最小长度范围内，不得设置其他取源部件或检测组件，直管段管子内表面应清洁，无凹坑和突出物。

（4）在节流件的上游安装温度计时，温度计与节流件间的直管距离应符合《自动化仪表工程施工及验收规范》（GBJ 93—2002）的规定，如表4.5所示。

表4.5 节流装置最小直管段长度

直径比β	节流件上游侧阻流件形式和最小直管段长度							节流件下游最小直管段长度(包括在本表中的所有阻流件)
	单个90°弯头或三通(流体仅从一个支管流出)	在同一平面上的两个或多个90°弯头	在不同平面上的两个或多个90°弯头	渐缩管(在1.5D～3D长度内由2D变为D)	渐扩管(在1D～2D的长度内由0.5D变为D)	球形阀全开	全孔球阀或闸阀全开	
≤0.20	10(6)	14(7)	34(17)	5	16(8)	18(9)	12(6)	4(2)
≤0.25	10(6)	14(7)	34(17)	5	16(8)	18(9)	12(6)	4(2)
≤0.30	10(6)	16(8)	34(17)	5	16(8)	18(9)	12(6)	5(2.5)
≤0.35	12(6)	16(8)	36(18)	5	16(8)	18(9)	12(6)	5(2.5)
≤0.40	14(7)	18(9)	36(18)	5	16(8)	20(10)	12(6)	6(3)
≤0.45	14(7)	18(9)	38(19)	5	17(9)	20(10)	12(6)	6(3)
≤0.50	14(7)	20(10)	40(20)	6(5)	18(9)	22(11)	12(6)	6(3)
≤0.55	16(8)	22(11)	44(22)	8(5)	20(10)	24(12)	14(7)	6(3)
≤0.60	18(9)	26(13)	48(24)	9(5)	22(11)	26(13)	14(7)	7(3.5)

续表

直径比β	节流件上游侧阻流件形式和最小直管段长度							节流件下游最小直管段长度（包括在本表中的所有阻流件）
	单个90°头或三通（流体仅从一个支管流出）	在同一平面上的两个或多个90°弯头	在不同平面上的两个或多个90°弯头	渐缩管（在1.5D～3D长度内由2D变为D）	渐扩管（在1D～2D的长度内由0.5D变为D）	球形阀全开	全孔球阀或闸阀全开	
≤0.65	22(11)	32(16)	54(27)	11(6)	25(13)	28(14)	16(8)	7(3.5)
≤0.70	28(14)	36(18)	62(31)	14(7)	30(15)	32(16)	20(10)	7(3.5)
≤0.75	36(18)	42(21)	70(35)	22(11)	38(19)	36(18)	24(12)	8(4)
≤0.80	46(23)	50(25)	80(40)	30(15)	54(27)	44(22)	30(15)	8(4)

	阻流件	上游侧最小直管段长度
对于所有的直径比β	直径比大于或等于0.5的对称骤缩异径管	30(15)
	直径小于或等于0.03D的温度计套管和插孔	5(3)
	直径在0.03D～0.13D之间的温度计套管和插孔	20(10)

注：本表直管段长度均以直径D的倍数表示。

（5）在节流件的下游安装温度计时，温度计与节流件间的直管距离不应小于5倍管道内径。

（6）节流装置在水平和倾斜的管道上安装时，取压口的方位应符合下列规定。

① 测量气体流量时，在管道的上半部。

② 测量液体流量时，在管道的下半部与管道的水平中心线在0°～45°夹角范围内。

③ 测量蒸汽流量时，在管道的上半部与管道水平中心线在0°～45°夹角范围内。

（7）孔板或喷嘴采用单独钻孔的角接取压时，应符合下列规定。

① 上、下游侧取压孔轴线，与孔板或喷嘴上、下游侧端面间的距离应等于取压孔直径的1/2。

② 取压孔的直径宜为4～10mm，上、下游侧取压孔的直径应相等。

③ 取压孔的轴线，应与管道的轴线垂直相交。

（8）孔板采用法兰取压时，应符合下列规定。

① 上、下游侧取压孔的轴线与上、下游侧端面间的距离：当$\beta>0.6$且$D<150$mm时，为25.4±0.5mm；当$\beta\leqslant0.6$或$\beta>0.6$，但150mm≤D≤1000mm时，为25.4±1mm。

② 取压孔的直径宜为6～12mm，上、下游侧取压孔的直径应相等。

③ 取压孔的轴线，应与管道的轴线相交。

（9）用均压环取压时，取压孔应在同一截面上均匀设置，且上、下游侧取压孔的数量必须相等。

（10）皮托管、文丘式皮托管和均速管等流量检测组件取源部件轴线必须与管道轴线垂直相交。

2. 导压管安装

导压管直径，一般情况下，选用$\phi14\times2$、$\phi18\times3$。对于低压的粉尘气体则采用水煤气管。

对于不同的管件连接形式，配管外径一般按如下规格选取：卡套连接形式为ϕ14，对焊式压垫密封连接形式为ϕ14，内螺纹连接形式为ϕ18，承插焊连接形式为ϕ18、ϕ22 或 1/2 英寸，对焊式锥面密封连接形式为ϕ14。就加工、安装技术难度和可靠性而言，承插焊连接形式管件、阀门适用性更好些。

节流装置与差压计之间的距离应尽量短，且应不超过16m。当仪表在节流装置近旁时（小于3m），可用一平衡阀代替三阀组件。

当导压管水平敷设时，必须保持一定的坡度。测量液体时，导压管应从取压嘴向下倾斜；测量气体时，导压管应从取压嘴向上倾斜。一般情况下应保持（1∶10）～（1∶20）坡度，特殊情况下可减少到1∶50。测量气体时，管路最低位置应设有排液装置；测量液体时，管路最高点应设有排气装置。

采用隔离法测量流量时，安装要求同压力取源部件安装要求。

3. 标准节流装置的选用

（1）当要求压力损失较小时，可选用喷嘴、文丘里管等。

（2）在测量某些易使节流装置腐蚀、玷污、磨损、变形的介质流量时，采用喷嘴较采用孔板效果好。

（3）在加工制造和安装方面，以孔板最为简单，喷嘴次之，文丘里管最复杂，造价高低也与此相应。在一般场合下，以采用孔板居多。

（4）非标准节流装置多用于黏稠、腐蚀性介质的测量。

4.3.2 节流装置的取压方式

节流装置常见的取压方式有角接取压和法兰取压。

1. 角接取压

角接取压就是在节流件与管壁的夹角处，取出节流件上下游的压力。取压位置的具体规定是：上、下游侧取压孔的轴线与孔板（或喷嘴）上、下游侧端面的距离，分别等于取压孔径的一半或取压环隙宽度的一半。

角接取压装置有两种结构形式，即环室取压和单独钻孔取压。

环室取压适用于公称压力为0.6～6.4MPa，公称直径在50～400mm范围内。它能与孔板、喷嘴和文丘里管配合，也能与平面、榫面和凸面的法兰配合使用。环室分为平面环室、槽面环室和凹面环室三类。

环室取压的优点是压力取出口面积比较广阔，便于测出平均压差，有利于提高检测精度。但是加工制造和安装要求严格，如果由于加工和现场安装条件的限制，达不到预定要求时，检测精度仍难保证。因此在现场使用时，为了加工和安装方便，有时不用环室而用单独钻孔取压，特别是对大口径管道更是如此。

如图4.14所示为带槽面（凹面）环室（或宽边）的孔板、喷嘴、1/4圆喷嘴在钢管上的安装图，如图4.15所示为带平面（槽面）密封面的节流装置在不锈钢管上的安装图。

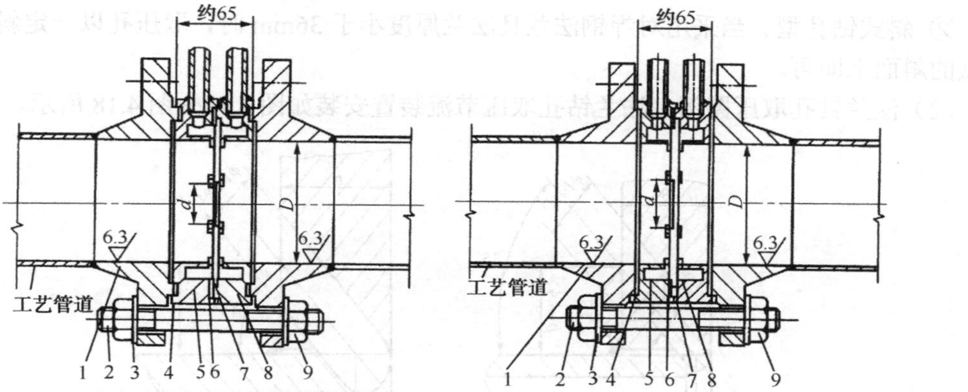

（a）法兰HG5015（榫面）　（b）法兰HG5016（凸面）

1—对焊法兰；2—光双头螺栓；3—光垫圈；4—垫片；5—正环室；6—垫片；7—节流装置；8—负环室；9—光六角螺母

图 4.14　带槽面（凹面）环室（或宽边）的孔板、喷嘴、1/4 圆喷嘴在钢管上的安装图

注：1．法兰内孔在安装前应扩孔至管道计算直径 *D*。

2．法兰与工艺管道焊接处的内侧应打光磨平。

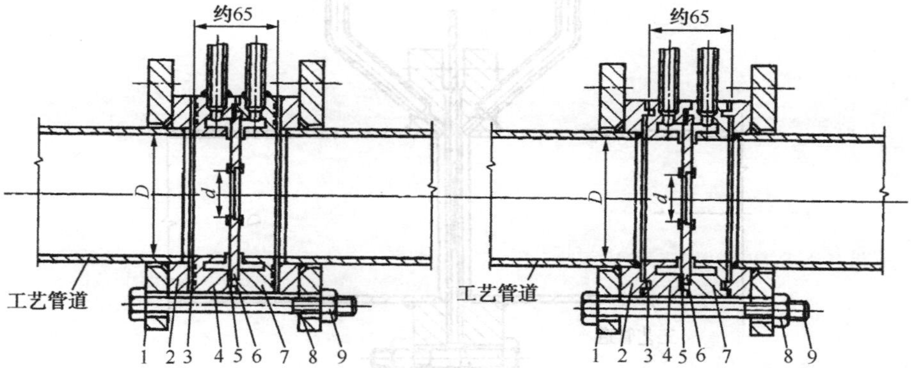

（a）法兰5022　（b）法兰5023

1—法兰；2—焊环；3—垫片；4—正环室；5—垫片；6—节流装置；7—负环室；8—螺栓；9—螺母

图 4.15　带平面（槽面）密封面的节流装置在不锈钢管上的安装图

注：焊接采用 45° 角焊，焊缝应打光、无毛刺。

2. 法兰取压

法兰取压就是在法兰上取压。其取压孔中心线至孔板面的距离为 25.4mm（1 英寸）。较环室取压有金属材料消耗小、容易加工和安装、容易清理脏物及不易堵塞等优点。

（1）法兰取压钻孔形式。根据法兰取压的要求和现行标准法兰的厚度，以及现场备料及加工条件，可采用直式钻孔型和斜式钻孔型两种形式。

① 直式钻孔型。当标准法兰的厚度大于 36mm 时，可利用标准法兰进一步加工。如果标准法兰的厚度小于 36mm，则需用大于 36mm 毛坯加工。取压孔打在法兰盘的边沿上与法兰中心线垂直。

② 斜式钻孔型。当采用对焊钢法兰且法兰厚度小于36mm时，取压孔以一定斜度打在法兰颈的斜面上即可。

（2）法兰钻孔取压图例。法兰钻孔取压节流装置安装如图4.16～图4.18所示。

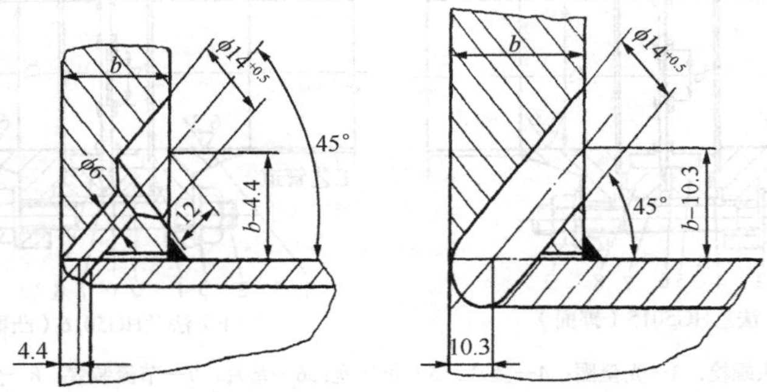

（a）法兰上钻孔 DN=150~400　　（b）法兰上钻孔 DN=450~1600

图4.16　法兰钻孔取压

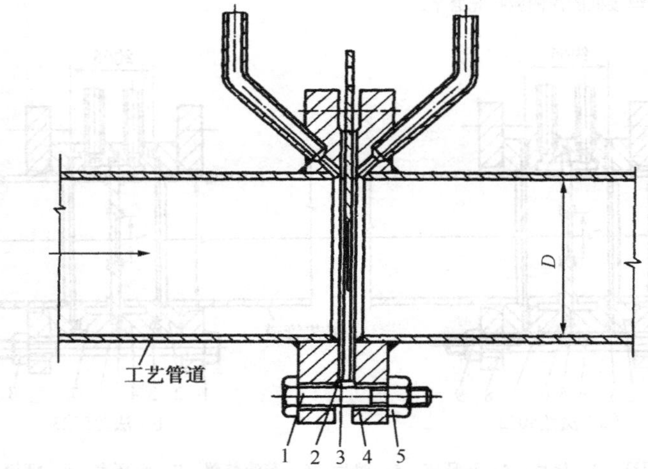

1—螺栓；2—垫片；3—节流装置；4—法兰；5—螺母

图4.17　法兰上钻孔取压的孔板、喷嘴在钢管上的安装图

注：1．节流装置包括：带柄孔板、镶边孔板、带柄喷嘴、整体圆缺孔板和镶边圆缺孔板。

2．焊接采用15°角焊，焊缝应打光，无毛刺。

在图4.18中，应注意安装时保证法兰端面对管道轴线的不垂直度不得大于1°；法兰与管道对焊后应进行处理，使内壁焊缝处光滑，无焊疤及焊渣；安装时注意锐孔板和法兰的配套，锐孔板的安装正负方向及引压口的方位均应符合设计要求；锐孔板的安装应在管线吹扫后进行。

（3）法兰钻孔取压注意事项。

① 法兰内径。为了不影响流量检测精度，法兰内径应与所在管道内径相同。当采用标准法兰加工时，会遇到两种情况：一是当标准法兰内径小于锐孔板所在管道的管子内径时，需将标准法兰内径扩孔，使之与管内径相同；二是当标准法兰内径大于锐孔板所在管道的管子内径时，安装时需要更换一段长度为20D～30D、内径与法兰内径相同的管道。

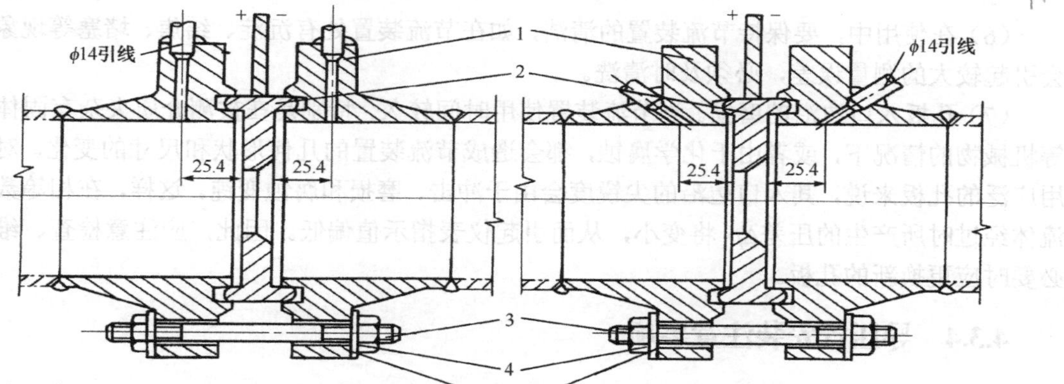

（a）直式钻孔　　（b）斜式钻孔

1—对焊钢法兰；2—锐孔板；3—双头螺栓；4—螺母；5—垫圈

图 4.18　锐孔板安装图

② 取压孔与法兰面距离。按规定法兰取压孔中心线至锐孔板面的距离为 25.4mm，其误差不超过±1mm。此外，当锐孔板厚度大于 6mm 时，锐孔板上游面至低压取压孔中心线的距离不应超过 31.5mm。

4.3.3　节流装置安装注意事项

（1）节流装置安装时应注意介质的流向，节流装置上一般用箭头标明流向。

（2）节流装置的安装应在工艺管道吹扫后进行。

（3）节流装置的垫片要根据介质来选用，并且不能小于管道内径。

（4）节流装置安装前要进行外观检查，孔板的入口和喷嘴的出口边沿应无毛刺和圆角，并按有关标准规定复验其加工尺寸。

（5）节流装置安装不正确，也是引起差压式流量计测量误差的重要原因之一。在安装节流装置时，还必须注意节流装置的安装方向，如图 4.19 所示。一般地说，节流装置露出部分所标注的“＋”号一侧，应当是流体的入口方向。当用孔板作为节流装置时，应使流体从孔板 90° 锐口的一侧流入。

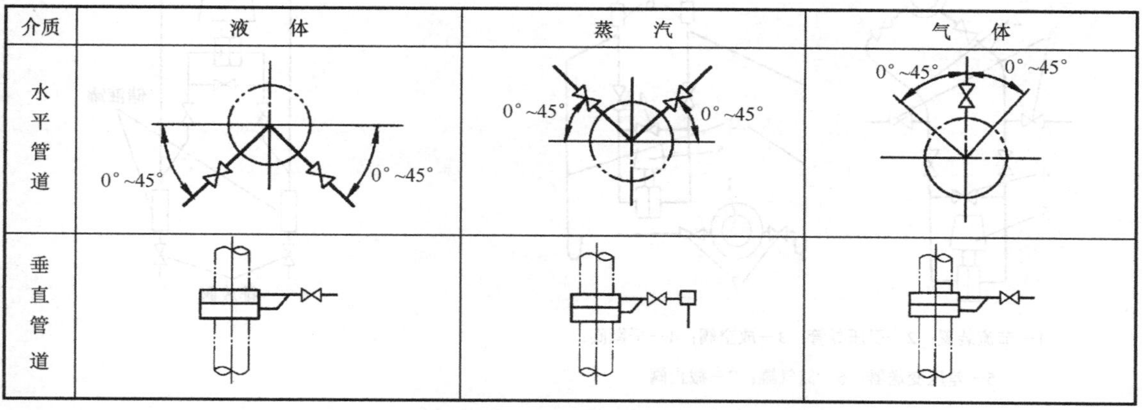

图 4.19　节流装置取压口方位图

（6）在使用中，要保持节流装置的清洁，如在节流装置处有沉淀、结焦、堵塞等现象，也会引起较大的测量误差，必须及时清洗。

（7）孔板入口边沿的磨损。当节流装置使用时间较久，特别是在被测介质夹杂有固体颗粒等机械物的情况下，或者由于化学腐蚀，都会造成节流装置的几何形状和尺寸的变化。对于使用广泛的孔板来说，其入口边沿的尖锐度会由于冲击、磨损和腐蚀变钝。这样，在相等数量的流体经过时所产生的压差Δp 将变小，从而引起仪表指示值偏低。因此，应注意检查、维修，必要时应更换新的孔板。

4.3.4　导压管安装注意事项

导压管要正确安装，防止堵塞与渗漏，以免引起较大的测量误差。对于不同的被测介质，导压管的安装也有不同的要求，下面结合几类具体情况来讨论。

（1）测量液体的流量时，应该使两根导压管内都充满同样的液体而无气泡，以使两根导压管内的液体密度相等。这样，由两根导压管内液柱所附加在差压计正、负压室的压力可以相互抵消。

① 取压点应该位于节流装置的下半部，与水平线夹角α应为0°～45°。如果从底部引出，液体中夹带的固体杂质会沉积在引压管内，引起堵塞。

② 在引压导管的管路内，应有排气的装置。如果差压计只能装在节流装置之上，则须加装储气罐，如图4.20所示。

（2）测量气体流量时，上述的基本原则仍然适用。尽管在引压导管的连接方式上有些不同，其目的仍是要保持两根导管内流体的密度相等。因此，必须使管内不积聚气体中可能夹带的液体，具体措施是：

① 取压点应在节流装置的上半部。

② 引压导管最好垂直向上，或至少应向上倾斜一定的坡度，以使引压导管中不滞留液体。

③ 如果差压计必须装在节流装置之下，则须加装储液罐和排放阀，如图4.21所示。

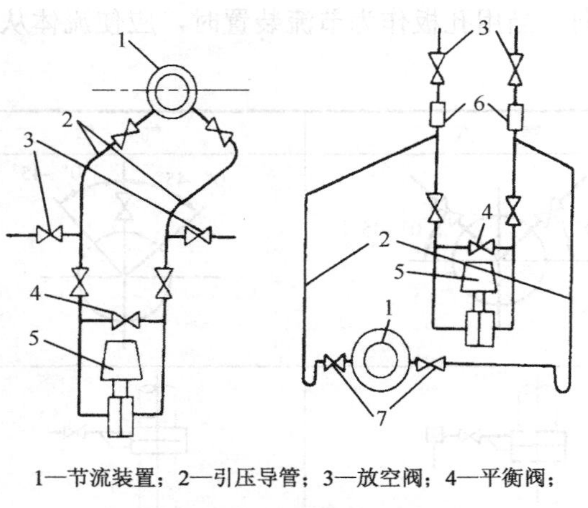

1—节流装置；2—引压导管；3—放空阀；4—平衡阀；

5—差压变送器；6—储气罐；7—截止阀

图4.20　测量液体流量时的连接图

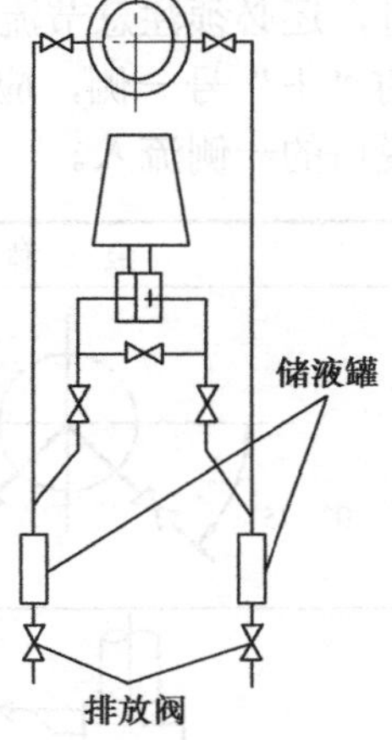

图4.21　测量气体流量时的连接图

测量蒸汽的流量时，要实现上述的基本原则，同时必须解决蒸汽冷凝液的液位问题，以消除冷凝液液位高低对测量精度的影响。

最常见的接法如图 4.22 所示，取压点从节流装置的水平位置接出，并分别安装了凝液罐，这样，两根导管内都充满了冷凝液，而且液体一样高，从而实现了差压 Δp 的准确测量。

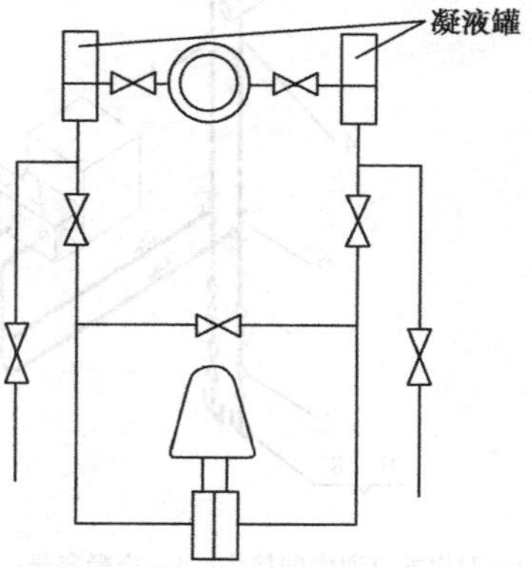

图 4.22　测量蒸汽流量管路正面连接图

自凝液罐至差压计的接法与测量液体流量相同。

4.3.5　节流装置安装图例

节流装置安装图例如图 4.23 和图 4.24 所示。

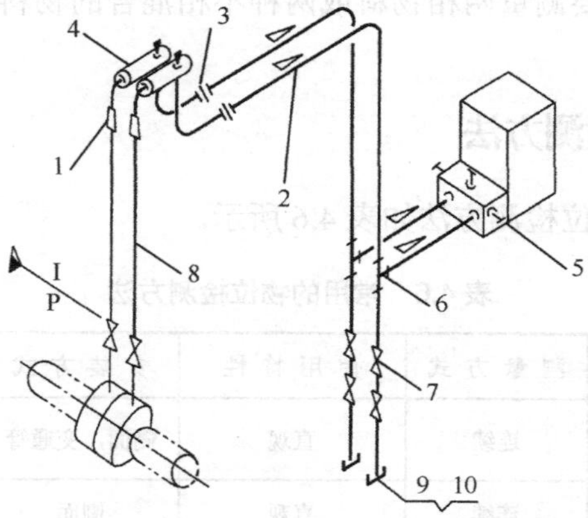

1—对焊式异径活接头；2—冷凝容器；3—对焊式直通中间接头；4—无缝钢管；5—二阀组；6—对焊式三通中间接头；7—焊接式截止阀；8—无缝钢管；9—异径单头短节；10—管帽

图 4.23　测量蒸汽流量管路连接图（差压仪表低于节流装置，二阀组）

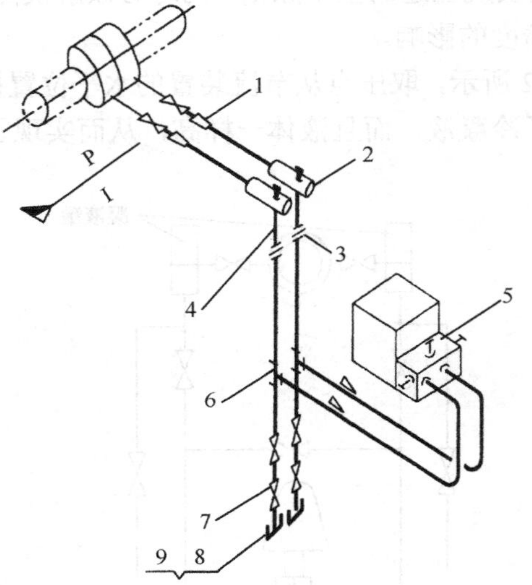

1—对焊式异径活接头；2—无缝钢管；3—对焊式直通中间接头；4—冷凝容器；5—三阀组；6—对焊式三通中间接头；7—焊接式截止阀；8—无缝钢管；9—异径单头短节

图 4.24　测量蒸汽流量管路连接图（差压仪表高于节流装置，三阀组）

4.4　物位取源部件的安装

在生产过程中，常常需要测量两相物料或两种不相混合的物料之间的界面位置，这种测量统称为物位测量。

4.4.1　常用的物位检测方法

在生产过程中常用的物位检测方法如表 4.6 所示。

表 4.6　常用的物位检测方法

类别		适用对象	测量方式	使用特性	安装方式	原理
直读式	金属管式	液位	连续	直观	侧面，变通管	利用连通器液柱静压平衡原理，液位高度由标尺读出
	玻璃板式	液位	连续	直观	侧面	
差压式	压力式	液位、料位	连续	用于大量程开口容器	侧面、底置	液体静压力与液位高度成正比
	吹气式	液位	连续	适用黏状液体	顶置	吹气管鼓出气泡后吹气管内压力基本等于液柱静压
	差压式	液位、界面	连续	法兰式可用于黏性液体	侧面	容器液位与相通的差压计正、负压室压力差相等

续表

类别		适用对象	测量方式	使用特性	安装方式	原理
浮力式	浮子式	液位、界面	定点、连续	受外界影响小	侧面	基于液体的浮力使浮子随液位变化而上升或下降，实现液位测量
	翻板式	液位	连续	指示醒目	侧面、弯通管	由连通管组件、浮子和翻板指示装置组成，装有永久磁铁
	沉筒式	液位、界面	连续	受外界影响小	内外浮筒	测量用浮筒沉入介质中，通过液位变化，沉筒位移变化，实现液位测量
	随动式	液位、界面	连续	测量范围大，精确度高	顶置、侧面	随液位上升的敏感组件可产生感应电势，输出至显示控制表
机械接触式	重锤式	液位、界面	连续、断续	受外界影响小	顶置	通过探头与物料面接触时的机械力来实现物位测量、报警或控制
	旋翼式	料位	定点	受外界影响小	顶置	
	音叉式	液位、料位	定点	测量密度小，非黏性物料	侧面、顶置	
电气式	电感式	液位	连续	介质介电常数变化影响不大	顶置	利用测量组件把物位变化转换成电量进行测量的仪表
	电容式	液位、料位	定点、连续	应用范围广	侧面、顶置	
其他	超声波式	液位、料位	定点、连续	不接触介质	顶置、侧面底置	由电子装置产生的超声波，当液位变化时，接收探头接收的声波测量信号发生变化，使放大器的振荡改变，发出控制信号
	辐射式	液位、料位	定点	不接触介质	顶置、侧面	利用核辐射穿透物质及在物质中按一定的规律减弱的现象，确定物位
	光学式	液位、料位	定点	不接触介质	侧面	由发射部分产生光源，当被测料位变化时，由接收部分的光敏组件转换为控制信号输出
	热学式	液位、料位	定点			微波或红外线在不同介质常数的介质中传播时，被吸收的能量不同，从而确定液位变化

4.4.2 物位取源部件的安装要求

（1）物位取源部件的安装位置，应选在物位变化灵敏，且不使检测元件受到物料冲击的地方。

（2）内浮筒液位计和浮球液位计采用导向管或其他导向装置时，导向管或导向装置必须垂直安装，并应保证导向管内液流畅通。

（3）双室平衡容器的安装应符合下列规定。

① 安装前应复核制造尺寸，检查内部管道的严密性。

② 应垂直安装，其中心点应与正常液位相重合。

（4）单室平衡容器宜垂直安装，其安装标高应符合设计文件的规定。

（5）补偿式平衡容器安装固定时，应有防止因被测容器的热膨胀而被损坏的措施。

（6）安装浮球式液位计仪表的法兰短管必须保证浮球能在全量程范围内自由浮动。

（7）电接点水位计的测量筒应垂直安装，筒内零水位电极的中轴线与被测容器正常工作时的零水位线应处于同一高度。

（8）静压液位计取源部件的安装位置应远离液体进出口。

差压式液面测量导压管管径的选择、导压管的敷设及其他要求，可参照压力取源部件的安装。

4.4.3　双室平衡容器的安装

1. 检查内负压管的严密性和高度

如图 4.25 所示，由玻璃管水位计处灌水，待正取压管向外排水时，静置 5min，负压管应无渗水现象。堵住正取压管口，继续在玻璃水位计处灌水，待负压管往外排水时停止，观察玻璃水位计的水位高度应高出正取压管口的内径下沿约 10mm。

用同样方法检查蒸汽罩补偿式平衡容器的安装水位线。

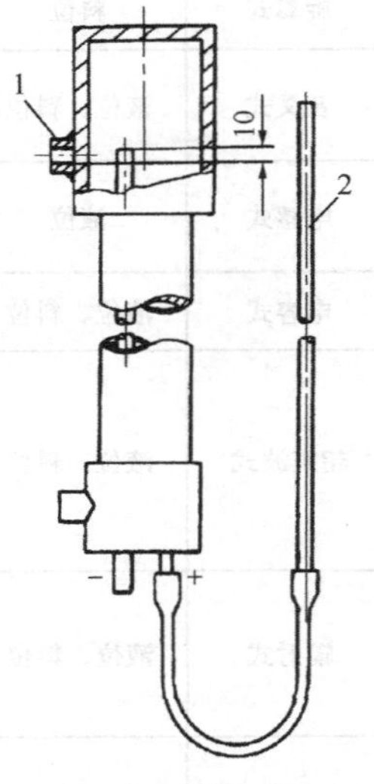

1—正取压管口；2—玻璃水位计

图 4.25　双室平衡容器的检查

2. 水位测点位置的确定

水位测量的正、负压取压装置，一般已由制造厂安装好，但应检查被测容器的内部装置，使其不影响压力的取出（特别是锅炉汽包内部装置较多，如果正、负测量点的静压力不相等，将无法测量水位）。如制造厂未安装，可根据显示仪表刻度的全量程选择测点高度（正、负压测点应在同一垂直面上）。

（1）对于零水位在刻度盘中心位置的显示仪表，应以被测容器的正常水位线向上加上仪表的正方向最大刻度值为正取压测点高度，被测容器正常水位线向下加上仪表的负方向最大刻度值为负取压测点高度。

（2）对于零水位在刻度起点的显示仪表，应以被测容器的玻璃水位计零水位线为负取压测点高度，被测容器的零水位线向上加上仪表最大刻度值为正取压测点高度。

（3）当制造厂安装的取压装置无法满足显示仪表刻度时，可采用“连通管”的连接方式，连通管须采用ϕ28×4 以上的导管制作。

3. 平衡容器安装高度的确定

（1）对于零水位在刻度盘中心位置的显示仪表，如采用单室平衡容器，其安装水位线应为被测容器的正常水位线加上仪表的正方向最大刻度值；如采用双室平衡容器，其安装水位线应和被测容器的正常水位线相一致，如图 4.26 所示；如采用蒸汽罩补偿式平衡容器，其安装水位线应比负取压口高出 L 值，如图 4.27 所示。

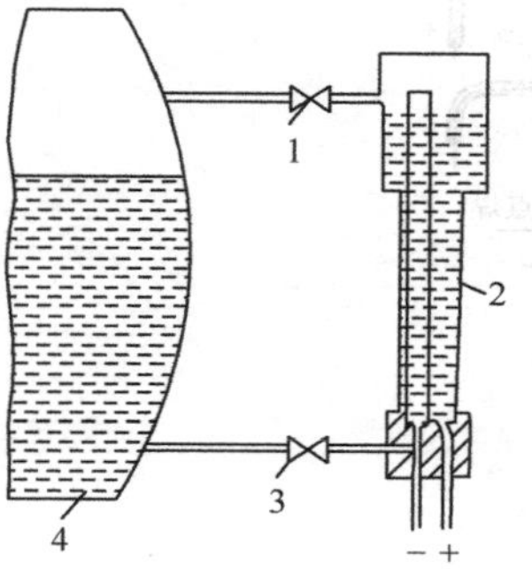

1—正取压阀门；2—双室平衡容器；

3—负取压阀门；4—被测受压容器

图 4.26　双室平衡容器水位测量

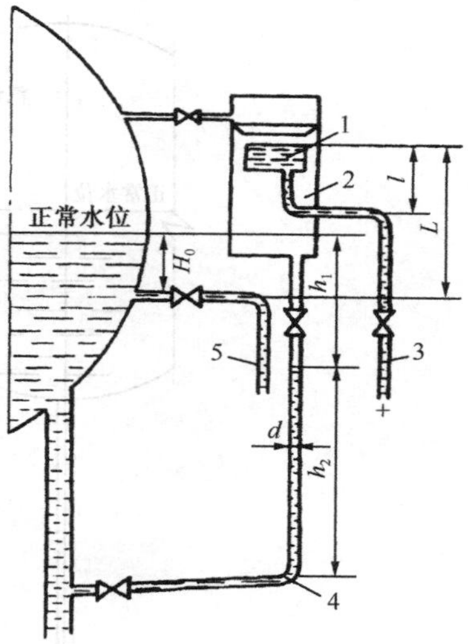

1—正压恒位水槽；2—蒸汽罩；3—正压取压管；

4—疏水管；5—负压取压管

图 4.27　蒸汽罩补偿式平衡容器

（2）对于零水位在刻度盘起点的显示仪表，如采用单室平衡容器，其安装水位线应比被测容器的玻璃水位计的零水位线高出仪表的整个刻度值；如采用双室平衡容器，其安装水位线应比被测容器的零水位线高出仪表刻度值的 1/2。

4. 平衡容器的安装要求

安装水位平衡容器时，应遵照下列要求。

（1）水位取压测点的位置和平衡容器的安装高度按上述规定进行。

（2）平衡容器与容器间的连接管应尽量缩短，连接管上应避免安装影响介质正常流通的元件，如接头、锁母及其他带有缩孔的元件。

（3）如在平衡容器前装取源阀门，应横装（阀杆处于水平位置），避免阀门积聚空气泡而影响测量准确度。

（4）一个平衡容器一般供一个变送器或一只水位表使用。

（5）平衡容器必须垂直安装，不得倾斜。

（6）工作压力较低和负压的容器，如除氧器、凝汽器等，其蒸汽不易凝结成水。安装时，可在平衡容器前装取源阀门，顶部加装水源管（中间应装截止阀）或灌水丝堵，以保证平衡容器内有充足的凝结水，使其能较快地投入水位表。或者在平衡容器前装取源阀门，顶部加装放气阀门，水位表投入前关闭取源阀门，打开放气阀门，利用负压管的水经过仪表处的平衡阀门从正压脉冲管反冲至平衡容器，不足部分从平衡容器顶部的放气孔（或阀门）处补充。

（7）平衡容器及连接管安装后，应根据被测参数决定是否保温。若进行保温，为使平衡容器内蒸汽凝结加快，其上部不应保温。

（8）蒸汽罩补偿式平衡容器的安装如图4.28所示，安装时应注意以下几点。

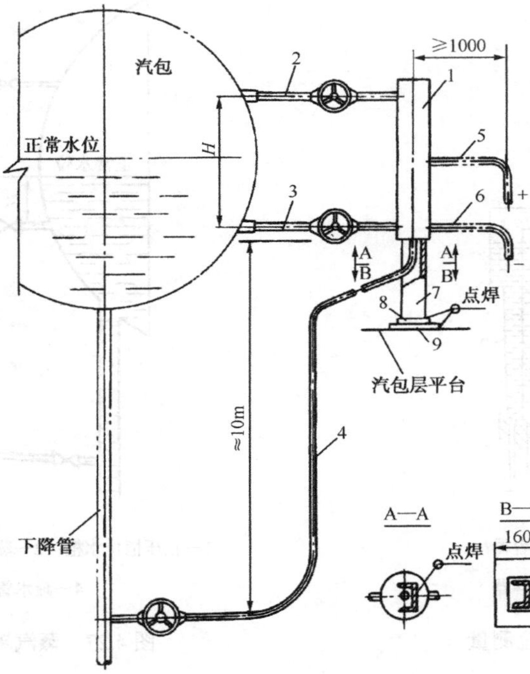

图4.28　蒸汽罩补偿式平衡容器的安装

① 由于蒸汽罩补偿式平衡容器较重，其质量由槽钢支座7承受，但应有防止因热力设备热膨胀产生位移而被损坏的措施。因此，钢板8与钢板9接触面之间应光滑，便于滑动。

② 蒸汽罩补偿式平衡容器的疏水管应单独引至下降管，其垂直距离为10m左右，且不宜保温，在靠近下降管侧应装截止阀。

③ 蒸汽罩补偿式平衡容器的正、负压引出管，应在水平引出超过1m后才向下敷设，其目的是当水位下降时，正压导管内的水面向下移动（因差压增大，仪表正压室的液体向正压室移动所致），正、负管内的温度梯度在这1m水平管上得到补偿。

4.4.4　电接点水位计测量筒的安装

电接点水位计测量筒品种较多，但安装方法基本相同，现以DYS-19型和GDR-1型电接点水位计为例，简述其安装要点。

1. DYS-19型电接点水位计

（1）测量锅炉汽包水位用的DYS-19型电接点水位计的测量筒如图4.29所示。测量筒由密封筒体与电接点组成，筒体采用20号无缝钢管，周围四侧A、B、C、D开有19个接点取样孔，依直线排列。电接点螺孔为M16×1.5，筒体全长的中点为零位，最低接点至最高接点的距离为600mm，故各点直线距离以零位为基准时，分别为：A侧　0，±75，±250；B侧　+200，+50，−15，−100，−300；C侧　±30，±150；D侧　+300，+100，+15，−50，−200。

（2）筒体安装孔设于 C 侧，安装孔开孔口径为 24mm，开孔距离根据实际需要而定。

（3）使用测量筒时加装紫铜垫圈，旋入筒体接点孔要旋紧密封好，其绝缘电阻应大于 100MΩ。测量筒必须垂直安装，垂直偏差不得大于 2°。当用于测量汽包水位时，筒体中电接点零水位需与汽包的正常水位线处于同一水平面，即与云母水位表的零水位对准。

（4）量筒与汽包的连接管不要引得过长、过细或弯曲、缩口。测量筒距汽包越近越好，使测量筒内的压力、温度、水位尽量接近汽包内的真实情况。测量筒体底部引接放水阀门及放水管，便于冲洗。

测量筒上的引线应使用耐高温的氟塑料线引至接线盒。测量筒处用瓷接线端子连接，不得用锡焊。测量筒筒体接地，并由此引出公用线。

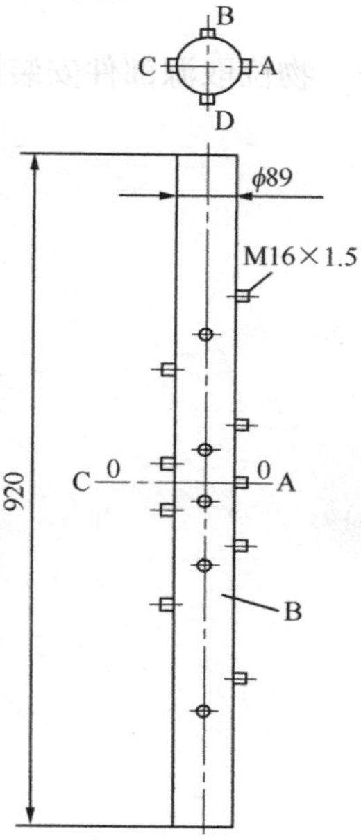

图 4.29 DYS-19 电接点水位计的测量筒

2. GDR-1 型电接点水位计

GDR-1 型电接点水位计的测量筒带恒温套，用于测量汽包水位。测量筒的安装系统如图 4.30 所示，测量筒在工作状态下充满饱和蒸汽，疏水管 4 应紧靠着水侧连接管 3 下面敷设，至汽包近处再往下弯接至下降管，并将两管水平段一起保温，其余部分裸露。

测量筒安装中的固定方式如图 4.31 所示。

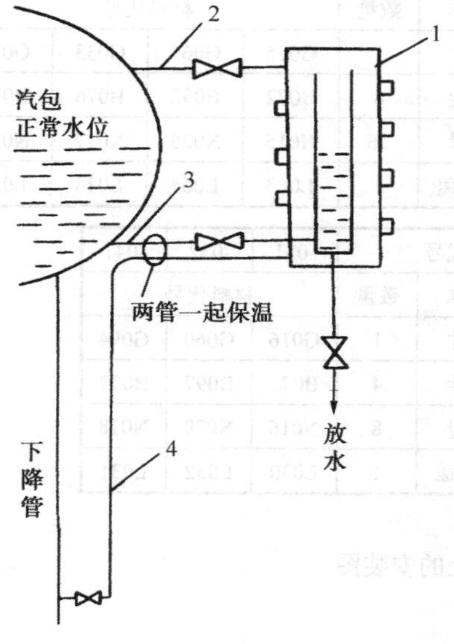

1—测量筒；2—汽侧连接管；3—水侧连接管；4—疏水管

图 4.30 GDR-1 型电接点测量筒安装系统

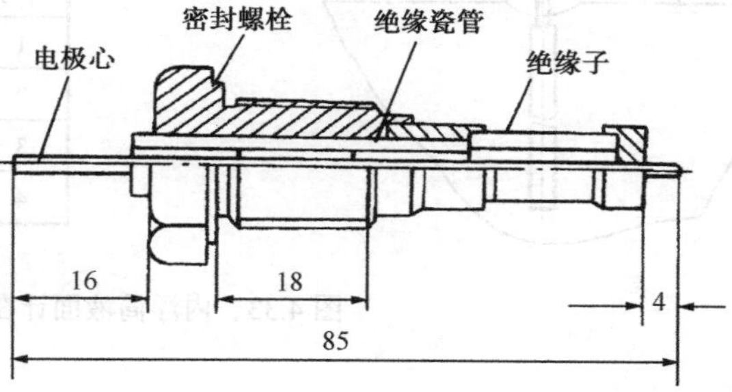

图 4.31 测量筒水位计的电接点固定方式

4.4.5 物位取源部件安装图例

物位取源部件安装图例如图 4.32～图 4.35 所示。

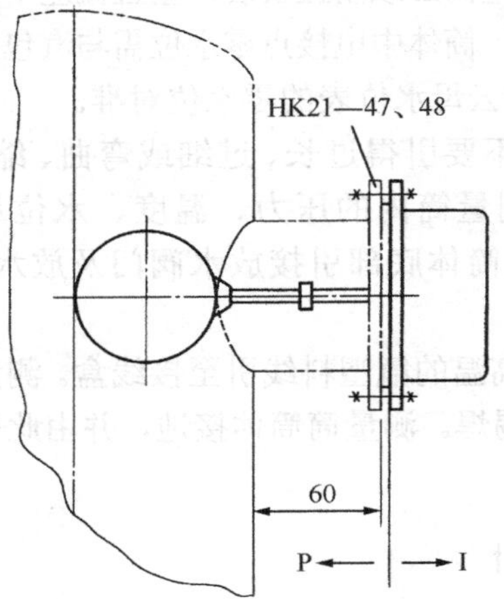

图 4.32 浮球液位计在设备上的安装图

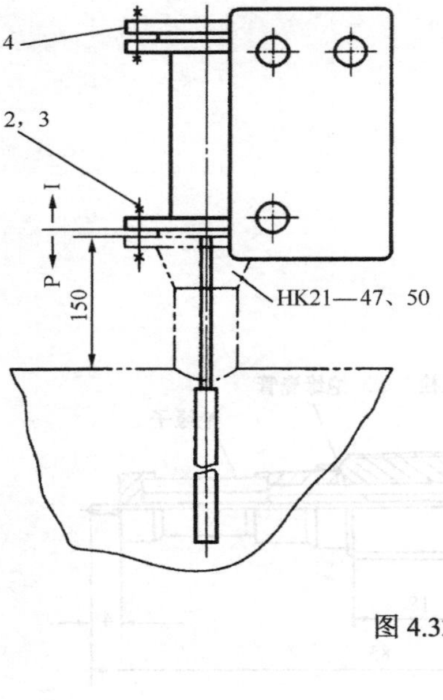

组合代号			-021-1	-022-1	-021-2	-022-2
件号	名称	数量	材料代号			
1	垫片	1	G025	G065	G033	G070
2	螺栓	8	B072	B092	B076	B098
3	螺母	16	N015	N028	N017	N037
4	法兰盖	1	L063	L064	L033	L034

组合代号			-031	-032	-041
件号	名称	数量	材料代号		
1	垫片	1	G016	G060	G094
2	螺栓	4	B073	B097	B077
3	螺母	8	N016	N029	N018
4	法兰盖	1	L030	L032	L031

图 4.33 内浮筒液面计在设备上的安装图

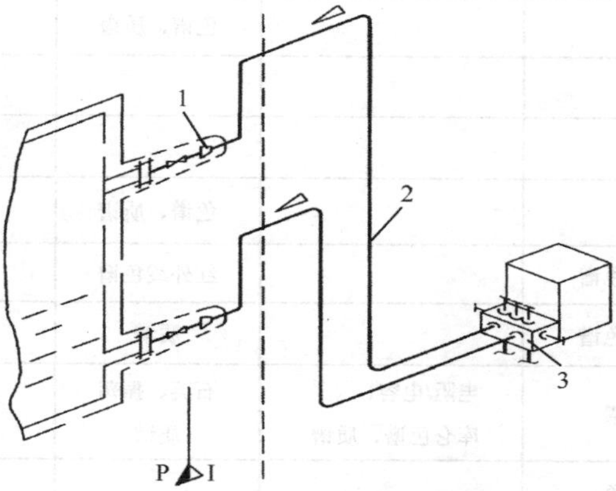

1—对焊式异径活接头；2—无缝钢管；3—五阀组

图 4.34　差压式测量低沸点介质液面管路连接图（五阀组）

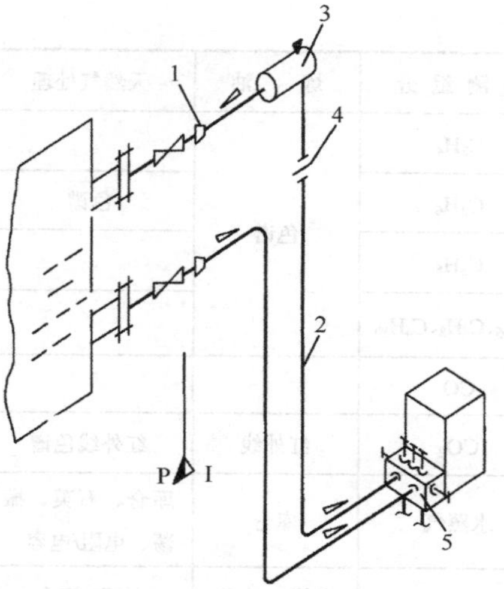

1—对焊式异径活接头；2—无缝钢管；3—对焊冷凝容器；4—对焊式直通中间接头；5—五阀组

图 4.35　差压式测量有压设备液面管路连接图（五阀组带冷凝容器）

4.5　分析取源部件的安装

4.5.1　常用的生产过程分析检测方法

在生产过程中测量物质的化学组成、结构及某些物理特性的仪器、仪表称为分析仪器。分析仪器的取源部件的安装位置，应选在压力稳定、能灵敏反映真实成分变化和取得具有代表性的分析样品的地方，取样点的周围不应有层流、涡流、空气渗入、死角、物料堵塞或非生产过程的化学反应。在水平或倾斜的管道上安装分析取源部件时，其安装方位可参考压力取源部件安装。当被分析的气体内含有固体或液体杂质时，取源部件的轴线与水平线之间的仰角应大于 15°。为了缩短测量滞后时间，连接分析取样装置和分析仪器之间的取样管不宜太长，其敷设坡度一般不小于 1∶20。取样管一般采用不锈钢管，以防介质腐蚀。同时，取样装置和导管应具有良好的密封性，以确保测量准确。

化工生产过程中常用的分析检测方法如表 4.7 所示。

表 4.7　常用分析检测方法

待测组分	炼　油	天然气处理	水蒸气重整	空气分馏	烯	氯
Ar			色谱	热导、色谱、质谱		
CH_4	色谱				色谱、质谱	
C_2H_2				色谱、质谱	色谱、红外线、质谱	

续表

待测组分	炼油	天然气处理	水蒸气重整	空气分馏	烯	氯
C_2H_4	色谱				色谱、质谱	
C_2H_6		色谱				
C_3H_8						
C_4H_6、C_4H_8、C_4H_{10}					色谱、质谱	
CO			红外色谱		红外线色谱	
CO_2	红外线	红外线色谱	红外色谱		质谱	
水蒸气	库仑	库仑、石英、振荡、电阻/电容	色谱	电阻/电容、库仑色谱、质谱	石英、振荡质谱	
HS	色谱、比色	比色 库仑	比色			
N_2			热导、色谱	热导、色谱、质谱		色谱、热导
NH_3			红外、色谱			
O_2	磁力		热磁、磁力	热导、热磁、磁压原电池、质谱	磁力、原电池热磁、质谱	
芳香烃	色谱、紫外				质谱、色谱	
$HgCl_2$						紫外
HCl						色谱

4.5.2 生产过程分析仪器取样系统的安装

一套完整的分析系统具有取样系统和连接部分，以便从流程中取出被测样品并进行预处理。取样系统由粗取样系统和细取样系统两大部分组成，粗取样系统是靠近取样点的初步取样系统，经过粗取样后再进入细取样系统。取样系统包括的内容如表4.8所示。

表4.8 取样系统包括的内容

取样形式	标准或基本组成部分
粗取样系统	取样头（探头） 粗过滤器 冷却器/冷凝捕集器 除尘器，去腐蚀组分和干扰的净化器 增加或减少样品的压力调节器或泵，以稳定送出样品压力
细取样系统	性能良好的过滤器 流量控制阀和流量计 供校验用的气路截止阀、旁路节流孔、流量控制器

续表

取 样 形 式	标准或基本组成部分
增设其他附件	附加过滤器、捕集器 净化器或干燥器 压力调节器 多点取样装置 参比样品系统、多点取样系统的程序器和流量控制器，开关阀，旁路泵或蒸汽加热装置

成分分析仪表的取样装置应按设计要求，装在有代表性的地方，并能正确反映被测介质的实际成分。为了缩短测量滞后时间，连接分析取样装置和分析器之间的取样管不宜太长，其敷设坡度一般不小于 1∶20。取样管一般采用不锈钢管，烟气分析可采用橡皮管或铜管，以防介质腐蚀。取样装置和导管之间应有良好的密封，以保证测量准确。

1. 氧化锆探头安装

氧化锆测点位置的选择应在制造厂提供的烟气温度范围内选取。氧化锆元件所处的空间位置应是烟气流通良好，流速平稳无旋涡，烟气密度正常而不稀薄的区域。在水平烟道中，由于热烟气流向上，烟道底部烟气变稀，故氧化锆元件应处于上方；对于垂直烟道，其中心区域就不如靠近烟道壁好；在烟道拐弯处，由于可能形成旋涡，致使某点处于烟气稀薄状态，而使检测不准。

一般说来，氧化锆在烟道中水平安装与垂直安装的测量效果相同，但水平安装的抗震能力较差，且易积灰；垂直安装虽能对减少氧化锆的震动有一定的效果，但因烟道内外温差大，容易往下流入带酸性的凝结水腐蚀铂电极，因此，宜将氧化锆探头从烟道侧面倾斜插入，使内高外低，这样凝结水只能流到氧化锆管的根部，不会影响到电极。

氧化锆探头一般为法兰安装方式，烟道法兰和探头法兰之间装入石棉密封垫，用螺栓固定密封。

氧化锆探头的安装形式有直插式和旁路式两种。对于旁路式探头安装在旁路烟道的扩大管上，如图 4.36 所示。旁路烟道选用内径不小于 100mm 的钢管，其取样管插入烟道部分的材质应根据烟气温度选取，插入深度应大于烟道的 2/3，引入端封闭。在取样管侧面均匀地开取样小孔，小孔的总面积应不小于旁路烟道的内截面积。旁路烟道的水平部分应有一定坡度，两侧分别向烟道倾斜，以使凝结水流回烟道。旁路烟道安装完毕后，应进行保温。扩大管安装在便于安装探头和维护的区域。

氧化锆元件一般都采用空气作为参比气体。如果测点处烟道内能始终保持较大的负压，则空气可以通过接线盒上中间小孔直接抽入氧化锆管内。若有困难时（如正压锅炉），就需有专用的抽气装置将空气打入氧化锆内（如 DH-6 型氧化锆分析器配有专用的气泵），也可考虑由空气预热器出口引入热风，并经节流后，由接线盒上的小孔送进去。

氧化锆测氧元件所处部位温度很高，内外温度相差悬殊，因此在运行锅炉上安装或取出直插元件时，应缓慢进行，以防因温度剧变而引起元件破裂。旁路定温式同样应注意这个问题。取出元件前应先断开加热炉电源，等加热炉冷却到与烟温一样时才取出来。取出后继续冷却到手能摸加热炉时，再取出炉中的氧化锆元件。

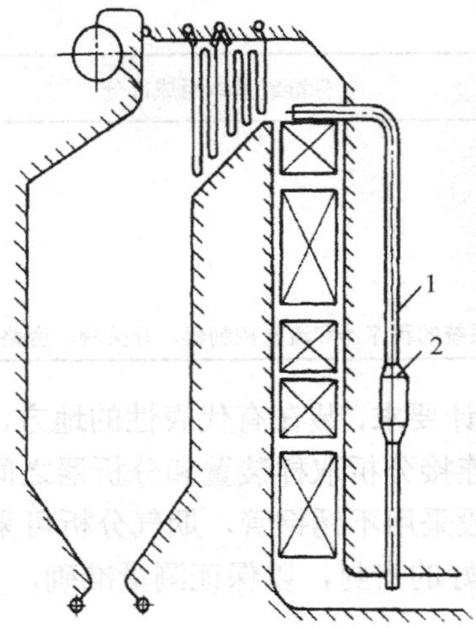

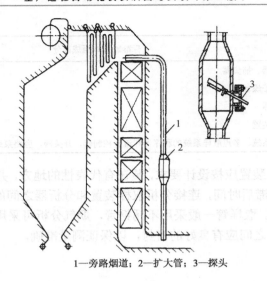

1—旁路烟道；2—扩大管；3—探头

图 4.36　氧化锆旁路烟道安装示意图

2. 氢气分析取样装置安装

常用的氢气分析仪表是热导式氢分析器，其取样系统如图 4.37 所示。被分析的氢气从具有较高氢压的部位或管道 1 取出，经调节器组（包括阀门 4 和绒布过滤器 6）和转子流量计 5，进入氢分析器的工作室，然后经阀门 10 进入氢压较低的部位或管道 2。

气路系统的全部连接管采用 $\phi 8\times 1$ 的不锈钢管或无缝钢管，安装后进行系统严密性试验。

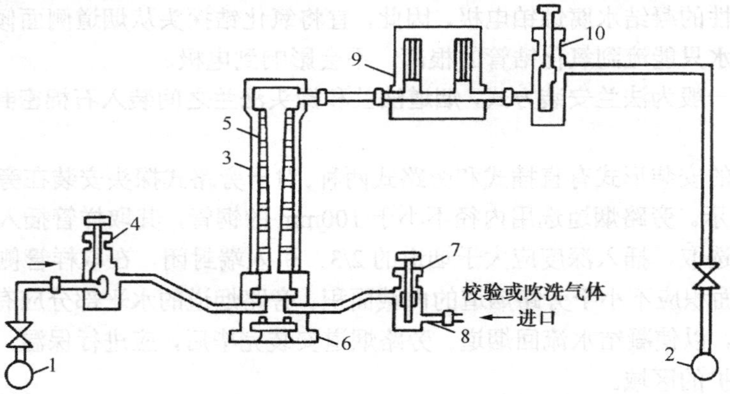

1—高压头气体管道；2—低压头气体管道；3—调节器组支架；4、10—阀门；5—转子流量计；6—绒布过滤器；7—截止阀；8—标准气样接入管；9—氢分析器工作室；10—阀门

图 4.37　热导式氢分析器取样系统

3. 电导仪取样装置安装

电导仪取样系统如图 4.38 所示，取样管插入被测管道深度 1/3 为宜，取样导管不宜太长，其坡度一般不小于 1∶20。被分析的液体从被测管道取出，进入电导发送器后，流回被测管道。为了使液体能流入电导发送器，被测介质管道与电导仪进、出口取样孔间应加装节流装置，以

产生差压。若被分析的液体从被测管道取出，进入电导仪发送器后，流至疏水管或地沟，则可以不装节流装置、阀门 4 及出水管。

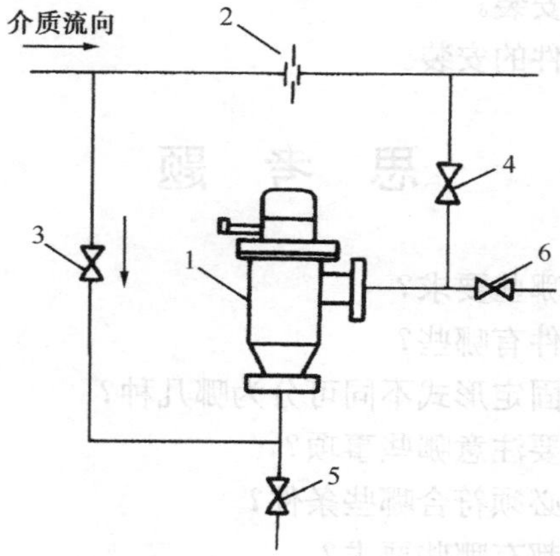

1—发送器；2—节流装置；3—进水阀门；4—出水阀门；5—排污阀门；6—排汽（水）阀门

图 4.38　电导仪取样系统

进入发送器的介质参数，应符合发送器的要求。测量高温高压的介质（如饱和蒸汽和锅水等）电导率时，电导仪前应加装减温、减压装置（有时也可与化学分析合用取样装置及取样管路，此时应单独安装截止阀），如图 4.39 所示。

取样系统的全部管道材质可采用不锈钢或与被测介质管道相一致的材质，但应符合防腐蚀的要求。

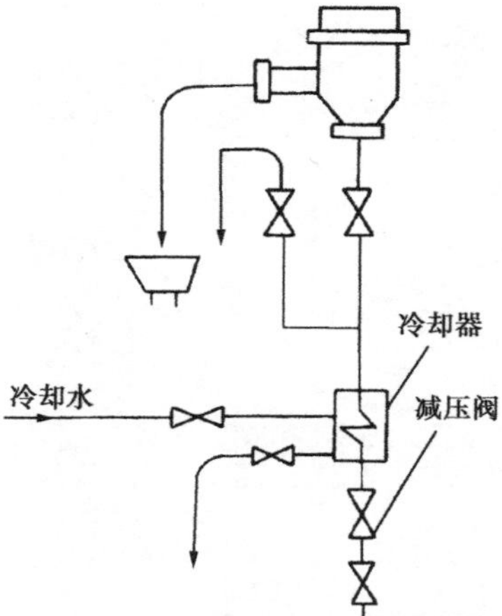

图 4.39　测量高温高压介质电导仪取源系统

实 训 课 题

1．各种温度取源部件的安装。

2. 各种压力取源部件的安装。
3. 各种流量取源部件的安装。
4. 各种物位取源部件的安装。
5. 各种成分分析取源部件的安装。

思 考 题

1. 安装取源部件时都有哪些要求？
2. 工业上常用的测温组件有哪些？
3. 测温组件安装方式按固定形式不同可分为哪几种？
4. 温度取源部件的安装要注意哪些事项？
5. 压力取源部件的安装必须符合哪些条件？
6. 标准节流装置安装时都有哪些要求？
7. 导压管的安装应注意什么？导压管的连接方式有哪几种？
8. 如何选用节流装置？
9. 物位取源部件的安装都有哪些要求？
10. 分析取源部件的安装都有哪些要求？
11. 过程分析仪器取样系统都包括哪些内容？

第5章

常用仪表安装工程设施和施工材料

【知识目标】

1. 熟悉施工现场的设置，熟悉安装工具、机械及其使用。
2. 熟悉仪表管道、管路敷设的要求及安装后的检查。
3. 了解仪表安装常用电线电缆的选型方法。

【技能目标】

1. 熟悉自动化仪表安装常用的工具和机械使用。
2. 会屏蔽电线电缆和补偿导线的选型及安装。
3. 会仪表常用阀门的选用、安装及安装后的查漏。

【素质目标】

在以安装为主线的一体化教学过程中，培训学员的团队合作能力；专业技术交流的表达能力；制订工作计划的方法能力；获取新知识、新技能的学习能力；解决实际问题的工作能力。

5.1 常用安装设施

5.1.1 施工现场的设置

自动化仪表安装现场，一般设立下列施工场地。

1. 工作间和工作场地

工作间要求门窗严密，地面平整，光线充足，房顶不漏雨。工作场地位于工作间旁，要求地面平整，雨后不积水，尽量选择合适的方位，少受日晒、风吹等影响。

在工作间和工作场地的范围内一般应有下列设施。

（1）具有一定容量的380/220V三相四线制电源。

（2）具备清洁的水源，水源处应有水槽及排水设施。

（3）具备电焊、气焊操作的条件。

（4）设有能满足施工要求的钳工操作台、台钻、砂轮机、弯管机、套丝机、无齿锯、剪冲机等小型组合平台。

2. 工具房

工具房设置在工作间附近，按施工班组数量划分成若干小间。工具房除存放工具外，兼作更衣室、休息室。

3. 保管间

保管间布置在工作间附近，要求门窗严密，房顶不漏雨，屋内条件适合保管物品的存放要求。保管间内设有货架，分别放置各种配件、零件、阀门、管材、热电偶与热电阻、电气材料等。安装材料成批从仓库领出后，存放在保管间内备用。

4. 调试检验室

调试检验室可设在厂房内或靠近工作间的地方。要求门窗严密，光线充足，地面平整不扬土，屋内干燥，房顶不漏雨，冬季有取暖装置，不应有震动或较大磁场干扰等影响，室内保持一定的温度和湿度（≤80%）。

调试检验室内设有合适的电源和水源，电源电压应不受施工用电负荷波动的影响，要备有必要的检定仪器。

5.1.2　安装工具、机械及其使用

1. 钳工工具的使用

（1）虎钳。虎钳用以夹持工件，以便进行锯割、锉削、铲削等操作。虎钳的操作要注意以下几点。

① 虎钳的夹紧和放松是靠转动手柄来进行的，用力大小要根据工件的材质要求和虎钳的大小来考虑。

② 工件一般要夹在虎钳口中间，不得已而使用夹口的一侧时，要在另一边放上等厚的木块或金属块，使夹持力分布均匀。

③ 工件若超出钳口太长时，需另用其他支撑物支持，不应使钳口受力过大。

④ 当夹持精工件或软金属时，钳口应另加铜板、铝板作为护口，以免损坏工件。

⑤ 在虎钳上锉、削、锤、凿工件时，用力应使向虎钳座，而不应使向活动钳口。

（2）钢锯。钢锯由锯弓和锯条组成，使用钢锯时要注意以下几点。

① 锯条装入锯弓时，锯齿要向前，松紧要合适。

② 向前推锯时要加力，推的方向要直，动作要轻稳，返回时自由退回，以防锯条折断。

③ 锯较厚的工件时，因锯弓宽度不够，锯不到底，可倒换几个方向锯割。如加工件宽度允许，也可将锯条横装，以便加大锯的深度。

（3）扳手。使用扳手时要注意以下几点。

① 选用扳手时，扳口尺寸必须与螺帽尺寸相符，若扳口太大，容易滑脱，同时会损坏扳手或螺帽的棱角，严重的会造成碰伤事故。

② 使用活扳手时，要将扳口校正到适当位置，套住螺帽时无松动现象。扳动时活动部分

在前，使力量大部分承担在固定扳口上。若反方向用力，扳手要翻转 180°。

③ 要想得到最大的扭力，拉力方向必须和扳手的手柄成直角，最好是拉动。推动时尽量用手掌推，手指放开，伸直向上，以防撞伤手指。

④ 拆卸和安装设备上的螺栓时，最好不用活扳手。

2. 机具的使用

安装使用的机具，大部分是电动工具，使用前首先要检查电源是否相符，接地是否良好。注意一定要合理使用漏电保护器，并正确穿戴各种劳动保护用品。

（1）砂轮机。使用砂轮机时要注意以下几点。

① 使用砂轮机时，要站在与砂轮机中心线成 45° 角的地方，用砂轮的外圆表面磨削，不要在砂轮侧面磨削，以免砂轮破裂发生危险。

② 在砂轮上磨削时，用力要适当，不能过猛。工件应顺砂轮旋转方向磨削，不可逆砂轮旋转方向磨削。

③ 砂轮机要有安全防护装置，以防砂轮片破裂后甩出伤人。

（2）电钻。使用电钻时要注意以下几点。

① 电钻钻头必须锋利，其直径不允许超过电钻的允许使用直径，钻孔时用力不宜过大，以防电机过载。

② 拆装钻头时，需用钻头钥匙，尽量不用其他工具敲打钻夹头。

③ 零星加工件必须牢靠地紧固在夹件上。

（3）型钢切割机。型钢切割机（无齿锯）是利用纤维增强砂轮片切割角钢、槽钢、扁钢、钢管等，在使用时要注意以下几点。

① 使用前，应检查各紧固件是否松动，砂轮片有无损裂。

② 使用的砂轮片的规格不应大于铭牌的规定，以免电机过载。

③ 操作要均匀平稳，不能用力过大，以免过载或砂轮破裂。

④ 使用中如有异常声音时，应立即停止，进行检查。

（4）弯管机。弯管机使用步骤如下所述。

① 将待弯管放在平台上进行调直。

② 选用合适的胎具。

③ 根据施工图和实样，在待弯管上画出起弧点。

④ 将已画线的管放入弯管机，用力应均匀，速度应缓慢。

5.2　常用仪表施工安装材料

5.2.1　仪表安装常用管材

仪表管道（又称管路、管线）有很多种，可分为四类，即导压管、气动管、电气保护管和伴热管。

1. 导压管

导压管又称脉冲管，是直接与工艺介质相接触的一种管道，是仪表安装使用最多，要求最高、最复杂的一种管道。

由于导压管直接接触工艺介质，所以管子的选择与被测介质的物理性质、化学性质和操作条件有关。总的要求是导压管工作在有压或常压条件下，必须具有一定的强度和密封性，因此这类管道应该选用无缝钢管。在中低压介质中，常用的导压管为ϕ14×2 无缝钢管，有时也用ϕ18×3 或ϕ18×2。分析用的取样管路通常使用ϕ14×2 无缝钢管，有时也用ϕ10×1.5、ϕ10×1 或ϕ12×1。在超过 10MPa 的高压操作条件下，多采用ϕ14×4 或ϕ15×4 无缝钢管或无缝合金钢管。

导压管的材质取决于被测介质的腐蚀性。微腐蚀或不腐蚀介质，选用 20 号钢；弱腐蚀介质选用 1Cr18Ni9Ti 耐酸不锈钢；对于较强腐蚀介质，如尿素生产，则要采用不锈钢 316L 或其他含钼的不锈钢；如果是测量氯气或氯化氢等强腐蚀的介质，只能采用塑料管。

导压管的选用必须满足工艺要求和设计要求，代用必须取得设计同意。

2. 气动管路

气动管路是气源管和气动信号管路的总称，其介质通常是压缩空气。压缩空气经过处理，是干燥、无油、无机械杂物的干净压缩空气（有时也用氮气），其工作压力为 0.7～0.8MPa。

气源总管作为外管的一种，通常由工艺管道专业安装到每一个装置的入口，进入装置由仪表专业负责。通常气源工艺外管多为 *DN*100，个别情况为 *DN*50，一般为无缝钢管。而仪表专业敷设的进入装置的气动管路则多为 *DN*25 的镀锌焊接钢管，一般主管为 *DN*25，支管为 *DN*20 和 *DN*25 镀锌焊接钢管。与每一个气动仪表和气动调节阀相连接的则是紫钢管或被覆钢管（紫钢管外面有一塑料保护层），多采用ϕ6×1，个别情况也有用ϕ7×1 或ϕ8×1 的紫铜管和尼龙 1010 的ϕ6×1 管的。在大量采用气动仪表的场合使用管缆，多是ϕ6×1 的被覆设管缆和尼龙管缆。气动管路必须保持管内干净、不生锈，因此在引进项目中，常使用材质为不锈钢的无缝钢管，一般不采用碳钢管。

3. 电气保护管

电气保护管在仪表安装中使用较多，它用来保护电缆、电线和补偿导线。为了美观，多采用镀锌的有缝管，即电气管，有时也采用镀锌焊接钢管。专用的电气管管壁较薄，其规格如表 5.1 所示。镀锌焊接钢管的规格如表 5.2 所示。

表 5.1 电气管规格

公称直径 *DN*/英寸	1/2	5/8	3/4	1	5/4	3/2	2
公称直径 *DN*/mm	15	18	20	25	32	40	50
外径/mm	12.7	15.87	19.05	25.4	31.75	38.1	50.8
壁厚/mm	1.6	1.6	1.8	1.8	1.8	1.8	2
内径/mm	9.5	12.67	15.45	21.6	28.15	34.5	46.8
质量/（kg/m）	0.451	0.562	0.765	1.035	1.335	1.611	2.40

表 5.2 镀锌焊接钢管规格

公称直径 *DN*/英寸	1/2	3/4	1	5/4	3/2	2	5/2	3	4
公称直径 *DN*/mm	15	20	25	32	40	50	70	80	100
外径/mm	21.25	26.75	33.5	42.25	48	60	75.5	88.5	114
壁厚/mm	2.75	2.75	3.25	3.25	3.5	3.5	3.75	4.0	4.0
内径/mm	15.75	21.15	27	35.15	41	53	68	80.5	106
质量/（kg/m）	1.44	2.01	2.91	3.77	4.58	6.16	7.88	9.81	13.44

电气保护管与仪表连接处采用金属软管，又称蛇皮管，是用条形镀锌皮卷制成螺旋形而成。为了更好地在腐蚀性介质（空气）中使用，在蛇皮管外面包上一层耐腐蚀塑料，金属软管因此易名为金属挠性管，一般有长度 700mm 和 1000mm 两种规格，需要再长的可在订货时注明所需长度。常用金属挠性管的规格如表 5.3 所示。

表 5.3 常用金属挠性管规格

公称内径/mm	外径/mm	内外径允许偏差/mm	节距/mm	自然弯曲直径/mm	理论质量/（g/m）
13	16．5	±0.35	4.7	>65	176
15	19	±0.35	5.7	>80	236
20	24.3	±0.4	6.4	>100	342
25	30.0	±0.45	8.5	>115	432
38	40.0	±0.60	11.4	>228	807
51	58.0	±1.00	11.4	>306	1055

有时也采用硬聚氯乙烯管作为电气保护管，可用来输送腐蚀性液体和气体，每根长度为（4±0.1）m，相对密度为 1.4～1.6g/cm^3。硬聚氯乙烯管规格如表 5.4 所示。

表 5.4 硬聚氯乙烯管技术数据

外径/mm	外径公差/mm	轻型（使用压力≤0.6MPa）		重型（使用压力≤1MPa）	
		壁厚及公差/mm	近似质量/（kg/m）	壁厚及公差/mm	近似质量/（kg/m）
10	±0.2	—	—	1.5+0.4	0.06
12	±0.2	—	—	1.5+0.4	0.07
16	±0.2	—	—	2.0+0.4	0.18
20	±0.3	—	—	2.0+0.4	0.17
25	±0.3	1.5+0.4	0.17	2.5+0.5	0.27
32	±0.3	1.5+0.4	0.22	2.5+0.5	0.35
40	±0.4	2.0+0.4	0.36	3.0+0.6	0.52
50	±0.4	2.0+0.4	0.45	3.5+0.6	0.77
68	±0.5	2.0+0.5	0.71	4.0+0.8	1.11
75	±0.5	2.5+0.5	0.85	4.0+0.8	1.34
90	±0.7	3.0+0.6	1.91	4.5+0.9	1.81
110	±0.8	3.5+0.7	1.75	5.5+1.1	2.71

续表

外径/mm	外径公差/mm	轻型（使用压力≤0.6MPa）		重型（使用压力≤1MPa）	
		壁厚及公差/mm	近似质量/（kg/m）	壁厚及公差/mm	近似质量/（kg/m）
125	±1.0	4.0+0.8	2.90	6.0+1.1	3.35
140	±1.0	1.5+0.9	2.88	7.0+1.2	4.38
160	±1.9	5.0+1.0	3.62	8.0+1.4	5.72
180	±1.4	5.5+1.1	4.52	9.0+1.6	7.26
200	±1.5	6.0+1.1	5.48	10.0+1.7	8.95
225	±1.8	7.0+1.2	7.90		
250	±1.8	7.5+1.3	8.56		
280	±2.0	8.5+1.5	10.88		
325	±2.5	9.5+1.6	13.68		
355	±3.0	10.5+1.8	17.05		
400	±3.5	12.0+2.0	21.94		

保护管的选用要从材质和管径两个方面考虑。材质取决于环境条件，即周围介质特性，一般腐蚀性环境可选择金属保护管，强酸性环境只能用硬聚氯乙烯管。而管径则由所保护的电缆、电线的芯数和外径来决定，一般可套用经验公式，如表5.5所示。

表5.5　保护管直径选用经验公式

导线种类	保护管内导线（电缆）根数		
	2	3	4
橡皮绝缘电线	$0.32D^2 \geqslant d_1^2+d_2^2$	$0.42D^2 \geqslant d_1^2+d_2^2+d_3^2$	$0.40D^2 \geqslant n_1 d_1^2+n_2 d_2^2+\cdots$
乙烯绝缘电线	$0.26D^2 \geqslant d_1^2+d_2^2$	$0.34D^2 \geqslant d_1^2+d_2^2+d_3^2$	$0.32D^2 \geqslant n_1 d_1^2+n_2 d_2^2+\cdots$

注：D——电气保护管内径，mm；d_1，d_2，d_3——电线外径，mm；n_1，n_2——相同直径对应的电线根数。

配管时，要注意保护管内径和管内穿的电缆数。通常电缆的直径之和不能超过保护管内径的一半。

以常用的2.5mm^{2}控制电缆或补偿导线为例，其电气保护管的选择可参照表5.6所示的数据。表5.6也适用于截面积为1.5 mm^2 的控制电缆或补偿导线。

表5.6　保护管允许穿电缆数

电缆截面面积/mm^2	保护管种类	管内电缆数							
		1	2	3　4	5　6	7　8	9	10　11	12
2.5	电气管/英寸	3/4	1	5/4					
	焊接钢管/英寸	1/2	3/4	1	5/4	3/2	2	5/2	3
	轻型硬聚氯乙烯管	*DN*15	*DN*20	*DN*25	*DN*32	*DN*40	*DN*50	*DN*65	*DN*80

注：1英寸=25.4 mm。

4. 伴热管

伴热管简称伴管。伴热对象是导压管、控制阀、工艺管道或工艺设备上直接安装的仪表及保温箱，它的介质是 0.2～0.4MPa 的低压蒸汽。伴管比较单一，其材质是 20 号钢或紫铜，其规格对 20 号钢来说多为ϕ14×2 无缝钢管或ϕ12×1、ϕ10×1 无缝钢管，对紫铜来说，多为ϕ8×1 紫铜管，有时也选用ϕ10×1 的紫铜管。

5.2.2 仪表安装常用电线电缆

1. 仪表用电缆

仪表用电缆通常可分为三类，即控制系统电缆、动力系统电缆和专用电缆。

控制系统包括控制和检测部分，传递控制和检测的电流信号，如常规电动单元组合仪表，也包括传递热电偶、热电阻的信号。它们共同的特点是输送电信号较弱，都是毫伏级的，负荷电流小。因此对整个回路的线路电阻要求较高，线路电阻过大会降低检测精度。

动力系统是指仪表电源及其控制系统，它不同于电气专业的电力系统。仪表的电源都是市电，并且多用 220V AC，极少场合采用 380V AC。这种系统对电缆要求不高，只要考虑电路电流不超过电流额定值，不超过总负荷值即可，不必考虑线路电阻。

专用电缆使用也很普遍，如 DCS 专用电缆，放射性检测系统专用电缆，巡回检测系统专用电缆等。它们大多数是屏蔽电缆，有时采用同轴电缆。专用电缆有的是检测设备配备的，有的需现场配备。

此外，在自动化控制安装中，大量使用绝缘电线和补偿导线。

铜芯电缆有 1.0mm^2、1.5mm^2、2.5mm^2、4.0mm^2 四种。铝芯电缆有 1.5mm^2、2.5mm^2、4.0mm^2 和 6.0mm^2 四种。仪表外部供电（如控制室供电）由电气专业考虑，电缆也由电气专业计算负荷和选用。

（1）控制系统电缆。控制系统电缆是仪表专业使用的主要电缆。由于对线路电阻有较高要求，故控制系统电缆全是铜芯。它主要用在电动单元仪表连接、热电阻连接、DCS 外部连接及系统信号、联锁、报警线路等，其标准截面大多采用 1.5mm^2 和 2.5 mm^2，偶尔使用 0.75mm^2 和 1.0 mm^2。

仪表常用的控制系统电缆型号、名称及用途如表 5.7 所示。

表 5.7 仪表常用的控制系统电缆型号、名称及用途

型 号	名 称	用 途
KVV*	铜芯聚氯乙烯绝缘、聚氨乙烯护套控制电缆	敷设在室内、电缆沟中、穿管
KYV	铜芯聚乙烯绝缘、聚乙烯护套控制电缆	同 KVV*
KXV	铜芯橡皮绝缘、聚钒乙烯护套控制电缆	同 KVV*
KXF	铜芯橡皮绝缘、聚丁护套控制电缆	同 KVV*
KYVD	铜芯聚乙烯绝缘、耐寒塑料护套控制电缆	同 KVV*
KXVD	铜芯橡皮绝缘、耐寒塑料护套控制电缆	同 KVV*
KXHF	铜芯橡皮绝缘、非燃性护套控制电缆	同 KVV*
$KVVZ_{20}$*	铜芯聚氨乙烯绝缘、聚氨乙烯护套内钢带铠装控制电缆	敷设在室内、电缆沟中、穿管及地下，承受力较大

续表

型　号	名　称	用　途
KYV_{20}	铜芯聚乙烯绝缘、聚氯乙烯护套内钢带铠装控制电缆	同 $KVVZ_{20}$
KXV_{20}	铜芯橡皮绝缘、聚氯乙烯护套内钢带铠装控制电缆	同 $KVVZ_{20}$

注：带 * 者为仪表安装常用电缆。

控制系统电缆有 2 芯、3 芯、4 芯、5 芯、6 芯、8 芯、10 芯、14 芯、19 芯、24 芯、30 芯和 37 芯共 12 种规格。DDZ—Ⅲ型仪表采用 2 芯电缆；热电阻采用三线制连接，使用 3 芯和 4 芯电缆；槽板作为电缆架设的主要形式，中间常采用接线箱，使主槽板中电缆与从现场来的通过保护管的电缆连接，因此主槽板中的电缆可采用 30 芯和 37 芯电缆。

（2）专用电缆。仪表专用电缆有些由检测设备配备，随设备一起到货，另外一些则需要现场配备（集散系统专用同轴电缆或屏蔽电缆，由集散系统供货单位考虑）。

2. 仪表用绝缘导线

仪表用绝缘导线常用的有橡皮绝缘电线和聚氯乙烯绝缘电线两种。由于合成材料，特别是塑料工业的飞速发展，聚氯乙烯绝缘电线被广泛使用，尤其是盘内配线多采用这种电线。

常用的绝缘电线及其主要用途如表 5.8 所示。

表 5.8　常用的绝缘电线及其主要用途

型　号	名　称	主 要 用 途
BXF	铜芯橡皮电线	供交流 500V，直流 100V 电力用线
BXR	铜芯橡皮软线	供交流 500V，直流 100V 电力用线，但要求柔软电线时采用
BV	铜芯聚氯乙烯绝缘电线	供交流 500V，直流 100V 电力用线，也可做仪表盘配线用
BVR	铜芯聚氯乙烯绝缘软线	供交流 500V，直流 100V 电力用线，但要求柔软电线时采用
VR	铜芯聚氯乙烯绝缘软线	作交流 250V 以下的移动式日用电器及仪表连线
RVZ	中型聚氯乙烯绝缘及护套软线	作交流 500V 以下电动工具和较大的移动式电器连线
KVVR	多芯聚氯乙烯绝缘护套软线	作交流 500V 以下的电器仪表连线
FVN	聚氯乙烯绝缘尼龙护套电线	作交流 250V，60Hz 以下的低压线路连线

橡皮铜芯软线仅做电动工具连接线用，工程上不使用软线。

聚氯乙烯绝缘电线有很多种。表 5.8 中的 BV 是单芯铜线，其标称截面积分为 $0.5mm^2$、$0.75mm^2$、$1.0mm^2$、$1.5mm^2$、$2.5mm^2$、$4.0mm^2$ 几种，其中 $0.75mm^2$、$1.0mm^2$、$1.5mm^2$ 三种多用于仪表盘配线。BVR 也是单芯铜线，但其线性结构为多股铜丝，有 7 股、17 股、19 股三种。BVR 比较柔软，多用于专门插头的连线。盘后连线要讲究美观、整齐，不能用软线。AVR 和 BVR 基本相同，主要是标称截面规格较多。除铜芯以外还有镀锡铜芯，特别适用于制成带线或多芯插头线，当需与仪表焊接时更为方便。KVVR 是多芯聚氯乙烯绝缘电线，具有外壳护套，有 5 芯、6 芯两种，每芯结构都是多股线，比较柔软，可作为现场仪表箱与仪表室的信号连线，但已逐渐被电缆取代。

3. 屏蔽电线和电缆

仪表工作在强电、强磁场环境的可能性很大，易受电磁波干扰。为此，要使用屏蔽电线或屏蔽电缆。常用屏蔽电线型号及其主要用途如表 5.9 所示。

表 5.9 常用屏蔽电线型号及其主要用途

型号	名称	主要用途
BVP	聚氯乙烯绝缘金属屏蔽铜芯导线	用于防强电干扰的场合，环境温度为－15～＋65℃
BVVP	聚氯乙烯绝缘金属屏蔽护套铜芯导线	同 BVP，但能抗机械外伤
BVPR	聚氯乙烯绝缘屏蔽铜芯软线	用于弱电流电器及仪表连接
RVVPR	聚氯乙烯绝缘屏蔽聚氯乙烯护套铜芯软线	同 BVP

屏蔽电线有 1 芯、2 芯，3 芯是屏蔽电缆。屏蔽电缆用于仪表供电，每根芯由 7 根直径为 0.52mm 的镀锡铜线绞合而成，用硅橡胶绝缘，使用环境温度为－60～250℃，250V AC 以下动力系统用。

4. 补偿导线

补偿导线是热电偶连接线，用于补偿热电偶冷端因环境温度的变化而产生的电势差。不同型号和分度号的热电偶要使用与分度号一致的补偿导线，否则，不但得不到补偿，反而会产生更大的误差。补偿导线在连接时要注意极性，必须与热电偶极性一致，严禁接反。

补偿导线在 0～100℃范围内（一般考虑 50℃或 100℃）的热电特性应与热电偶本身的热电特性相一致，这样才能起到冷端延伸补偿的作用。如表 5.10 所示是几种常用热电偶补偿导线的技术特性。

表 5.10 常用补偿导线技术特性

热电偶名称	补偿导线								
	型号	正极		负极		冷端为 0℃，热端为 100 ℃时标准电热势 /mV	电阻值/（Ω/m）		
		材料	颜色	材料	颜色		$1mm^2$	$1.5mm^2$	$2.5mm^2$
铂铑-铂	WRP(S)	铜	红	铜镍	绿	－0.634±0.023	0.05	0.03	0.02
镍铬-镍硅	WRN(K)	铜	红	康铜	蓝	－4.10±0.15	0.52	0.35	0.21
镍铬-考铜	WRK(E)	镍铬	红	考铜	黄	＋6.95±0.30	1.15	0.77	0.46
铜-考铜	WRT(T)	铜	红	考铜	黄	－4.76±0.15	0.5	0.33	0.20

注：1．型号中（ ）内表示该热电偶分度号。

2．表中颜色是指绝缘橡皮颜色，不是补偿导线金属丝的颜色。

在电磁干扰较强的场合，要采用带屏蔽层的补偿导线，其屏蔽层采用 0.15～0.20mm 的镀锡铜丝或镀锌铜丝编织，屏蔽层接地。

补偿导线需穿管敷设或在槽板内敷设。补偿导线有单芯线（硬线）和多芯线（软线）两种。单芯线使用广泛，多芯线适用于较复杂的接线，如仪表盘后的配线。补偿导线的截面积有 $0.5mm^2$、$1.0mm^2$、$1.5mm^2$、$2.5mm^2$ 四种，常用的是 $1.5\ mm^2$ 和 $2.5\ mm^2$ 。

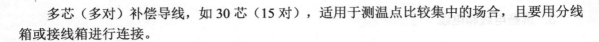

多芯（多对）补偿导线，如30芯（15对），适用于测温点比较集中的场合，且要用分线箱或接线箱进行连接。

5.2.3　仪表安装常用型钢

在自动化仪表安装过程中，必须正确选用导管、取样装置零部件的钢材。如将低温钢材错用在高温管道中，会引起设备损坏，甚至造成人身事故；如将高温钢材错用在低温管道中，会造成浪费。

仪表安装需要基础槽钢，制作要用薄钢板，保温箱安装需用薄钢板作底座，仪表管道、电缆敷设需用角钢、槽钢、扁钢、工字钢作支架，自制加工件需用圆钢。基本上各种型钢在仪表安装上都有用。

1. 普通型钢

普通型钢的规格，通常以反映其断面形状的主要轮廓尺寸来表示，例如，圆钢用直径的毫米数来表示；方钢的规格用边长的毫米数来表示；工字钢的规格用高（mm）×腿宽（mm）×腰厚（mm）来表示等。常用型钢的规格表示方法如表5.11所示。

表5.11　常用型钢的规格表示方法

型钢名称	断面形状	规格表示方法	型钢名称	断面形状	规格表示方法
圆钢		直径 d	扁钢	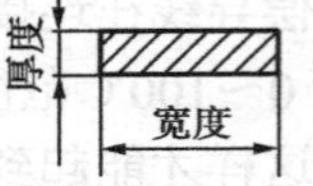	厚度×宽度
方钢	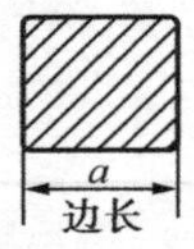	边长 a	六角钢 八角钢	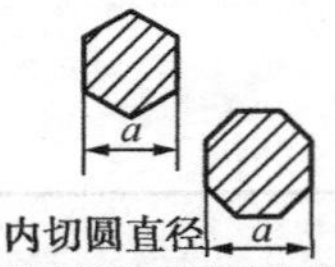	内切圆直径 a （即对边距离）
工字钢	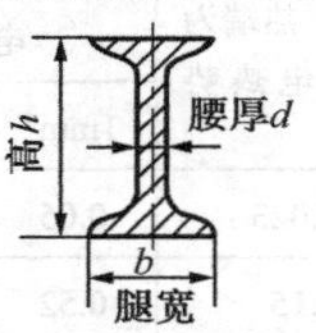	高×腿宽×腰厚 $h \times b \times d$	等边角钢	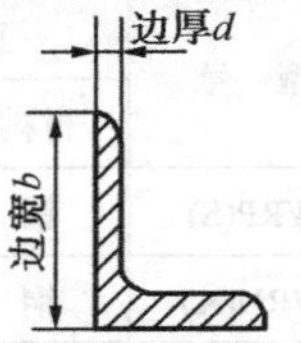	边宽×边宽×边厚 $b \times b \times d$
槽钢	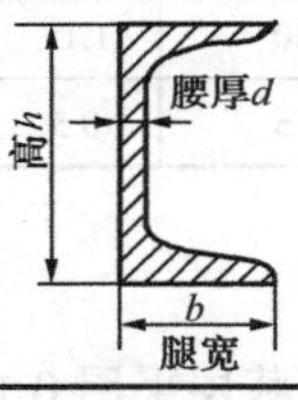	高×腿宽×腰厚 $h \times b \times d$	不等边角钢	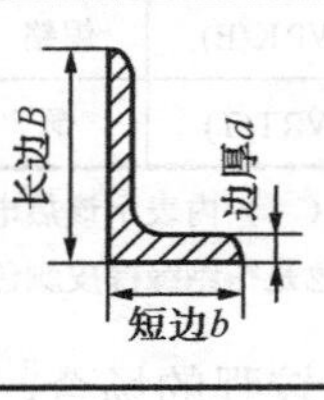	长边×短边×边厚 $B \times b \times d$

2. 板材

① 薄钢板。薄钢板品种很多，如普通碳素钢薄板（又称黑铁皮），普通低合金结构薄板，镀锌薄板（又称马口铁），搪瓷用热轧薄板及不锈耐酸薄板等。

热轧薄板的规格：厚度为0.35～4mm，宽度为500～1500mm，长度为500～4000mm。冷轧薄板的规格：厚度为 0.2～4mm，宽度为 500～1500mm，长度为 500～3500mm。普通碳素钢薄板一般用于对表面要求不高，且不需要经受冲压工艺的制件。

② 钢带。钢带按轧制方法分为热轧和冷轧两类。热轧钢带的厚度为 2～6mm，宽度为 20～300mm，其长度规定为：厚度 2.0～4.0mm 的钢带，其长度不应小于 6m；厚度为 4.0～6.0mm 的钢带，其长度不应小于 4m。钢带大多成卷供应。

3. 管材

① 无缝钢管。无缝钢管是使用一定尺寸的钢坯经过穿孔机、热轧或冷拔等工序制成的中空而横截面封闭的无焊接缝的钢管，所以无缝钢管比焊缝钢管有更高的强度，一般能承受 3.2～7.0MPa 的压力。

无缝钢管有一般钢管、合金钢管、不锈钢管、锅炉钢管、石油钢管、地质钢管、薄壁钢管、毛细钢管、异形钢管等。由于用途的不同，管子所承受的压力也不同，要求管壁的厚度差别很大，因此无缝钢管的规格用外径×壁厚来表示。

② 焊接钢管。焊接钢管按焊缝的形状可分为直缝焊管和螺旋缝焊管。

4. 管件

管件包括弯头、三通、四通、异形管、活接头、丝堵、螺纹短接、管接头、吹扫接头、封头、凸台（管嘴）、盲板等。

5. 焊接材料

焊接是金属连接的有效方法。焊接方法很多，各种焊接方法都需要消耗一定的材料，如焊丝、焊条、焊剂等。焊条是由焊条芯和包在外面的药皮组成的。焊条芯（简称焊条）一般是具有一定长度及直径的钢丝，其作用主要是传导电流。焊条、焊丝及焊剂的选择参照有关手册。

5.3 仪表安装常用阀门

阀门种类繁多，作用各异，了解各种阀门的基本特点、阀门类别、驱动方式、连接形式、密封面或衬里材料、公称压力、公称直径及阀体材料等基本情况，便于选用合适的阀门。

5.3.1 阀门型号的标志说明

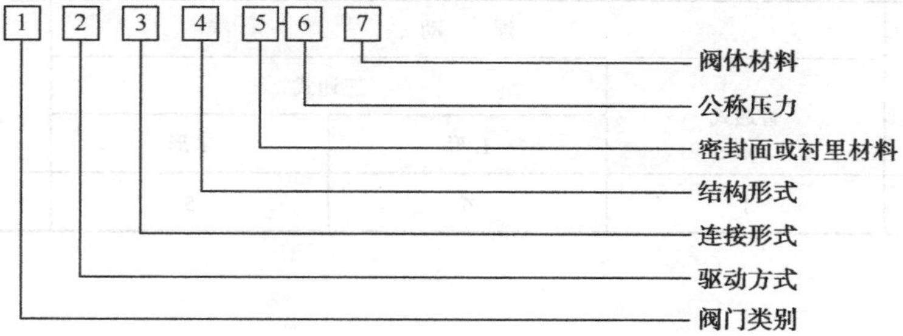

阀门型号由7个单元组成。

第一单元为阀门类别，用汉语拼音表示，代号如表5.12所示。

第二单元为驱动方式，用阿拉伯数字表示，代号如表5.13 所示。

第三单元为连接形式，用阿拉伯数字表示，代号如表5.14 所示。

第四单元为结构形式，用阿拉伯数字表示。不同的阀门表示方法不同，代号如表5.15～表5.17所示。

第五单元为阀座密封面或衬里材料，用汉语拼音表示，代号如表5.18所示。

第六单元为公称压力*PN*，单位是MPa。

第七单元为阀体材料，用汉语拼音字母表示，如表5.19所示。

表5.12 阀门类别的代号

阀门类别	闸阀	截止阀	节流阀	球阀	蝶阀	隔膜阀	旋塞阀	止回阀	安全阀	减压阀	疏水器
代　号	Z	J	L	Q	D	G	X	H	A	Y	S

表5.13 阀门驱动方式及其代号

驱动方式	电磁驱动	电磁—液动	电—液动	涡轮	飞齿轮	伞齿轮	气动	液动	气—液动	电动
代　号	0	1	2	3	4	5	6	7	8	9

注：对于驱动方式为气动和液动的，又分常开（K）和常闭（B）两种，如气动常开用6K表示，液动常闭用7B表示。防爆电动用9B表示。

表5.14 阀门连接形式及其代号

连接形式	内螺纹	外螺纹	法兰	焊接	对夹	卡箍	卡套
代　号	1	2	3 4 5	6	7	8	9

注：1．表中法兰代号，3—仅用于双弹簧安全阀，5—仅用于杠杆安全阀，4—代表弹簧安全阀及其他类别阀门。

2．焊接连接包括对接焊和承插焊。

表5.15 截止阀与节流阀的结构形式及其代号

截止阀和节流阀的结构形式	直通式	角式	直流式	平衡	
				直通式	角式
代　号	1	4	5	6	7

表5.16 球阀结构形式及其代号

球阀结构形式	浮动			固定直通式
	直通式	三通式		
		L形	T形	
代　号	1	4	5	7

表 5.17　闸阀结构形式及其代号

<table>
<tr><th colspan="4">闸 阀 结 构 形 式</th><th>代　号</th></tr>
<tr><td rowspan="5">明杆</td><td rowspan="3">楔　式</td><td colspan="2">弹性闸板</td><td>0</td></tr>
<tr><td rowspan="4">刚　性</td><td>单闸板</td><td>1</td></tr>
<tr><td>双闸板</td><td>2</td></tr>
<tr><td rowspan="2">平行式</td><td>单闸板</td><td>3</td></tr>
<tr><td>双闸板</td><td>4</td></tr>
<tr><td colspan="2" rowspan="2">暗杆楔式</td><td colspan="2">单 闸 板</td><td>5</td></tr>
<tr><td colspan="2">双 闸 板</td><td>6</td></tr>
</table>

表 5.18　阀座密封面或衬里材料及其代号

阀座密封面或衬里材料	代　号	阀座密封面或衬里材料	代　号
铜 合 金	T	渗 氮 钢	D
橡　胶	X	硬质合金	Y
尼龙塑料	N	衬　胶	J
氟 塑 料	F	衬　铅	Q
巴氏合金	B	搪　瓷	C
合 金 钢	H	渗 硼 钢	P

注：由阀体直接加工的阀座密封面材料代号用 W 表示；当阀座和阀瓣（闸板）密封面材料不同时，用低硬度材料代号表示（隔膜阀除外）。

表 5.19　阀体材料及其代号

阀 体 材 料	代　号	阀 体 材 料	代　号
HT25—27(灰铸钢)	Z	Cr5Mo(铬钼钢)	I
KT30—6(可锻铸铁)	K	1Cr18Ni9Ti	P
QT40—15(球墨铸钢)	Q	Cr18Ni12Mo2Ti	R
H62(铜合金)	T	12Cr1MoV	V
ZG25Ⅱ(铸钢)	C	高硅铸铁	G

注：$PN \leqslant 1.6$MPa 的灰铸铁阀体和 $PN \geqslant 2.5$MPa 的碳素钢阀体，省略本代号。

5.3.2　常用阀门的选用

1. 闸阀

闸阀可按阀杆上螺纹位置分为明杆式和暗杆式两类，从闸板的结构特点又可分为楔式和平行式两类。楔式闸阀的密封面与垂直中心成一角度，并大多制成单闸板。平行式闸阀的密封面与垂直中心平行，并大多制成双闸板。

闸阀的密封性能较截止阀好，流体阻力小，具有一定的调节性能。明杆式闸阀还可根据阀杆升降高低调节启闭程度，缺点是结构较截止阀复杂，密封面易磨损，不易修理。闸阀除适用于蒸汽、油品等介质外，还适用于含有颗粒状固体及黏度较大的介质，并可用作放空阀和低真空系统的阀门。

弹性闸阀不易在受热后被卡住，适用于蒸汽、高温油品及油气等介质及开关频繁的部位，不适用于易结焦的介质。

楔式单闸板阀较弹性闸阀结构简单，在较高温度下密封性能不如弹性闸阀或双闸板阀好，适用于易结焦的高温介质。

楔式闸阀中双闸板式密封性好，密封面磨损后易修理，其零部件比其他形式多，适用于蒸汽、油品和对密封面磨损较大的介质，或开关频繁部位，不适用于易结焦的介质。

2. 截止阀

截止阀与闸阀相比，调节性能好，密封性能差，结构简单，制造、维修方便，流体阻力较大，价格便宜。截止阀适用于蒸汽等介质，不适用于黏度大、含有颗粒、易沉淀的介质，也不宜用作放空阀及低真空系统阀门。

测量汽、水、油等介质压力或差压的指示仪表和变送器的前面（按被测介质流动方向而言，下同）均应装设仪表阀门，测量管路的末端有时还应装设排污阀门。上述阀门一般采用$\phi 6$以下的外螺纹截止阀，其与导管的连接采用压垫式管接头，如图5.1所示，或采用卡套式管接头，如图5.2所示。

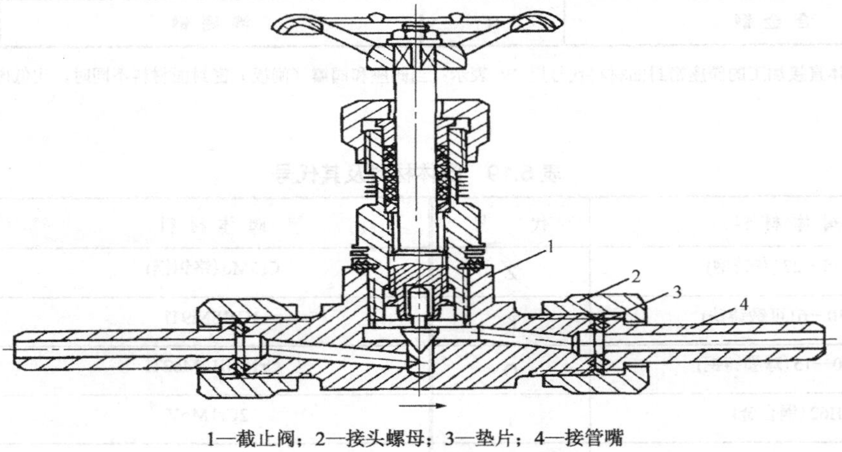

1—截止阀；2—接头螺母；3—垫片；4—接管嘴

图5.1　压垫式管接头截止阀

测量高压蒸汽或水的压力，也可以直接安装压力表用三通阀，它除了能起到仪表截止阀和排污阀的作用外，还可作为临时接装检查仪表。压力表用三通阀的形状如图5.3所示，常用的型号及规范如表5.20所示。

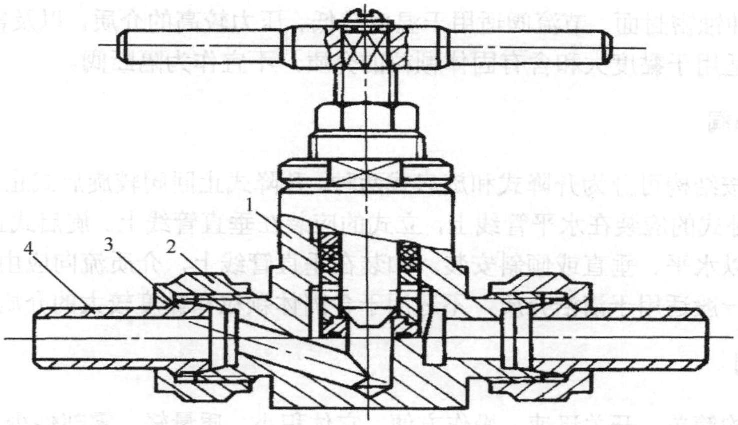

1—截止阀；2—接头螺母；3—卡套；4—接管嘴

图 5.2　卡套式管接头截止阀

表 5.20　压力表用三通阀的型号及其规范

型　号	公称压力/MPa	连接方式	介　质	最高使用温度/℃	阀 体 材 料
J19H-100	10	M20×1.5 内螺纹	水、蒸汽	450	锻　钢
JI9H-200P	20	进口：焊接 出口：M20×1.5 内螺纹	水、蒸汽	450	镍铬钛钢

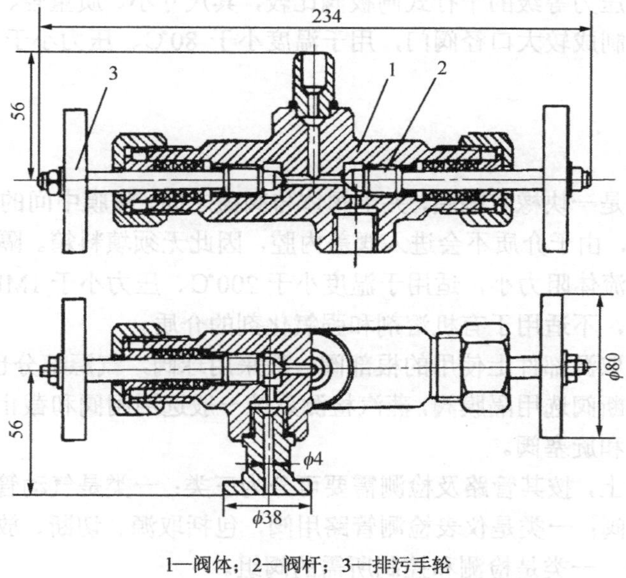

1—阀体；2—阀杆；3—排污手轮

图 5.3　压力表用三通阀

3. 节流阀

节流阀的外形尺寸小，质量轻，控制性能比截止阀和针形阀好，但控制精度不高。由于流

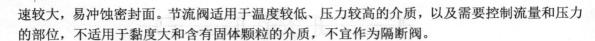

速较大，易冲蚀密封面。节流阀适用于温度较低、压力较高的介质，以及需要控制流量和压力的部位，不适用于黏度大和含有固体颗粒的介质，不宜作为隔断阀。

4. 止回阀

止回阀按结构可分为升降式和旋启式两种。升降式止回阀较旋启式止回阀的密封性好，流体阻力大。卧式的应装在水平管线上，立式的应装在垂直管线上。旋启式止回阀不宜制成小口径阀门，可以水平、垂直或倾斜安装。如装在垂直管线上，介质流向应由下至上。

止回阀一般适用于清洁介质，不适用于含固体颗粒和黏度较大的介质。

5. 球阀

球阀结构简单、开关迅速、操作方便。它体积小、质量轻、零部件少、流体阻力小，结构比闸阀、截止阀简单。球阀的密封面比旋塞阀易加工且不易擦伤。球阀适用于低温、高压及黏度大的介质，不能做调节流量用。目前因密封材料尚未解决，不能用于温度较高的介质。

6. 旋塞阀

旋塞阀的结构简单、开关迅速、操作方便、流体阻力小、零部件少、质量轻，适用于温度较低、黏度较大的介质和要求开关迅速的场合，一般不适用于蒸汽和温度较高的介质。

7. 蝶阀

蝶阀与相同公称压力等级的平行式闸板阀比较，其尺寸小、质量轻、开关迅速，具有一定的调节性能，适合于制成较大口径阀门，用于温度小于 80℃、压力小于 1MPa 的原油、油品及水等介质。

8. 隔膜阀

隔膜阀的启闭件是一块橡胶隔膜，夹于阀体与阀盖之间，隔膜中间的突出部分固定在阀杆上，阀体内衬有橡胶，由于介质不会进入阀盖内腔，因此无须填料箱。隔膜阀结构简单，密封性能好，便于维修，流体阻力小，适用于温度小于 200℃、压力小于 1MPa 的油品、水、酸性介质和含浮物的介质，不适用于有机溶剂和强氧化剂的介质。

综上所述，仪表取源部件上使用的根部阀一般采用球阀，气源部分也多使用球阀和闸阀。有酸性腐蚀介质的切断阀选用隔膜阀，蒸汽检测系统一般选用闸阀和截止阀，排污阀、放气阀、放空阀一般选用球阀和旋塞阀。

阀门使用在管路上，按其管路及检测需要可分为三类：一类是气动管路用阀，这类阀以截止阀为主，也使用球阀；一类是仪表检测管路用阀，包括取源、切断、放空、排污和调节，也多使用截止阀和球阀；一类是检测和控制所需的阀组。

5.3.3 气动管路用阀

气动管路多采用截止阀和球阀。这类阀的特点是密封性能好，外形小巧美观，结构简单，价格便宜，常用的气动管路用阀如表 5.21 所示。

表 5.21　气动管路截止阀（铜管、尼龙管用）

型　　号	公称压力/MPa	通径	材质	连 接 方 式
QJ-1	≤1		H62	两端均配铜管（ϕ6、ϕ8、ϕ10）
QJ-2A				一端配铜管（ϕ6、ϕ8、ϕ10），一端为外螺纹（ZG1/8 英寸、ZG1/4 英寸）
QJ-2B				一端配铜管（ϕ6、ϕ8、ϕ10），一端为外螺纹（M10×1、M12×1.25）
QJ-3A				一端配铜管（ϕ6、ϕ8、ϕ10），一端为内螺纹 M10×1
QJ-3B				一端配铜管（ϕ6、ϕ8、ϕ10），一端为内螺纹（ZG1/8 英寸、ZG1/4 英寸）
QJ-4				两端都为内螺纹（M10×1、M12×1、ZG1/8 英寸、ZG1/4 英寸中的一种）
QJ-5A				两端都为外螺纹 M10×1 与 M12×1.25 中的一种
QJ-5B				两端都为外螺纹 ZG1/8 英寸与 ZG1/4 英寸中的一种
QJ-6A				角式截止阀，一端接ϕ6 或ϕ8 铜管，一端为外螺纹 M10×1、M14×1.5、M16×1.5、G1/4 英寸、G1/8 英寸、ZG1/4 英寸、ZG1/8 英寸中的一种
JE（QY_1）				一端配铜管ϕ6 或ϕ8，一端接 G1/2 英寸
QZ-1	2.5	4	H62	ϕ6、ϕ8、ϕ10 中的一种铜管
QZ-2	2.5	4	H62	一端为外螺纹 M10×1、M12×1.25、G1/8 英寸、ZG1/8 英寸和 ZG1/4 英寸中的一种，另一端为ϕ6 或ϕ8 铜管
QZ-3	2.5	4	H62	一端为内螺纹 M10×1、M12×1.25、G1/8 英寸、ZG1/8 英寸、G1/4 英寸、ZG1/4 英寸中的一种，另一端为ϕ6 或ϕ8 铜管
QJ-4 三通截止阀	1	3	H62	接管ϕ6 铜管

注：尼龙 1010 管与铜管一样适用。

这类阀门也可以作为气源的取压阀、排污阀和放空阀。在大多数场合，它作为每个气动仪表（含控制阀）气源的二通阀，安装在从气源总管下来的支管（为 *DN*15，即 1/2 英寸镀锌焊接钢管）与铜管（ϕ6×1）连接处。

5.3.4　仪表检测管路用阀

仪表检测管路用阀是仪表安装专业使用量最大的阀门。它包括全部取源用的根部阀和切断阀，配合差压变送器、压力变送器的排污阀、放气阀和放空阀，气源部分的放空阀，分析系统用阀，蒸汽伴热系统用阀等。为满足不同工艺介质的要求，对阀门的公称压力、适用温度、管路连接方式、耐腐蚀性能等都有不同的要求。

球阀被广泛应用于仪表检测管路。仪表使用的球阀具有以下特点。

（1）采用全密封形式，用优质高强度聚四氟乙烯填充内腔与球体整个空间，使阀门经清洗后无滞留物，从而保证了仪表稳定可靠的性能。

（2）密封口处增添了调节机构，保证球阀在正压或负压工况下密封均无泄漏。独特的金属卡环，使阀门在真空系统中工作填料不会滑入阀口。

（3）结构紧凑，外形美观，价格低廉。

球阀的结构形式有直通、角式、三通、排气、多位一通、多位二通切换等，除仪表检测回路外，还广泛应用于实验室、液压及气动管道中。

5.3.5 仪表安装专用阀组

1. 三阀组

（1）QFF3 系列三阀组。QFF3 系列三阀组有 6 种规格，如表 5.22 所示，其连接形式为卡套式，配管范围为$\phi6$～$\phi18$mm。

表 5.22 QFF3 系列三阀组

型 号	公称压力/MPa	通径/mm	适 用 介 质
QFF3-320C	32	5	微腐蚀
QFF3-320P	32	5	有腐蚀
QFF3-160C	16	5	微腐蚀
QFF3-160P	16	5	有腐蚀
QFF3-64C	6.4	5	微腐蚀
QFF3-64P	6.4	5	有腐蚀

QFF3 系列三阀组是国产差压变送器配套的三阀组，应用范围很广。它由高压阀、低压阀和平衡阀三个阀组成。高压阀接差压变送器正压室，低压阀接差压变送器负压室。公称压力为 32MPa 的三阀组与导压管线连接处，必须用焊接。

（2）1151-150 型三阀组。1151-150 型三阀组是与 1151 电容式差压变送器配套的三阀组。它只有两种规格，如表 5.23 所示。

表 5.23 1151-150 型三阀组

型 号	公称压力/MPa	通径/mm	适应温度/℃	适 用 介 质	阀 体 材 质
1151-150-1	≤40	5	≤100	非腐蚀	35 号钢
1151-150-2	≤25	5	≤250	有腐蚀	镍铬钛钢

（3）其他型号三阀组。除上述两种应用较广的三阀组外，还有其他型号的三阀组可使用，其作用原理基本相同，如表 5.24 所示。

表 5.24 其他型号三阀组

型 号	公称压力/MPa	公称通径/mm	适 用 介 质	适用温度/℃	阀 体 材 料
SF-1H-200C	20	5	非腐蚀	−20～240	碳钢
SF-1W-200P	20	5	有腐蚀	−70～240	1Cr18Ni9Ti
SF-1H-400C	40	5	非腐蚀	−20～240	碳钢
SF-1W-400P	40	5	有腐蚀	−70～240	1Cr18Ni9Ti
SF-2H-200C	20	5	非腐蚀	−20～240	碳钢
SF-2W-200P	20	5	有腐蚀	−70～240	1Cr18Ni9Ti
SF-2H-400C	40	5	非腐蚀	−20～240	碳钢
SF-2W-400P	40	5	有腐蚀	−70～240	1Cr18Ni9Ti

续表

型　号	公称压力/MPa	公称通径/mm	适 用 介 质	适用温度/℃	阀 体 材 料
SF-3H-200C	20	5	非腐蚀	−20～240	碳钢
SF-3W-200P	20	5	有腐蚀	−70～240	1Cr18Ni9Ti
SF-3H-400C	40	5	非腐蚀	−20～240	碳钢
SF-3W-400P	40	5	有腐蚀	−70～240	1Cr18Ni9Ti

例如，差压测量仪表阀门的连接如图 5.4 所示。排污阀门供吹洗导管之用，一般采用外螺纹截止阀，对于高温高压介质，如设计有特殊要求时，也可使用焊接截止阀门。平衡阀门和正、负压阀门，有的仪表在出厂时已安装好，如未安装，需装三阀组或用三个外螺纹截止阀门配制。正、负压阀门的命名应与差压计正、负压室相一致。导管连接时，正、负压阀门应与流量孔板或水位平衡容器的正、负取压管相一致，不得接错。导管接正、负压阀门时，接头必须对准，不应使差压计承受机械力。

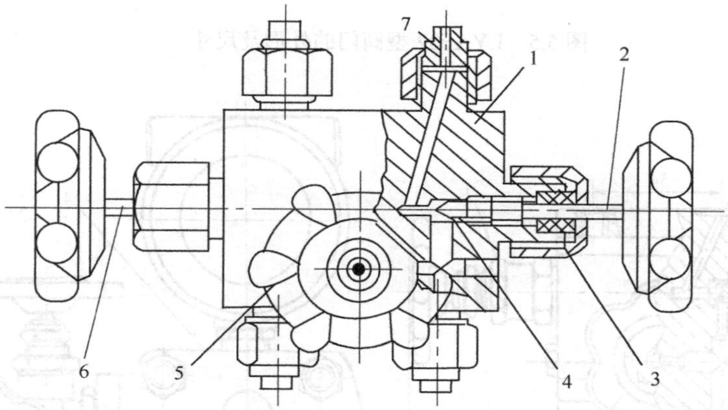

1—阀体；2—负导压阀；3—密封环；4—阀杆；5—平衡阀；6—正导压阀；7—接头

图 5.4　差压计用三阀组

差压计用的三阀组，由正、负导压阀及平衡阀组成。当正、负导压阀接通，平衡阀切断时，差压计处于正常工作状态；当正、负导压阀接通，且平衡阀也接通时，差压计的正、负压室即处于平衡状态。差压计常用的三阀组有 LYAF32 型阀门、1151-3201 三阀组等，其形状及尺寸分别如图 5.5 和图 5.6 所示。

2. 五阀组

五阀组能与各种差压变送器配套使用。它与三阀组有同样的作用，可随时进行在线仪表的检查、校验、标定、排污及冲洗，减少安装施工的麻烦。

五阀组由高压阀、低压阀、平衡阀和两个校验（排污）阀组成，结构紧凑、设计合理，采用球锥密封，密封性能可靠，使用寿命长。正常工作时，将两组校验阀关闭，平衡阀关闭。若需在线校验仪表，只要将高、低压阀切断，打开平衡阀与两个校验阀，再关闭平衡阀即可。五阀组型号及规格如表 5.25 所示。

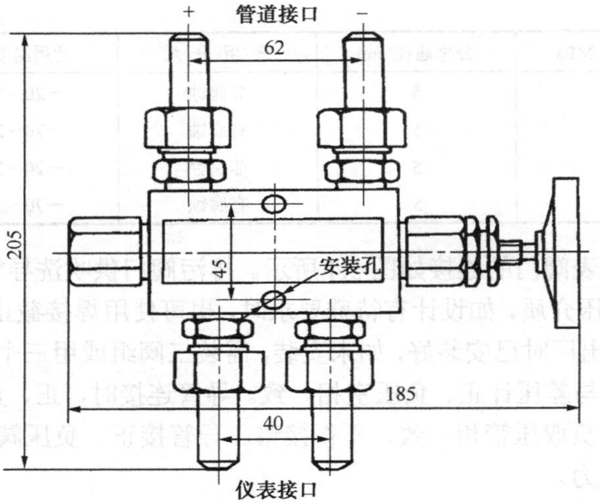

图 5.5　LYAF32 型阀门的外形及尺寸

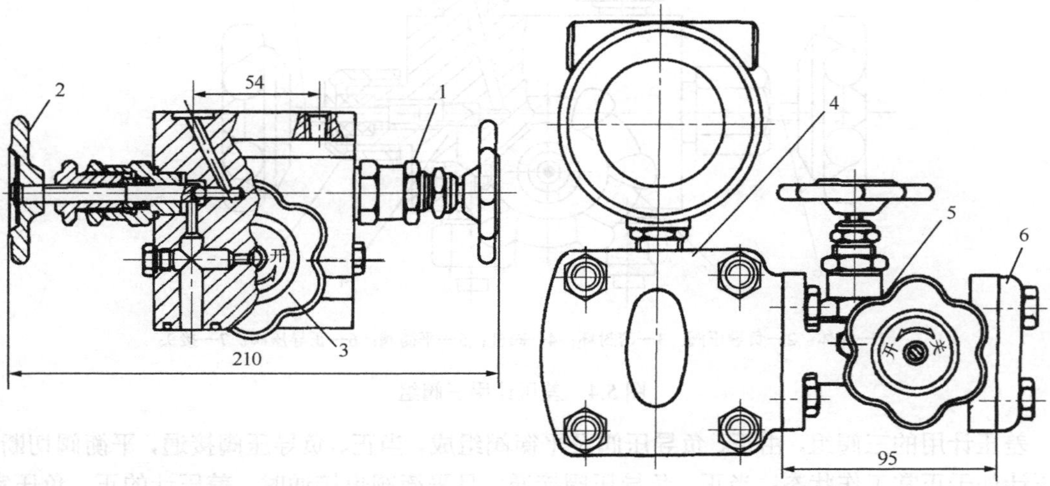

（a）结构　　　　（b）安装方式

1—高压阀；2—低压阀；3—平衡阀；4—变送器；5—三阀组；6—原变送器上的接头

图 5.6　1151-3201 三阀组的外形及尺寸

表 5.25　常用五阀组型号及规格

型　　号	公称压力/MPa	公称通径/mm	适用温度/℃	阀 体 材 料
WF-1	32	5	−20～450	35 号钢
WF-2	25	5	−70～200	1Cr18Ni9Ti
WF-3H-200C	20	5	−20～240	碳钢
WF-3W-200P	20	5	−70～240	1Cr18Ni9Ti
WF-3H-400C	40	5	−20～240	碳钢
WF-3W-400P	40	5	−70～240	1Cr18Ni9Ti

续表

型 号	公称压力/MPa	公称通径/mm	适用温度/℃	阀体材料
WF-4H-200C	20	5	−20～240	碳钢
WF-4W-200P	20	5	−70～240	1Cr18Ni9Ti
WF-4H-400C	40	5	−20～240	碳钢
WF-4W-400P	40	5	−70～240	1Cr18Ni9Ti

5.4 仪表安装中其他材料及其保管

1. 仪表保温常用的材料

仪表保温常用的材料如表 5.26 所示。

（1）对保温材料的基本要求。保温材料应具有密度小，机械强度大，化学性能稳定，热导率小，以及能长期在工作温度下运行等特点。国家标准 GB4277－84 对保温材料及其制品的基本性能做出下列具体规定。

表 5.26 常用保温材料

类别	名 称	特 性	制 品
纤维型	玻璃棉	无毒，耐腐蚀，不燃烧，对皮肤无刺痒感觉，密度小，热导率小，吸水率大，使用时要有防水措施	保温板、保温管、壳、棉毡
	超细玻璃棉	纤维细而软，对皮肤无刺痒感觉，密度小，热导率小，吸水率大，使用时要有防水措施	有碱超细棉毡，酚醛超细面板、管，无碱超细棉毡
	矿渣棉	有较好的抗酸碱性能，对人体有刺激感，密度小，热导率小，吸水率大，使用时注意防火	原棉、沥青棉毡、半硬板、酚醛细棉保温带、管壳及毡、吸音板、绝热板
	石棉绒 石棉绳 石棉碳酸镁 硅藻土石棉	较好的热稳定性，耐碱性强，耐酸性弱	石棉绒、石棉绳、布、石棉纸板、石棉布等
发泡型	硅藻土	机械强度高，耐火度高，密度大，热导率大，吸水性大	砖、板、管壳
	泡沫混凝土	气孔率大，密度大，强度低，易破碎	
	微孔硅酸钙	机械强度大，抗压强度大，密度小，热导率小，吸水率大	板、瓦
	聚氨基甲酸脂 聚苯乙烯	结构强度大，能防水，耐腐蚀，隔音性能好，化学稳定性好，热导率小，密度小，适宜冷保温	
多孔颗粒	膨胀珍珠岩	不腐蚀，不燃烧，隔音，化学稳定性高，热导率小，容重变化范围大	水玻璃膨胀珍珠岩制品、水泥珍珠岩制品、磷酸珍珠岩制品等（砖、管、壳等）
	碳化软木	抗压强度高，无毒，无刺激，稳定性好，不易腐烂，防潮条件好，易被虫蛀、鼠咬	碳化软木板、砖、管料等

① 热导率要低。在平均温度小于或等于 350℃时，热导率不得大于 0.12kcal/（mh℃）（注：1cal＝4.18J）。

② 密度小，不大于 500kg/m^3。

③ 耐震动，具有一定的抗震强度。硬质成型制品的抗压强度应不小于 0.3MPa。

④ 保温材料及其制品允许使用的最高或最低温度要高于或低于流体温度。

⑤ 化学性能稳定，对被保温金属表面无腐蚀作用。

⑥ 吸水率要小，特别是保冷材料，要严格控制吸湿率。

⑦ 耐火性能良好，保温材料中的可燃物质含量要小。采用塑料及其制品为保温材料时，必须选用能自熄的塑料。

⑧ 具有线胀系数和体积膨胀系数的保温材料，施工时应根据保温材料膨胀系数的大小，预留一定的膨胀缝，如线胀系数不大，则体积膨胀系数约为线胀系数的3倍。

⑨ 施工方便，价格低廉。

（2）常用保温材料的特性。目前新的保温材料还在不断出现。使用时，要尽量满足保温材料的基本要求，如密度、热导率、使用温度、气孔率、吸水率等特性。

仪表专业保温施工有其特殊性。孔板、电磁流量计、控制阀等安装在工艺管道上的仪表，其保温由工艺管道专业统一考虑并施工，但仪表专业要提出具体要求。导压管及保温箱等保温由仪表专业负责。一般可用石棉绳包扎，然后用玻璃布缠起来，再刷上油漆。保温箱内多用泡沫塑料板。

2. 其他材料

自动化仪表安装中常用的其他材料如表5.27所示。

表5.27 自动化仪表安装中常用的其他材料

名　称	参考规格	名　称	参考规格
六角螺栓带母、垫	M8×20、M8×30、	白布带	20mm×20m
	M8×40、M10×30、	蜡　线	ϕ1
	M10×35、M10×40、	小白线	
	M10×50、M12×35、	尼龙线	ϕ1、ϕ2、ϕ4
	M12×40、M12×50、	异形塑料管（内圆外方）	ϕ3、ϕ5
	M12×60、M14×40、	黑方头	
	M14×60、M18×60、	龙胆紫	
	M20×80、M22×100	环乙酮（或二氯乙烷）	
半圆头螺栓带母、垫	M4×16、M4×20、	丙　酮	
	M4×25、M4×30、	瓷　漆	
	M5×20、M5×22、	聚氯乙烯漆	
	M5×25、M6×20、	白　纸	
	M6×25、M6×40	碳素墨水	
沉头螺栓	M3×20	鸭嘴笔尖	
膨胀螺栓	M10×80、M10×100、	接线鼻子	
	M14×100、M14×120	干电池	1号、5号
底脚螺栓	M10×120、M10×160、	小电珠	2.5V
	M12×160、M14×120	灯　头	250V
螺　母	与螺栓配套	灯　泡	36V、220V
平垫圈	与螺栓配套	拉线开关	3A
弹簧垫圈	与螺栓配套	插销带座	250V
开口销	ϕ3、ϕ4	鱼嘴夹子	
铝　板	厚0.3～0.5mm	电炉丝	220V、1000W

续表

名称	参考规格	名称	参考规格
钢精轧头		熔丝（保险丝）	1A、2A、3A、5A、10A
有机玻璃板	厚度 2mm、5mm	打字色带	黑色、蓝色
有机玻璃棒	ϕ8、ϕ10、ϕ12	锯条	12 英寸
胶木板	厚 3mm	砂轮锯片	
胶木棒	ϕ30	502 胶黏剂	
橡皮板	厚 1mm、2mm、3mm、5mm、10mm	601 胶黏剂	
石棉橡胶板	厚 3mm	914 快速胶黏剂	
青壳纸		XY02 密封胶	
隔电纸		水泥	400 号、500 号
单孔瓷管	ϕ2、ϕ3	沥青	
双孔瓷管	ϕ2、ϕ3	滑石粉	
塑料管（有色）	ϕ2、ϕ4、ϕ5、ϕ6	黑铅粉	
黄蜡管	ϕ3、ϕ4、ϕ5、ϕ6	机油	
聚氯乙烯带（有色或透明）	20mm×20m	汽油	
黑胶布带	20mm×20m	酒精	
10 号胶带纸	13mm×9.14 m	黄油	
无碱玻璃丝带	20 mm×20 m	二硫化钼	

3. 材料的保管

材料运到现场后，应根据现场及材料的具体条件做好存放保管工作，防止材料丢失、损伤、腐蚀、变形和变质。

各类材料应根据不同性质分别存放到不同的库、棚内。

（1）对温度、湿度有要求的材料应存放在保温仓库内。

（2）控制盘、箱、柜、阀门、热电偶、热电阻、补偿导线、绝缘电线、绝缘材料及各种对温度、湿度无特殊要求的材料（如接线盒、端子排、开关等）可存放在一般仓库内。

（3）钢材、管材、电缆等可存放在敞棚内。阀门、配件、钢材和管材等到货后，需检查其三证是否符合要求，并核对其规格、尺寸等是否相符。对于贵重材料，需要专责保管。

实 训 课 题

1. 各种常用安装工具的使用方法。
2. 各种仪表电缆保护层的剥削方法。
3. 各种仪表阀门的连接。
4. 电气焊的使用操作方法。
5. 各种电动安装工具的使用方法。

思 考 题

1. 自动化装置安装施工现场如何设置？
2. 举例说明钳工工具的使用方法。
3. 使用电动工具时有哪些安全注意事项？
4. 仪表电缆都有哪些？分别在哪些情况下使用？
5. 举例说明什么是专用电缆？
6. 补偿导线都有哪些作用？
7. 什么情况下应采用屏蔽电缆？
8. 常用的钢材都有哪些？
9. 焊条是如何分类的？焊芯和药皮的作用各是什么？
10. 自动化装置常用的阀门都有哪些？
11. 安装材料应如何分类保管？

第6章

生产过程自动化仪表管路的安装

【知识目标】

1．熟悉仪表管路（包括导管及管件）安装的选择及安装方法。

2．了解仪表管路材质和规格的选用及敷设路线的选择。

3．熟悉管路安装后严密性测试的准确性。

【技能目标】

1．会仪表管路取源阀门和仪表阀门的安装。

2．会导管的弯制操作及各种连接安装。

3．会仪表电线、电缆敷设，会桥架的选择及安装。

【素质目标】

在以安装为主线的一体化教学过程中，培训学员的团队合作能力；专业技术交流的表达能力；制订工作计划的方法能力；获取新知识、新技能的学习能力；解决实际问题的工作能力。

6.1 管路敷设的要求及安装后的检查

1．仪表管路的作用

仪表管路安装的数量大、种类多、施工图无安装标高和具体位置，所以仪表管道的安装具有一定的复杂性和特殊性。同时，在整个仪表安装过程中，仪表管路的安装所占比例最大，因此做好这项工作有着重要的意义。

（1）测量管路。把被测介质自取源部件传递到测量仪表或变送器，用于测量压力、差压（流量和水位）等。

（2）取样管路。取引蒸汽、水、烟气、氢气等介质的样品，用于成分分析。

（3）信号管路。用于气动单元组合仪表（包括气动执行机构）之间传递信号（一般压力为0.02～0.1MPa）。

（4）气源管路。气动设备的气源母管和支管。

（5）伴热管路。用于仪表管路的防冻加热（详见第9章）。

（6）排污及冷却管路。用于排放冲洗仪表管路介质的称为排污管路；用于冷却测量设备的称为冷却管路。

测量管路又称导压管，它与管道直接连接，引入管道中的介质，所以对测量管道的安装要求，在压力等级、管道管件材质、焊接及管道试压、吹扫等方面与管道相同。测量一般无腐蚀性的物料介质时，导管材质可用20#钢或不锈钢；测量腐蚀性介质时，导管的材质应采用与管道、设备相同或高于其防腐性质的材质。

低压测量导管（PN≤6.3MPa），其规格常为ϕ14×2、ϕ18×3。

中压测量导管（PN≤16MPa），其规格常为ϕ14×3、ϕ18×4。

高压测量导管（PN≤32MPa），其规格常为ϕ14×4、ϕ18×5。

分析仪表取样导管，一般采用ϕ10×1不锈钢管。

伴热管的管内介质是蒸汽，适用于仪表设备、测量导管和仪表保温箱，是仪表系统正常运行不可缺少的防护措施，通常采用不锈钢管。

电气保护管一般采用镀锌水煤气管，一是用来保护电缆线免受外界机械损失，二是防止电磁干扰。气源系统管内介质是仪表用净化压缩空气，气源网压力一般为0.5～0.7MPa，仪表用气经减压过滤器后为0.14MPa。仪表气信号系统配管一般采用ϕ6×1紫铜管，有时也用尼龙管。

2. 管路敷设的要求

管路敷设应符合下列各项要求。

（1）在安装前应核对导管钢号、尺寸，并进行外观检查和内部清洗。

（2）管路应按设计规定的位置敷设，若设计未做规定，可按下列原则根据现场具体情况而定。

① 导管应尽量以最短的路径进行敷设，以减少测量的时滞，提高灵敏度；但对于蒸汽测量管路，为了使导管内有足够的凝结水，管路又不应太短。

② 导管避免敷设在易受机械损伤、潮湿、腐蚀或有震动的场所，应敷设在便于维护的地方。

③ 导管应敷设在环境温度为5～50℃的范围内，否则应有防冻或隔热措施。

④ 油管路敷设时应离开热表面，严禁平行布置在热表面的上部，这是为了避免油管路泄漏时，油落在热表面上引起火灾。油管路与热表面交叉时，也必须保持一定的安全距离，一般不小于150mm，并应有隔热措施。

⑤ 差压测量管路（特别是水位测量）不应靠近热表面，其正、负压管的环境温度应一致。因为水位测量差压较小，如果测量管路靠近热表面，或两根差压管受环境温度影响不一致，会引起正、负压管内水柱有温度差，使密度不一样而产生测量误差。特别是其中有一根管离介质流动的热管路过近时，将使正、负测量管内介质密度所引起的差压值大于测量的差压值，而无法进行测量。

⑥ 管路敷设时，应考虑设备的热膨胀，特别是大容量机组的锅炉，如超高压参数锅炉向下膨胀最大达200mm；超临界压力参数的锅炉，向下膨胀最大达380mm左右，向左、右膨胀最大达120mm左右。若不注意这个问题，当设备膨胀后，将使一些敷设好的仪表管路受到一定的拉力，甚至使管子断裂。因此，管路应尽量避免敷设在膨胀体上，若必须在膨胀体上装设取源装置，其引出管需加补偿装置，如“Ω”弯头等。

⑦ 管路应尽量集中敷设，其路线一般应与主体结构相平行。管路的水平段可集中敷设在运转层平台下，以便于导管的组合安装，做到整齐、美观。

⑧ 导管敷设路线应选择在不影响主体设备检修的地点。

⑨ 导管不应直接敷设在地面上，若必须敷设时，应设有专门沟道。导管如需穿过地板或砖墙，应提前在土建施工时配合预留孔洞，敷设导管时还应穿用保护管或保护罩。

（3）管路水平敷设时，应保持一定坡度，一般应大于 1∶10，差压管路应大于 1∶12。其倾斜方向应能保证测量管内不存有影响测量的气体或凝结水，并在管路的最高或最低点装设排气、排水容器或阀门。

① 测量蒸汽和液体流量时，节流装置的位置最好比差压计高。当节流装置位置低于差压计时，为防止空气侵入测量管路内，测量管路由节流装置引出时应先下垂，再向上接至仪表，其下垂距离一般不小于 500mm，使测量管路内的蒸汽或液体得以充分凝结或冷却，不至于产生对流热交换。

② 测量凝汽器真空的管路，应全部向下朝凝汽器倾斜，不允许有形成水塞的可能性。

③ 气体测量管路从取压装置引出时，应先向上引 600mm，使受降温影响而析出的水分沿这段直管道导回主设备，减小它们流入仪表测量管路的机会，避免管子堵塞。

（4）管路敷设应整齐、美观、固定牢固，尽量减少弯曲和交叉，不允许有急弯和复杂的弯。成排敷设的管路，其弯头弧度应一致。

（5）测量黏性或侵蚀性液体（如重油、酸、碱等）的压力或差压时，取源阀门至仪表阀门之间的管路上应装设隔离容器，在隔离容器至测量表计的导管内充入隔离液，以防仪表被腐蚀。若介质凝固点高、黏性大，取压装置至隔离容器应有伴热并保温，以防介质凝固；也可将取压装置引出的导管及隔离容器等紧贴被测热力管线安装，并共同保温。

（6）供气母管及控制用气支管应采用不锈钢管，至仪表设备的分支管可采用紫铜管、不锈钢管或尼龙管。支管应从母管上半部引出，母管最低处应加装排水装置。

（7）管路敷设完毕后，应用水或空气进行冲洗，并应无漏焊、堵塞和错焊等现象。

（8）管路应严密无泄漏。被测介质为液体或蒸汽时，取源阀门及其前面的取源装置应参加主设备的严密性试验；取源阀门后管路视安装进度，最好也能随主设备做严密性试验，若工期跟不上，可参加试运行前的工作压力试验。被测介质为气体的管路，需单独进行严密性试验，因为这些管路压力较低，运行中不易发现问题，如有泄漏，将影响到测量准确性。仪表管路及阀门严密性试验标准应符合表 6.1 所示的规定。

表 6.1　仪表管路及阀门严密性规定

项　次	试 验 项 目	试 验 标 准
1	取源阀门及气、水管路的严密性试验	用 1.25 倍工作压力进行水压试验，5min 内无渗漏现象
2	启动管路的严密性试验	用 1.5 倍工作压力进行严密性试验，5min 内压力降低值不应大于 0.5%
3	风压管路及其切换开关的严密性试验	用 0.1～0.15MPa（表压）压缩空气试验无渗漏，然后降至 6000Pa 压力进行试验，5min 内压力降低值不应大于 50Pa
4	油管路及真空管路严密性试验	用 0.1～0.15MPa（表压）压缩空气进行试验，15min 内压力降低值不应大于试验压力的 35%
5	氢管路系统严密性试验	仪表管路及阀门随同发电机氢系统做严密性试验，标准按 DL5011—1992《电力建设施工及验收技术规范 汽轮机组篇》进行

（9）管路严密性试验合格后，表面应涂防锈漆，高温管路用耐高温的防锈漆。露天敷设的

汽水导管应保温。

（10）管路敷设完毕后，在所有管路两端应挂上标明编号、名称及用途的标示牌。

3. 测量导管的安装要求

测量导管安装时应注意以下事项。

（1）测量蒸汽或液体流量时，节流装置一般应高于变送器；测量气体时，节流装置一般应低于变送器。测量蒸汽流量安装的两只冷凝器，必须在同一水平线上，一般安装在整个导管系统的最高点。

（2）压力测量采用直接取压方式，测量蒸汽或液体时，取压点应高于变送器；测量气体时，取压点应低于变送器。

（3）测量差压的正导压管和负导压管应敷设在相同的环境温度条件下。

（4）一次取压阀门应安装在取源部件之后，尽量靠近取源部件；二次阀门安装在仪表设备之前便于操作的地方。安装时应将阀门关闭，并注意阀门的进、出口方向。

（5）导压管应敷设在环境温度5～50℃的范围内，否则应有防冻或隔离措施。油管路敷设时应与热表面保持一定距离，并应有隔热措施。管路敷设时，应考虑设备的热膨胀，以防损坏导压管。导压管敷设线路应选择在不影响主设备和管道检修的地方。导压管不能直接敷设在地面上，否则应设有专门的沟道。导压管敷设完毕后，应用压缩空气或水进行冲洗，并确保无漏焊、堵塞和错焊等现象。

（6）管路应严密无泄漏。一次阀门及前面的取源部件应参加主设备和管道的严密性试验，一次阀门后的管道最好也能同时进行严密性试验。测量气体的管路，需单独进行严密性试验。

4. 管路敷设注意问题

由于导压管介质很复杂，有耐碱、耐酸及普通不耐酸、碱的，耐腐蚀还有强、弱之分，压力、温度等也涉及管材与加工件材质的不同，因此要特别注意材质不能误用。同时还要注意，管子及加工件外形十分相似，特别是加工件，如取压短节、连接螺纹、阀门、法兰、三通、弯头等管件，要确保使用场合准确无误。对于特殊材质，需要有专门保管，专门领用记录、使用记录，以备查询。

对于特殊材料的焊接，母材不能错，加工件不能错，焊材也不能错。除法兰外，一般氩弧焊都可焊接，焊丝要使用正确。法兰焊接，除氩弧焊打底外，还要电焊盖面，焊条不能用错。

5. 管路敷设后的试压与查漏

在管子安装完毕而未与仪表连接前，需要用机械方法除去管内的脏物，然后用压缩空气把管子内部吹净。此后应进行管路的强度和气密性试验。

工作压力小于0.1MPa的管子，只需利用压缩空气进行两次气密性试验。第一次先在管中充满0.2MPa的压缩空气或N_2，然后在所有接头（焊口/活接头）处涂上肥皂水，这样在不严密的地方就会冒泡沫。处理好泄漏地方后，即进行第二次试验，此时在管子中充以压力为40kPa的空气或N_2，如果在10min之内压力下降不超过3%，则该管子的气密性就算合格。若管子用于传送有毒或爆炸性气体时则要求更高，此时在10min内空气压力下降不应超过50Pa。

在使用空气试验管子时，必须注意到管子的内空气压力可能因温度的变化而改变。例如在压力为 40kPa 时，如管内空气的温度由 10℃增加到 20℃，则管内空气压力可能增高到 50kPa，即增加了 25%。因此只有管子温度与周围环境温度相等之后，试验才能开始，同时在试验时也应注意和防止偶然的加热和冷却。

对超过 0.1MPa 的管路，应同时进行强度和气密性试验，即进行水压试验。在试验强度时，管内应灌以高于工作压力的水压（一般 1.5 倍左右），灌水应从最低处进入，管内空气则沿最高处排出。水压应保持 30s，然后将水压降至工作压力，在此工作压力下进行管子的气密性检查。如在 10min 内水压降低不超过 3%，则认为合格。

在用水压试验时，应考虑到管路的最高处和最低处静压力是不相等的，尤其是在试验低压管路时更应注意这一点。因此对小于 0.1MPa 的低压管路来说，通常用空气而不是用水来进行气密性试验。

6.2　导管的弯制

1. 导管的弯制方法

导管的弯制，一般应用冷弯法，通常使用机械弯管机。冷弯时，钢材的化学性能不变，且弯头整齐。在现场，使用氧—乙炔焰进行热煨，一般用来对个别的弯头进行校正。大直径的低压导管可采用标准的热压弯头成品，常用热压弯头的管径有 50mm、65mm、80mm、100mm、125mm、150mm、200mm 等，一般用 90° 弯头。

导管的弯曲半径，对于金属管应不小于其外径的 3 倍，对于塑料管应不小于其外径的 4.5 倍。弯制后，管壁上应无裂缝、过火、凹坑、皱褶等现象，管径的椭圆度不应超过 10%。

仪表管安装用弯管机分为电动和手动两种。电动弯管机一般可利用电动执行机构作为动力，此外，还有电动液压弯管机。由于电动弯管机较重，故适用于集中弯制。手动弯管机又分为固定型和携带型两种，固定型弯管机可在任何地方设法固定使用，较为灵活、方便，如图 6.1 所示；携带型弯管机使用更为方便，只需两手分别握住两手柄即可弯管，如图 6.2 所示。

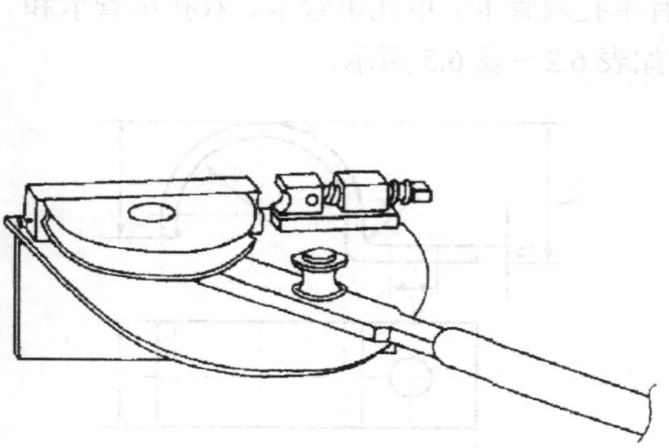

图 6.1　固定型手动弯管机

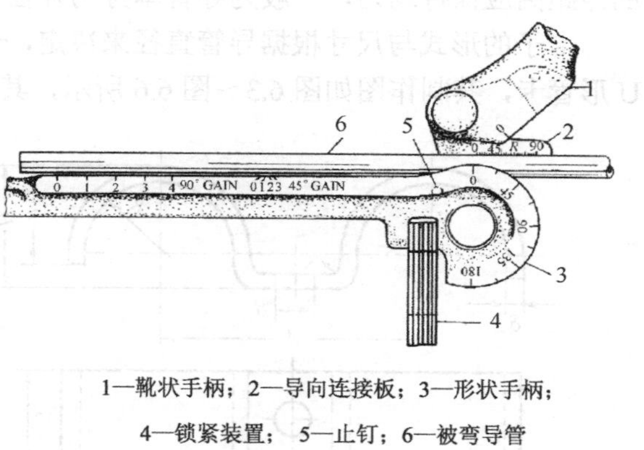

1—靴状手柄；2—导向连接板；3—形状手柄；

4—锁紧装置；　5—止钉；6—被弯导管

图 6.2　携带型手动弯管机

使用弯管机弯管的步骤如下所述。

（1）将导管放在平台上进行调直。

（2）选用弯管机的合适胎具。

（3）根据施工图或实样，在导管上划出起弧点。

（4）将已画线的导管放入弯管机，使导管的起弧点对准弯管机的起弧点（此点可先行计算，并通过实践取得），然后拧紧夹具（对于携带型手动弯管机，将其锁紧装置翻转180°，夹住被弯导管）。

（5）启动电动机或扳动手柄弯制导管，当弯曲角度大于所需角度1°～2°时停止（按经验判断）。采用手动弯管机时，应用力均匀，速度缓慢。

（6）将弯管机退回至起点，用样板测量导管弯曲度，合格后松开夹具，取出导管。

2. 导压管的弯制要求

（1）在自动化装置中，改变管路方向最好的办法是把管子弯成一定的角度。导压管要冷弯，但ϕ14×4高压用的导压管需焊弯且要一次弯成。

（2）70mm以下的钢管可以冷弯，15mm以下的管子可直接用手弯。直径不超过30mm的管子可用最简单的手动弯管器，但直径在30～70mm的钢管要用电动弯管器。

（3）直径超过70mm的管子只能采用热弯。在加热前，管子应灌满干净的细沙（用1.5mm×1.5mm的筛子筛过的），在灌沙时应敲打管子把沙捣紧，沙灌满后，管子两端用木塞或黏土塞住。

（4）压力管路的弯曲半径最小应为管子外径的5倍。

（5）仪表信号管线一般为ϕ6×1及ϕ8×1的紫铜管或铝管，近年来也用ϕ6×1、ϕ8×1的尼龙管，均用手动弯管机弯管。

6.3 管路的固定

（1）导管的敷设固定，应用可拆卸的卡子，用螺丝固定在支架上。成排敷设时，两导管间的净距离应保持均匀，一般为导管本身的外径。

卡子的形式与尺寸根据导管直径来决定，一般有单孔双管卡、单孔单管卡、双孔单管卡和U形管卡，其制作图如图6.3～图6.6所示，其尺寸如表6.2～表6.5所示。

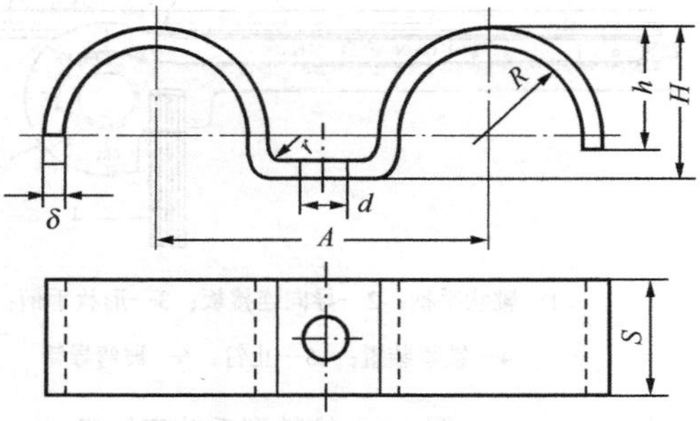

图6.3 单孔双管卡制作图

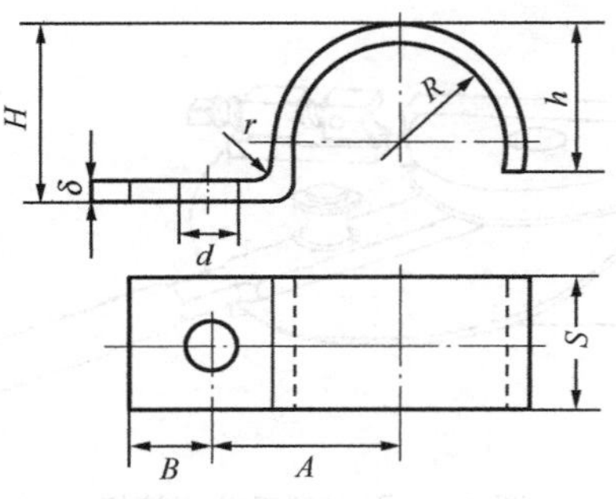

图6.4 单孔单管卡制作图

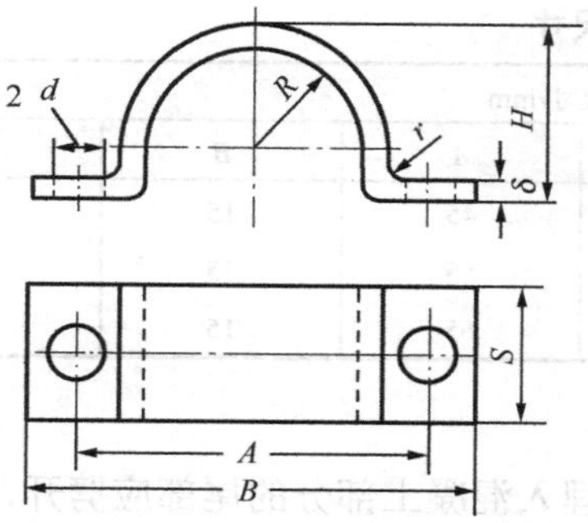

图 6.5　双孔单管卡制作图

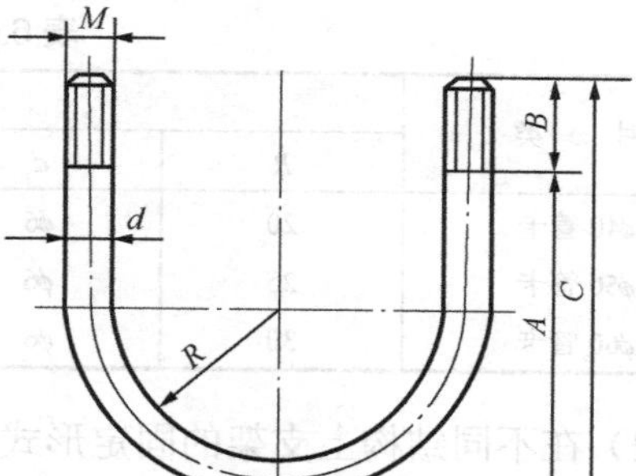

图 6.6　U 形管卡制作图

表 6.2　单孔双管卡尺寸

种　类	主要尺寸/mm							
	单孔双管卡							
	H	*h*	*R*	*r*	*d*	*δ*	*S*	*A*
*ϕ*10 管卡	9	7	5	1	*ϕ*7	1.5	14	30
*ϕ*14 管卡	13	11	7	1.5	*ϕ*7	2	15	35
*ϕ*16 管卡	15	13	8	1.5	*ϕ*7	2	15	40
*ϕ*22 管卡	20	18	11	2	*ϕ*7	2.5	18	45
*ϕ*28 管卡	25	22	14	2	*ϕ*7	3	20	50

表 6.3　单孔单管卡尺寸

种　类	主要尺寸/mm								
	单孔单管卡								
	H	*h*	*R*	*r*	*d*	*δ*	*S*	*A*	*B*
*ϕ*10 管卡	9	7	5	1	*ϕ*7	1.5	14	15	7
*ϕ*14 管卡	23	11	7	1.5	*ϕ*7	2	15	17.5	8
*ϕ*16 管卡	15	13	8	1.5	*ϕ*7	2	15	20	9
*ϕ*22 管卡	20	18	11	2	*ϕ*7	3	8	22.5	10
*ϕ*28 管卡	25	22	14	2	*ϕ*7	3	20	25	11

表 6.4　双孔单管卡尺寸

种　类	主要尺寸/mm							
	R	*H*	*r*	*A*	*B*	*S*	*d*	*δ*
*ϕ*10 管卡	5	9	1	24	35	14	*ϕ*7	1.5
*ϕ*14 管卡	7	12	1.5	28	40	15	*ϕ*7	2
*ϕ*16 管卡	8	14	1.5	30	42	15	*ϕ*7	2
*ϕ*22 管卡	11	19	2	38	50	18	*ϕ*7	2
*ϕ*28 管卡	14	24	2	45	58	20	*ϕ*7	3
*ϕ*34 管卡	227	31		52	65	22	*ϕ*7	

表 6.5 U 形管卡加工尺寸

种类	主要尺寸/mm					
	R	*d*	M	*A*	*B*	*C*
ϕ40 管卡	20	ϕ6	M6	45	15	63
ϕ50 管卡	25	ϕ6	M6	55	15	69
ϕ60 管卡	30	ϕ6	M6	65	15	83

（2）在不同结构上支架的固定形式如下。

① 固定在混凝土结构上的支架，如图 6.7 所示，埋入混凝土部分的尾部应劈开，埋入长度不小于 70mm，负荷较大时应适当加长。若混凝土内有钢筋，则可将其尾部焊在钢筋上。

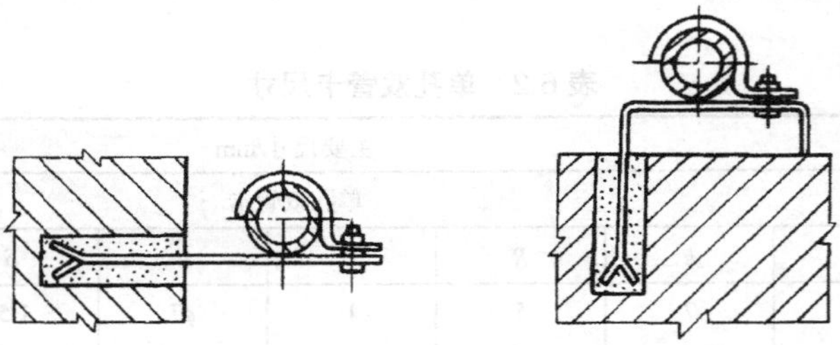

图 6.7 固定在混凝土结构上的支架形式

② 固定在砖结构上的支架，如图 6.8 所示，埋入部分的尾部应劈开，埋入长度不小于 100mm，负荷较大时可用穿墙螺丝来固定。

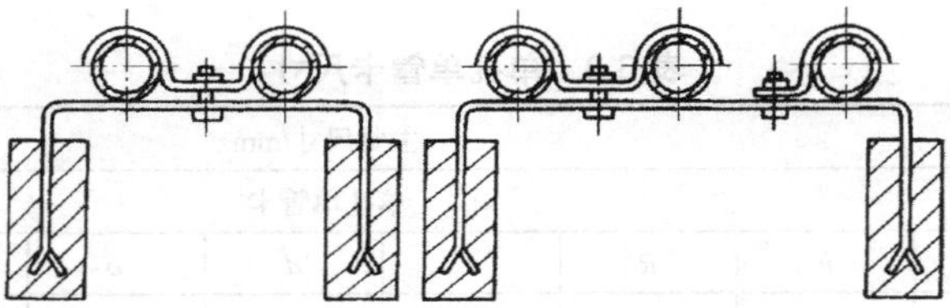

图 6.8 固定在砖结构上的支架形式

③ 导管沿金属结构敷设时，支架可直接焊在金属结构上，如图 6.9 所示。

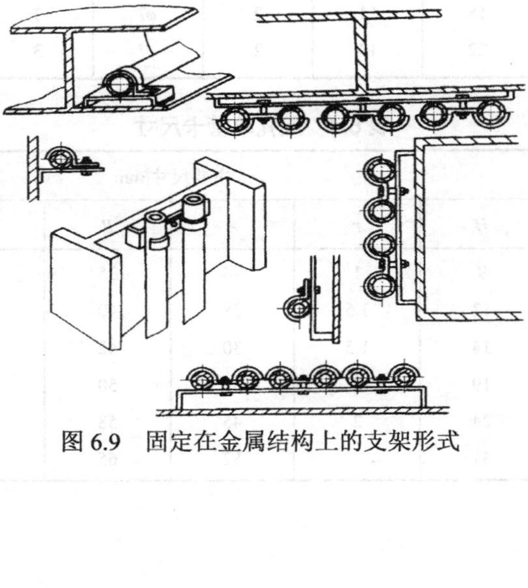

图 6.9 固定在金属结构上的支架形式

④ 导管需要以吊架形式固定时，支吊架应制成简单易拆和便于检修的形式，如图 6.10 所示。

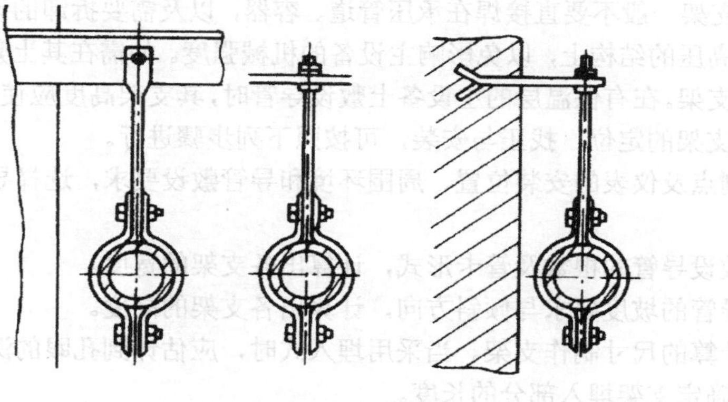

图 6.10 安装导管的吊架形式

⑤ 当管道敷设路径比较宽敞，导管根数较多时，固定导管的支架可制成桥式或吊桥形，如图 6.11 和图 6.12 所示，根据需要还可多层敷设。

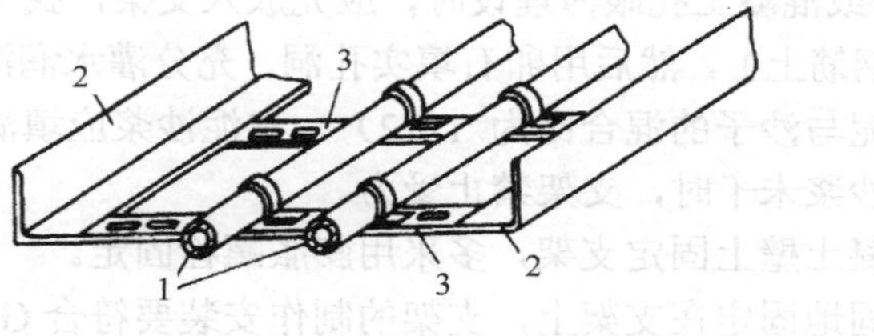

1—导管；2—角钢主梁；3—多孔

图 6.11 安装导管的桥式支架形式

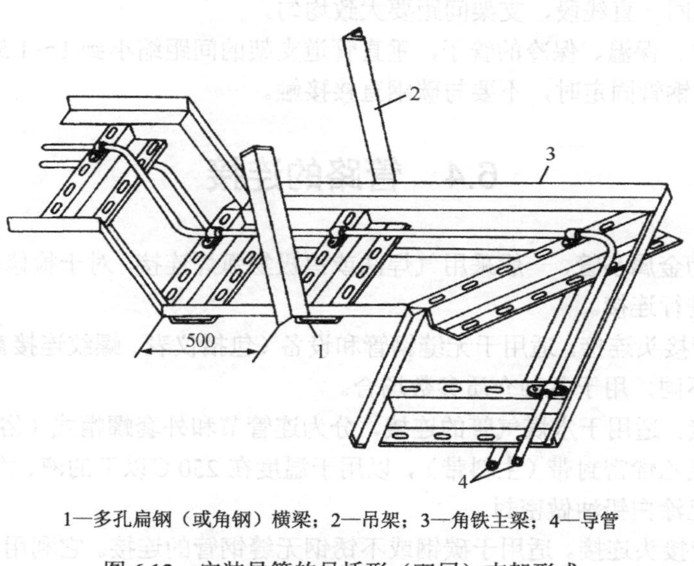

1—多孔扁钢（或角钢）横梁；2—吊架；3—角铁主梁；4—导管

图 6.12 安装导管的吊桥形（双层）支架形式

（3）管路支架间的距离应尽量均匀。根据导管强度，所用支架距离为：

① 无缝钢管。水平敷设时为 1～1.5m，垂直敷设时为 1.5～2m。

② 铜管、尼龙管、硬塑料管。水平敷设时为0.5～0.7m，垂直敷设时为0.7～1m。

（4）管路支架一般不要直接焊在承压管道、容器，以及需要拆卸的设备结构上，严禁焊在合金钢和高温高压的结构上，以免影响主设备的机械强度。如需在其上敷设导管时，可用抱箍的办法来固定支架。在有保温层的主设备上敷设导管时，其支架高度应使导管能在保温层以外。

（5）导管支架的定位、找正与安装，可按照下列步骤进行。

① 按照测点及仪表的安装位置、周围环境和导管敷设要求，选择导管的敷设路径和支架形式。

② 根据敷设导管的根数及管卡形式，计算出各支架的宽度。

③ 根据导管的坡度要求与倾斜方向，计算出各支架的高度。

④ 根据计算的尺寸制作支架。当采用埋入式时，应估计到孔眼的深度及混凝土内有无钢筋等情况，以确定支架埋入部分的长度。

⑤ 安装支架时，应按选择的路径和计算好的支架高度，先安装好始末端与转角处的支架。在两端的支架上拉线，然后逐个安装中间部分的各个支架。

⑥ 金属结构上的支架可使用电焊焊接。

⑦ 当支架在砖墙或混凝土孔眼内埋设时，应先放入支架，找平，找正（若混凝土孔眼内有钢筋，支架焊接在钢筋上），然后用卵石填实孔洞，充分灌水润湿，并填入不低于原混凝土标号的水泥沙浆（水泥与沙子的混合比为 1：2）。水泥沙浆应填满塞实，抹平表面，支架埋设后，在填入的水泥沙浆未干时，支架禁止受力。

目前在砖墙或混凝土壁上固定支架，多采用膨胀螺栓固定。

（6）导压管要牢固地固定在支架上，支架的制作安装要符合GBJ 93—86的有关规定。导压管要用管卡固定，管卡通常是自制的，用1～1.2mm薄铁皮压制而成。导压管支架距离符合《自动化仪表工程施工及验收规范》（GBJ 93—2002）的具体规定，即水平敷设1～1.5m，垂直敷设1.5～2m。在同一直线段，支架间距要大致均匀。

（7）需要伴热、保温、保冷的管子，垂直管道支架的间距缩小到1～1.5m，水平管道缩小到0.7～1m。不锈钢管固定时，不要与碳钢直接接触。

6.4　管路的连接

仪表导管多为金属小管，一般采用气焊法或钨极氩弧焊连接，对于检修时常需拆卸的部位可采用下列方式进行连接。

（1）压垫式管接头连接。适用于无缝钢管和设备（包括仪表、螺纹连接截止阀等）的连接，根据垫片材质的不同，用于各种介质参数场合。

（2）螺纹连接。适用于水煤气管的连接，分为连管节和外套螺帽式（俗称油任）两种。一般采用缠绕聚四氟乙烯密封带（生料带），以用于温度在250℃以下的液、汽管道的丝扣密封，有时也采用亚麻丝涂白铅油做密封。

（3）卡套式管接头连接。适用于碳钢或不锈钢无缝钢管的连接。它利用卡套的刃口切入被连接的无缝钢管，起到密封作用，可用于公称压力为25～40MPa的介质。

（4）胀圈式管接头连接。适用于紫铜管或尼龙管的连接。利用胀圈做密封件，多用于气动管路的连接。

（5）扩口式管接头连接。适用于紫铜管或尼龙管的连接。将扩口后的管子置于接头的锥面，利用旋紧螺母使管子喇叭口受压，从而起到密封作用，多用于气动管路的连接。

（6）法兰连接。适用于大管径的气源管路及带法兰的设备（包括带法兰的截止阀等）的连接，选择不同材质的垫片，以用于各种介质参数的场合。

在导管安装中，不管使用哪种连接方法，都必须保证导管的严密性，不应有泄漏或堵塞现象。各种连接方法可按照下列工艺要求和步骤进行。

1. 气焊、电焊和钨极氩弧焊连接

气焊焊丝可根据有关要求选用，按照焊接及热处理工艺的规定进行。

水煤气管焊接时，其两端螺纹应割掉，因为此处管壁已减薄，机械强度降低，容易产生裂缝。导管对口气焊连接时可使用如图 6.13 所示的对口工具先点焊，防止导管错口和承受机械力。采用套接头与导管连接，可用钨极氩弧焊或电焊，需用插入式连接附件。不同直径的导管对口焊接时，其直径相差不得超过 2mm，否则应采用异径转换接头。

小直径的紫铜管焊接时，为防止焊渣堵塞导管和增加接口处强度，可采用如图 6.14 所示的套管焊接法，将导管和套管焊在一起。套管的长度为 30～50mm，内径比被连接管的外径大 0.2～0.5mm。高压导管上需要分支时，应采用与管路相同材质的三通件进行连接，不得在管路上直接开孔焊接。小直径的不锈钢管焊接时，采用钨极氩弧焊。焊接后的导管应校正平直（可用氧—乙炔焰加热后平直）。

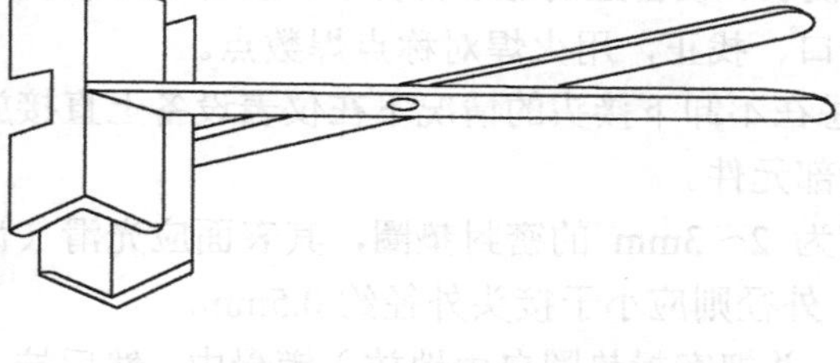

图 6.13　导管对口工具

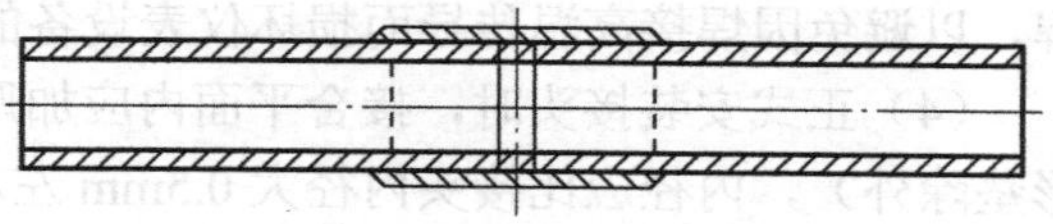

图 6.14　导管套管焊接图

2. 压垫式管接头连接

压垫式管接头连接的形式及零件制作图及其尺寸如图 6.15 和表 6.6 所示。使用压垫式管接头进行导管与导管或导管与仪表、设备连接时，可按下列步骤进行。

表 6.6　压垫式接头尺寸（直径）

J	主要尺寸/mm													
	接头座				接管嘴					锁母			密封垫	
	d_1	d_2	d_3	D	d_1	d_2	d_3	d_4	d_5	d_1	d_2	D	d_1	d_2
M22×1.5	9	12	16	六方 33.5	9	12	16	15	19	15	29	六方 33.5	9.5	19.5
M20×1.5	7	10	14	六方 31.2	7	10	14	13	17	13	27	六方 31.2	7.5	17.5

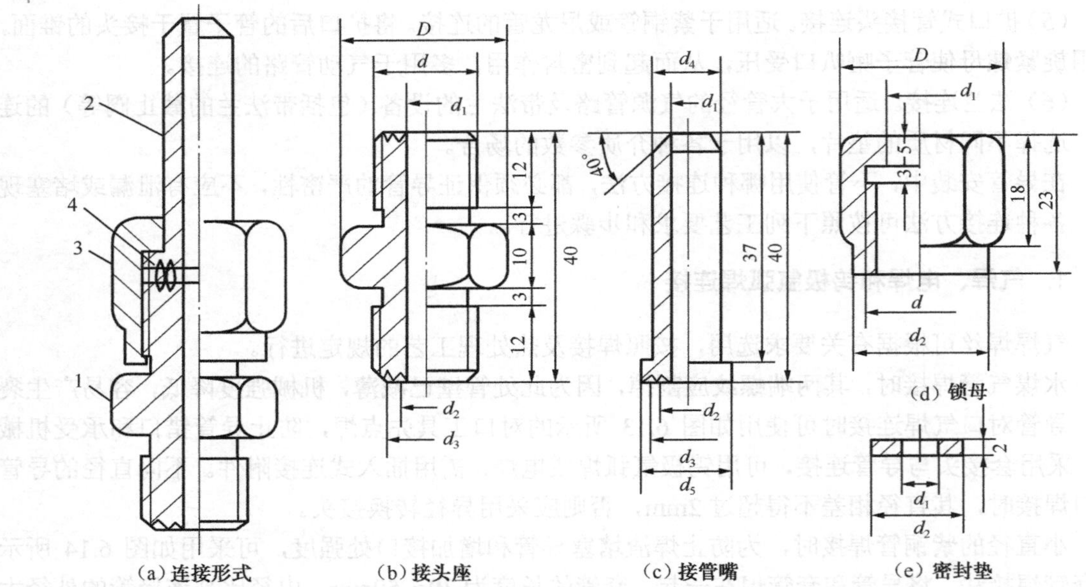

1—接管座；2—接管嘴；3—锁母；4—密封垫

图 6.15　压垫式管接头的连接形式及零件制作图

（1）把接管嘴穿入锁母孔中，接管嘴在孔中应呈自由状态。

（2）将带有接管嘴的锁母拧入接头座中（或仪表、设备上的螺纹部分），接管嘴与接头座间应留有密封垫的间隙，然后将接管嘴与导管对口、找正，用火焊对称点焊数点。

（3）再次找正后，卸下接头，进行焊接。切忌在不卸下接头的情况下在仪表设备上直接施焊，以避免因焊接高温传导而损坏仪表设备的内部元件。

（4）正式安装接头时，接合平面内应加厚度为 2～3mm 的密封垫圈，其表面应光滑（齿形垫除外），内径应比接头内径大 0.5mm 左右，外径则应小于接头外径约 0.5mm。

（5）在接头的螺纹上涂以机油黑铅粉混合物，并把密封垫圈自由地放入锁母中，然后拧入接头，用扳手拧紧。接至仪表设备时，接头必须对准，不应产生机械应力。

3. 连管节螺纹连接

导管使用如图 6.16 所示的连管节连接时，两个被连导管管端的螺纹长度不应超过所用连管节长度的 1/2，连接方法可按下列步骤进行。（以亚麻丝做密封为例）

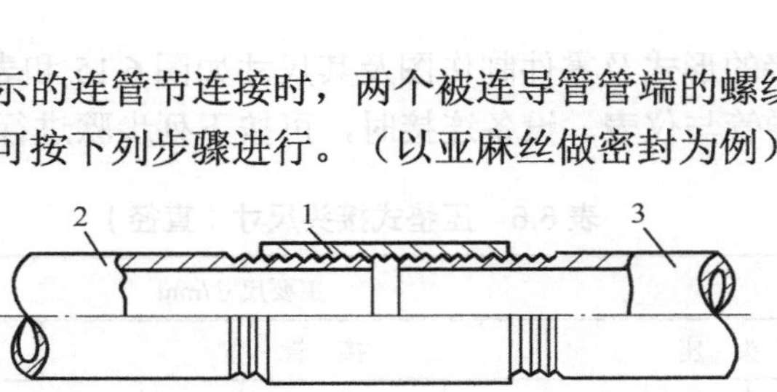

1—连管节；2、3—导管

图 6.16　导管使用连管节连接

（1）用圆锉锉一下管端部螺纹的第一道丝扣，除去棱角与毛刺。

（2）在管端螺纹上涂上白铅油后，将劈成细丝的亚麻丝从导管端开始顺螺纹缠在丝扣上（注意缠绕方向不能错），缠绕时应防止把亚麻丝缠于第一道螺纹上，以防进入管内。

（3）用管钳将连管节拧到一根被连导管管端上，并拧到极点。

（4）用相同方法将另一根导管的管端涂油缠麻，并拧入连管中。

4. 外套螺帽连接

导管使用如图 6.17 所示的外套螺帽连接时，其安装步骤如下所述。（以亚麻丝做密封为例）

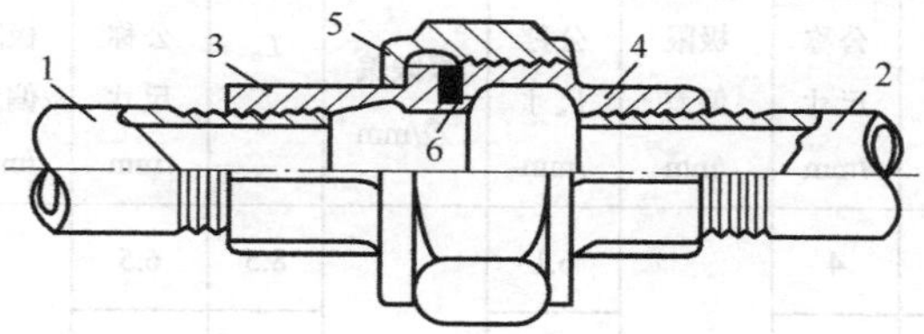

1、2—导管；3、4—对连管节；5—外套螺帽；6—密封垫圈

图 6.17　使用外套螺帽连接导管

（1）在两导管的螺纹上涂油缠麻。（方法同连管节连接）

（2）将一对连管节分别用管钳拧到导管上。

（3）用低压石棉垫制成密封垫圈，在密封垫圈与外套螺帽的丝扣上涂以机油黑铅粉或机油红丹混合物。垫入密封垫圈，密封垫圈与导管的中心线必须吻合，拧上外套螺帽，用扳手拧紧。

5. 卡套式管接头连接

卡套式管接头的结构形式有多种（见国家标准 GB3733.1～3765—83）。如图 6.18 所示为适用于管路直通连接的接头连接形式及零件制作图，此外，还有端直通、直角、端直角、三通、端三通、直角三通、四通、压力表管接头等。

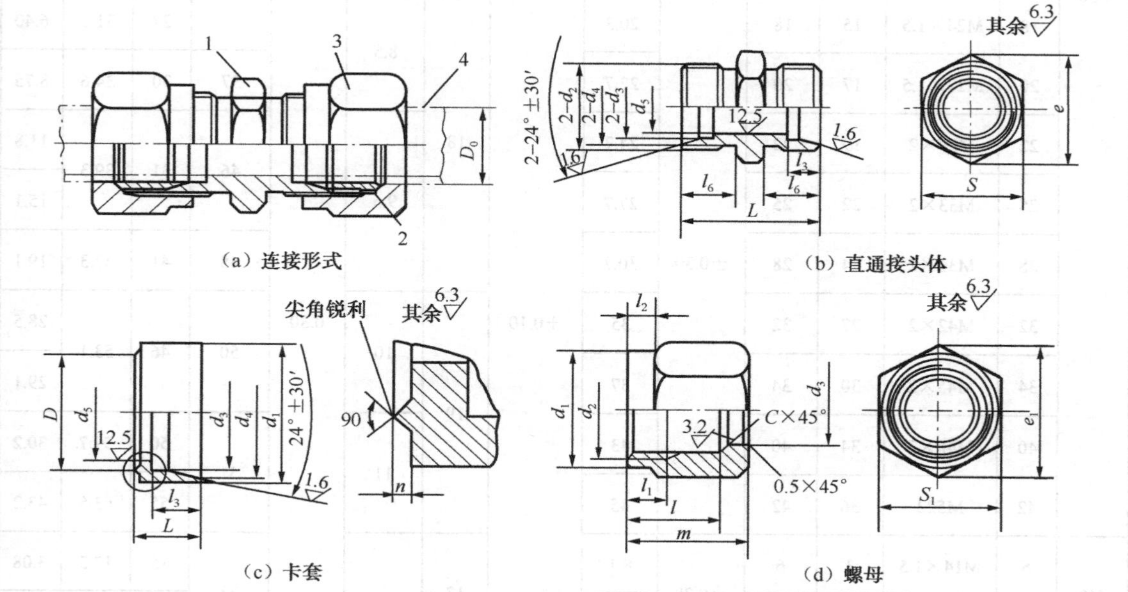

1—直通接头体；2—卡套；3—螺母；4—导管

图 6.18　卡套式管接头的连接形式及零件制作（管路直通）

卡套式管接头的性能除与零件的材料、制造精确度、热处理等有关外，还与装配的质量有重要关系。卡套式直通接头体的加工尺寸如表6.7所示。

表6.7　卡套式直通接头体的加工尺寸

公称压力/MPa	管子外径 D_0	d_2	d_5	d_3 公称尺寸/mm	d_3 极限偏差/mm	d_4 公称尺寸/mm	d_4 极限偏差/mm	L_6	b_3 公称尺寸/mm	b_3 极限偏差/mm	L	s	e	质量 kg/100件
G30	4	M10×1	3	4	±0.28	6.1	+0.10	8.5	6.5	0.30	22	13	15	0.98
	5		3.5	5		7.1		10.7	7					
	6	M12×1.2	4	6		8.1		13			26.4			1.67
	8	M14×1.5	6	8	±0.21	10.1 0.1		13.5	7.5		32	15	17.3	2.61
	10	M16×1.5	8	10		12.3					33	18	20.8	2.95
	12	M18×1.5	10	12	±0.40	14.3					34	21	24.2	3.63
	14	M20×1.5	12	14		16.3								4.36
	16	M22×1.5	14	16		18.3					35	24	27.7	5.17
	18	M24×1.5	15	18		20.3		18	8.5			27	31.2	6.40
	20	M27×1.5	17	20		22.7					37	30	34.6	8.75
	22	M30×2	19	22		24.7			9.5		46	31	39.3	11.8
	25	M33×2	22	25		27.7								15.1
	28	M36×2	24	28	±0.30	30.7					48	41	47.3	19.1
	32	M42×2	27	32		35	+0.10	19	10	0.30	50	46	53.1	28.5
	34	M45×2	30	34		37								29.1
	40	M48×2	34	40		43			11		51	50	57.7	30.2
	42	M522	36	42		45						55	63.5	43.2
J40	6	M14×1.5	3	6	±0.28	8.1		13	7		33	15	17.3	3.08
	8	M16×1.5	5	8		10.1						18	20.8	4.08

续表

公称压力/MPa	管子外径 D_0	d_2	d_5	d_3 公称尺寸/mm	d_3 极限偏差/mm	d_4 公称尺寸/mm	d_4 极限偏差/mm	L_6	b_3 公称尺寸/mm	b_3 极限偏差/mm	L	s	e	质量 kg/100 件
	10	M18×1.5	7	10		12.3								4.86
	12	M20×1.5	8	12		14.3								6.06
	14	M22×1.5	10	14		16.3								7.23
	16	M24×1.5	12	16	±0.40	18.3								8.40
J40	18	M27×1.5	14	18		20.3	+0.10	13	7.5		35	21	24.2	11.3
	20	M30×2	16	20		22.7								14.3
	22	M33×2	18	22		24.7								18.7
	25	M36×2	20	25	±0.30	27.7								24.5
	28	M39×2	22	28		30.7								26.5

注：1. 接头体材料推荐选用 35 号钢，一般腐蚀性介质的管路系统推荐使用 1Cri8Ni9Ti。

2. 零件表面一般进行氧化处理（发黑或发蓝）。

导管使用卡套式管接头连接时，其安装步骤如下。

（1）按需要长度切断（或锯切）管子，其切面与管子中心线的垂直度误差不得大于其外径的公差一半。

（2）除去管端的内、外圆毛刺及金属屑、污垢等。除去管接头各零件上的防锈油及污垢。

（3）在卡套刃口、螺纹及各接触部位涂以少量的润滑油。按顺序将螺母、卡套套在管子上，然后将管子插入接头体内锥孔底部并放正卡套。在旋紧螺母的同时转动管子，直至转不动为止，然后再旋紧螺母 1/2～1 圈。

（4）螺母旋紧后，可拆下螺母，检查卡套在钢管上的啮合情况（若做剖面检验，其切入情况如图 6.19 所示），卡套的刃口必须全部咬进钢管表层，其尾部沿径向收缩，应抱住被连接的管子，允许卡套在管子上稍转动，但不得松脱或径向移动。

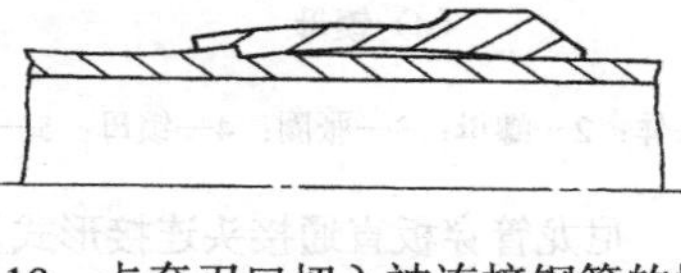

图 6.19　卡套刃口切入被连接钢管的情况

6. 胀圈式管接头连接

连接紫铜管的胀圈式管接头，其连接形式及零件制作要求如图 6.20 所示。

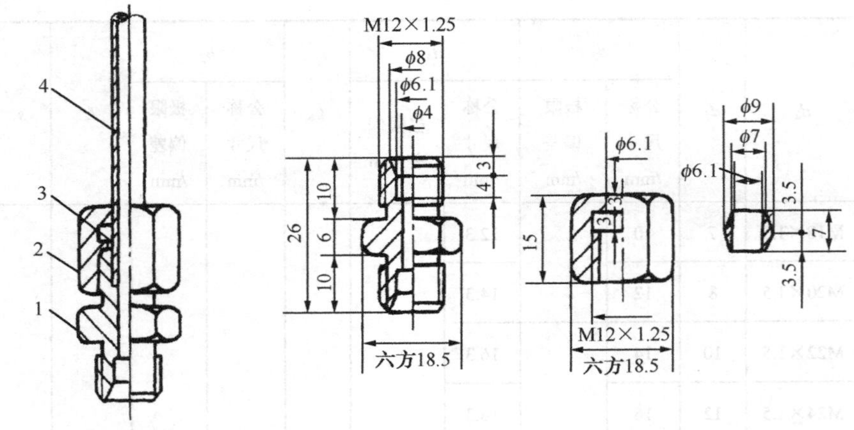

（a）连接形式　（b）接头体　（c）螺母　（d）胀圈

1—接头体；2—螺母；3—胀圈；4—导管

图 6.20　胀圈式管接头的连接形式及零件制作要求

连接尼龙管的管件有多种制品，如图 6.21 所示为适用于管缆（单管外径为 5mm）分线处的连接，以及单管与单管连接的穿板直通接头的连接形式和管件尺寸。此外，还有直通终端、弯通终端、三通、压力表接头等品种。胀圈式管接头的装配方法与卡套式管接头相仿。

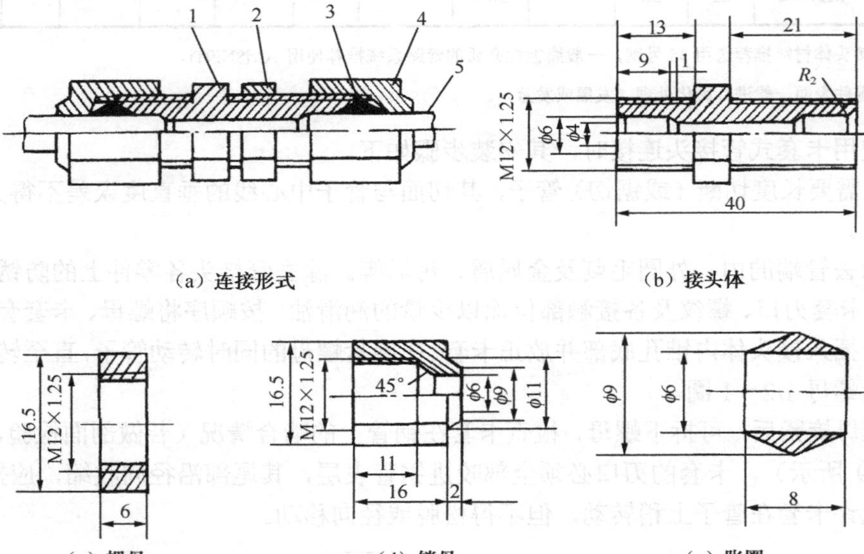

（c）螺母　（d）锁母　（e）胀圈

1—接头体；2—螺母；3—胀圈；4—锁母；5—尼龙管

图 6.21　尼龙管穿板直通接头连接形式及管件

7. 扩口式管接头连接

扩口式管接头适用于介质为油、气的紫铜管或碳钢管等管路系统的连接，其结构形式有多种（见国家标准 GB5625～5653—85），扩口式直通管接头的连接形式如图 6.22 所示。扩口式管接头制品还有端直通、直角、端直角、三通、端三通、直角三通、四通、压力表管接头等。

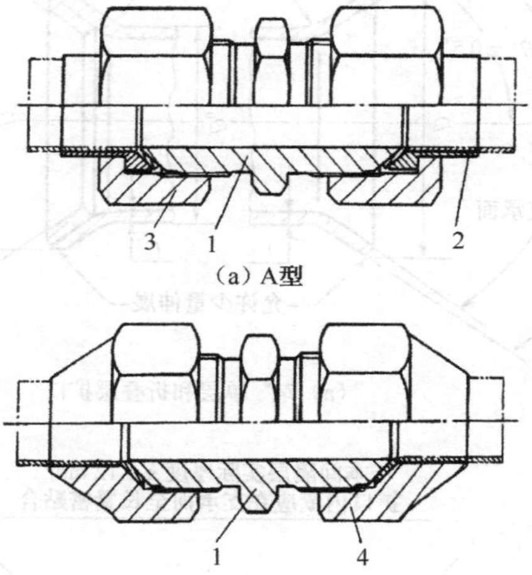

1—直通管接头体；2—管套；3—A 型管接头螺母；4—B 型管接头螺母

图 6.22　扩口式直通管接头连接形式

为适用于管路直通连接的接头连接形式，零件制作要求如图 6.23 所示。制作管接头的材质应满足实际使用的压力范围和管路系统中输送的介质要求，可选用铜合金、不锈钢、碳钢等材料。采用碳钢材料时，推荐接头体用 15 号或 20 号钢，管套用 35 号钢，螺母用 Q195F 钢。

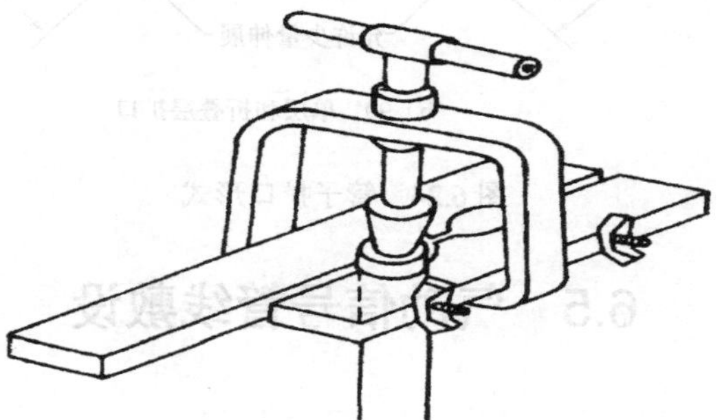

图 6.23　使用扩口式管器的扩管方法

扩口式管接头的安装方法如下所述。

（1）先将螺母与管套（对于 A 型接头）按顺序套在导管上。

（2）将导管端头放入胀管器内，使管子扩口，管子扩口形式如图 6.24 所示，扩口尺寸查相关资料。

（3）将管口对准接头体，用螺母锁紧，扩口形式、尺寸及允许使用压力查相关资料。

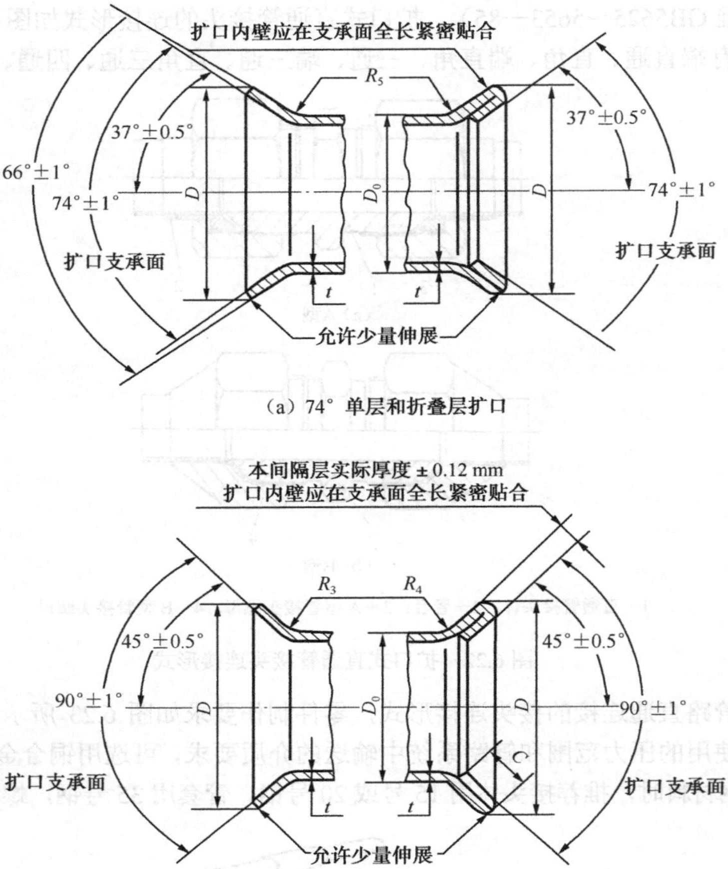

图 6.24 管子扩口形式

6.5 气动信号管线敷设

1. 管径、材质选用

气动信号管线常用的管径、材质及规格如表 6.8 所示。特殊情况下，如大膜头调节阀，直径较大的汽缸阀，切换时间短且传输距离较远的控制装置，其气动信号管线的规格选用$\phi8\times$1mm 或$\phi10\times$1mm。

表 6.8 气动信号管线常用的管径、材质及规格

使用场合	规格/mm	材质及形式
一般场合	$\phi6\times1$	紫铜单管及管缆、聚乙烯、尼龙单管及管缆
腐蚀场合（如 NH_3、H_2S、乙炔等）	$\phi6\times1$	聚乙烯、尼龙单管及管缆、不锈钢单管及管缆、聚氯乙烯护套的紫铜单管及管缆

对于设置现场接管箱的工艺装置，从控制室至接管箱，宜选用多芯管缆；从接管箱至调节阀或变送器，宜选用紫铜管。对于有腐蚀性的场合，选用不锈钢或聚氯乙烯护套的紫铜管。

尼龙、聚乙烯管（缆）实际使用温度范围应符合制造厂规定。对于环境温度变化较大或有火灾危险的场所，不宜选用。

气动信号管线的连接方式按最新版《自控安装图册》的气动管路接头要求连接。气动信号管线的敷设如图 6.25 所示。

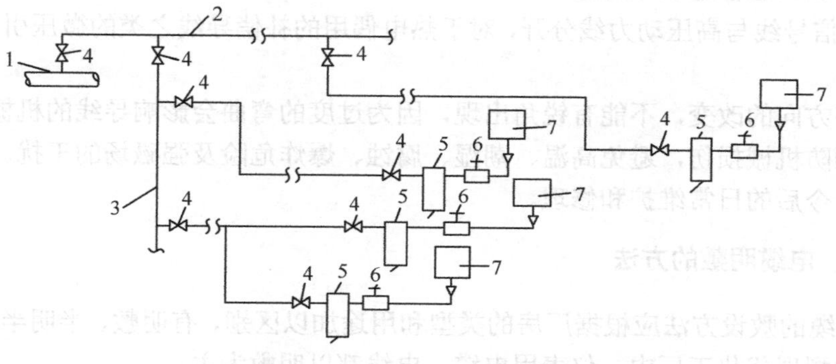

1—气源总管；2—干管；3—支管；4—截止阀；5—过滤器；6—减压阀；7—仪表

图 6.25　气动信号管线的敷设

2. 气动信号管线配管的基本要求

（1）气动信号管线的敷设，应避开高温、工艺介质排放口及易泄漏的场合，不应采用直接埋地的敷设方式。

（2）管缆的中断必须经过分管箱（接管箱）。

（3）气动管线引出仪表盘或变送器箱时，应采用穿板接头连接。

（4）尼龙及聚乙烯管缆的备用芯数，按工作芯数的 30%考虑；不锈钢、铜芯管缆的备用芯数按工作芯数的 10%考虑。

如图 6.26 所示为供气量小于 $3m^3/min$（标准）的小型供气系统流程图。供气系统包括空气压缩机和气源净化装置，冷却器、储气罐、过滤器等属于气源净化装置，因为气量较小，多采用可移动式油润滑。

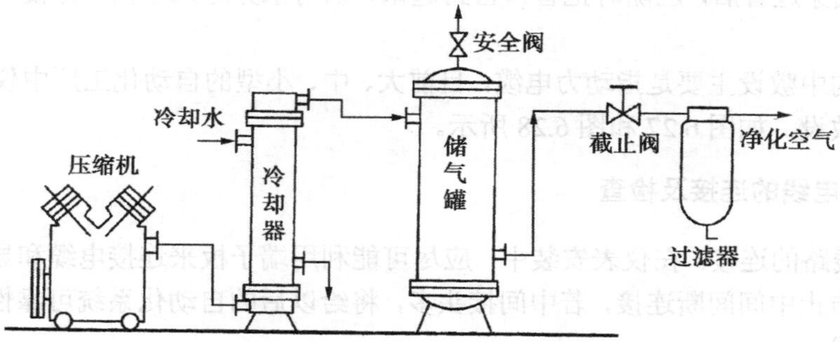

图 6.26　小型供气系统流程图

6.6 电线、电缆的敷设

电线、电缆敷设的首要问题是正确选择路线，具体要求如下所述。

（1）按最短路径集中成排敷设，横平竖直，减少弯曲，避免与各种管道相交。若避免不了，电线、电缆应从工艺管道上方通过。

（2）仪表信号线与高压动力线分开，对于热电偶用的补偿导线之类的微压引讯线更应单独敷设。

（3）线路方向的改变，不能有锐角出现，因为过度的弯曲会影响导线的机械强度。

（4）应预防机械损伤，避免高温、潮湿、腐蚀、爆炸危险及强磁场的干扰。

（5）便于今后的日常维护和修理。

1. 电线、电缆明敷的方法

电线、电缆的敷设方法应根据厂房的类型和用途加以区别，有明敷、半明半暗敷和暗敷三种，但目前大型现代化工厂中，仪表用电缆、电线都以明敷为主。

（1）明敷大多利用角铁和扁钢做成电缆天桥，把电缆敷设在上面，分支后的电缆进入保护套管，然后沿建筑物的墙壁或工艺设备固定。保护管之间可用螺纹连接（活接头）。

（2）电路接线盒装在两种不同电路的连接处，如补偿导线和一般导线，电缆和导线等。在接线盒内有接线板，以便把不同电路连接起来，不用接线板是不能把各种不同的电缆和导线直接连接的，但同类电缆或导线的加长则可不用接线板。

（3）为了防止灰尘和水分进入保护管，在管子的入口处和出口处也要用橡胶环加以密封，以保护导线和电缆的绝缘层不受磨损。

在敷设电缆和导线之前，保护管内部应用机械方法处理干净，然后再用压缩空气吹净。此时要注意压缩空气的温度要低于室温，否则管内可能要发生水分凝结现象。

（4）当保护管比较长时，为了便于穿导线或电缆，应在管内吹入些滑石粉，可起润滑作用。不能用肥皂或其他矿物油来代替滑石粉，因为这会降低导线和电缆的绝缘质量。

（5）为了把导线或电缆通过保护套管，可借助于铁丝或细钢丝绳来钩住导线的一端，穿线时以铁丝为前导，钩住导线穿过。

（6）把导线穿过管后，应随时把管口密封起来，以防水分进入管内，并使空气不可能在管内流通。

电缆在地沟中敷设主要是指动力电缆，目前大、中、小型的自动化工厂中仪表控制电缆一般都采用桥式敷设，如图 6.27 和图 6.28 所示。

2. 电缆与电线的连接及检查

（1）电路线路的连接。在仪表安装中，应尽可能利用端子板来连接电缆和导线。一般在电缆敷设时尽量防止中间间断连接，若中间接头多，将给以后的自动化系统可靠性带来影响，因此应有备用导线。

截面为 10mm^2 以下的单股芯线可以直接接入接线端子板；而同样截面的多股芯线（由多股细丝组成的芯线），其端头要先用焊锡焊好（要用松香）。截面超过 10mm^2 的芯线需要采用包头，包头和芯线用焊接接上。补偿导线宜采用压接，同轴电缆及高频电缆应采用专用接头。

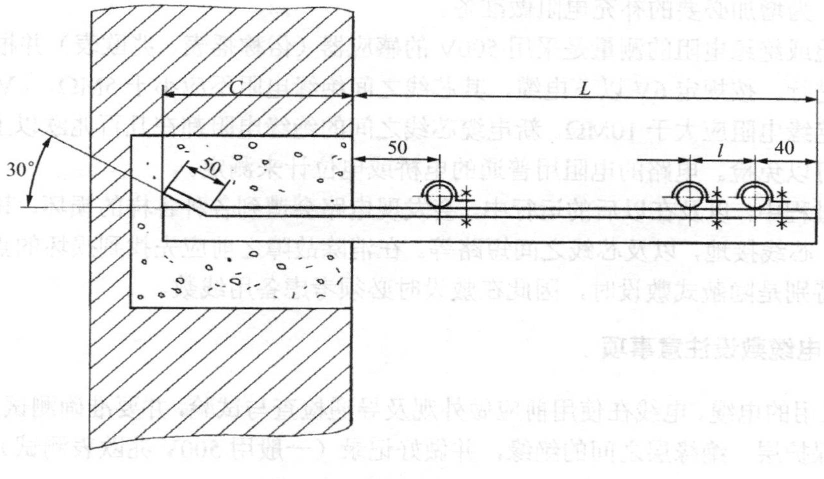

图 6.27　悬臂式墙架安装图

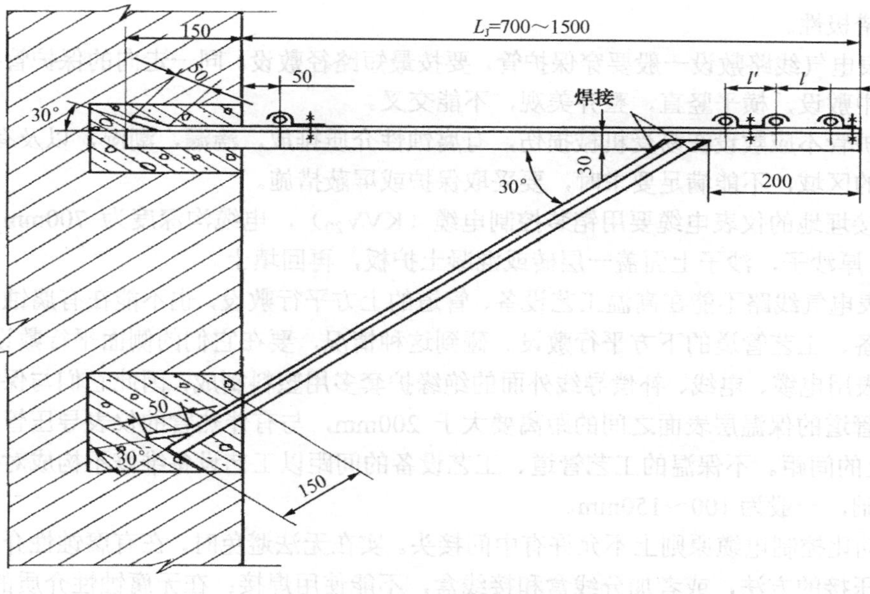

图 6.28　斜撑的悬臂式墙架安装图

所有连接于接线板、仪表，以及其他自动化装置上的导线和电缆都应加以标号。标号工作非常重要，否则自动化装置将无法运行或给维修工作带来麻烦。标号的方法有标牌法、直接在塑料套管上标号等。

（2）电路线路的检查。在安装工作结束后，必须进行电路的检验。首先应检查标号是否正确，为此应先将受检查的电路和它所连接的仪表断开，以避免损坏仪表。

标号的检查可以消除不正确的连接，这对多芯电缆或成束的导线来说是十分重要的。标号的检查一般利用万用表的直流电阻挡，或用电感器、听筒进行检查，利用步话机呼号。

检查了标号以后，应测量导线之间，以及导线与地之间的绝缘电阻，在必要时还应测出电路的电阻值，为增加必要的补充电阻做准备。

绝缘试验或绝缘电阻的测量是采用500V的感应器（俗称摇表、兆欧表）并根据一般电工测量方法来进行。按规定6V以下电缆，其芯线之间绝缘电阻不应小于5MΩ，6V以上电缆，其芯线之间绝缘电阻应大于10MΩ。新电缆芯线之间的绝缘电阻都在几百兆欧以上，一般都能满足要求，可以免检。电路的电阻用普通的电桥或电位计来测定。

在检验过程中，以及在以后的运行中，会发现电路会遭到各种各样的损坏，其中最主要的是芯线断裂、芯线接地，以及芯线之间短路等。在消除故障之前应先找到损坏的点，但这并不容易做到，特别是隐蔽式敷设时，因此在敷设时必须考虑备用线数。

3. 仪表电缆敷设注意事项

（1）仪表用的电缆、电线在使用前应做外观及导通检查与试验，并要准确测试其电缆芯向，电缆芯与外保护层、绝缘层之间的绝缘，并做好记录（一般用500V兆欧表测试），其电阻值不应小于5MΩ。

（2）补偿导线在使用前要仔细核对型号与分度号。连接过程（包括中间连接和终端连接）中绝不能接错极性。

（3）仪表电气线路敷设一般要穿保护管，要按最短路径敷设。同一走向的保护管有条件集中的，要集中敷设，横平竖直，整齐美观，不能交叉。

（4）保护管不应敷设在易受机械损伤，有腐蚀性介质排放，滴漏，潮湿，以及有强磁场、强电场干扰的区域，不能满足要求时，要采取保护或屏蔽措施。

（5）直接埋地的仪表电缆要用铠装控制电缆（KVV_{20}），电缆沟深度为700mm，其口下要铺100mm厚沙子，沙子上面盖一层砖或混凝土护板，再回填土。

（6）仪表电气线路不能在高温工艺设备、管道的上方平行敷设，也不能在有腐蚀性液体介质的工艺设备、工艺管道的下方平行敷设。碰到这种情况，要在它们的侧面平行敷设。

（7）仪表用电缆、电线、补偿导线外面的绝缘护套多用塑料制成，因此它们与保温的工艺设备、工艺管道的保温层表面之间的距离要大于200mm，与有伴热管的仪表导压管线也要有200mm以上的间距。不保温的工艺管道、工艺设备的间距以工艺设备维修不构成对仪表线路的损害为基础，一般为100～150mm。

（8）自动化控制电缆原则上不允许有中间接头。实在无法避免时，在有腐蚀性介质的环境中必须采用压接的方法，或者加分线盒和接线盒，不能使用焊接；在无腐蚀性介质的环境中，也推荐采用压接方法，但可以采用焊接，不能使用有腐蚀性的焊剂。

（9）敷设电缆要穿过混凝土梁、柱时，不能采用凿孔安装，要预埋管。在防腐蚀厂房内安装电缆保护管或支架时，不能破坏防腐层。

（10）电缆桥架是专用来敷设电缆的，它们在现场组对。采用螺栓组对时，连接螺栓要采用平滑的半圆头螺栓，且螺母在电缆桥架的外侧，要保持内侧光滑，不至于损坏电缆的绝缘层。

（11）电缆桥架要横平竖直，整齐美观，不能交叉。电缆放在槽板（桥架）内要整齐有序，编号并固定好，以便于检修。放完电缆的桥架，要及时盖上保护罩。

4. 桥架安装注意事项

（1）在现场组对桥架时，要特别注意两节桥架成一条线。在厂房内安装电缆桥架，要注意标高和天花板的距离，要有足够的操作空间。

（2）桥架直角拐弯时，其最小的弯曲半径要大于或等于槽板内最粗电缆外径的 10 倍，否则，这条最粗的电缆就不好处理。电缆桥架的直角弯头是设计选定的，要求安装人员在图纸会审时，考虑所选弯头桥架的弯曲半径是否足够大，否则要加宽桥架的宽度。由此可见，桥架选择并不单单是电缆多少，还要考虑电缆粗细。

（3）桥架开孔不能使用气焊，要用机械开孔方法，现在有专用电动或液动开孔器。放上保护管后，要用合适的护圈固定保护管，通常要锁紧螺母。

（4）桥架内的排水孔要保持畅通。

（5）当电缆桥架直线距离超过 50m 时，要有热膨胀措施。

（6）桥架按设计通常安装在管廊上或工艺管道的管架上，桥架的安装位置应该在它们的上方或侧面，不能安装在它们的下方。

（7）仪表电缆桥架的支撑距离：XQJ 型电缆桥架在装置上的支撑间距要小于允许最大负荷的支撑跨距。

（8）桥架宽度：从电缆数量上考虑，要求选择的桥架宽度有一定余量，以便今后增加电缆时用；从最粗电缆的直角转弯上考虑，所选桥架的弯曲半径要大于最大电缆外径的 10 倍。

（9）隔开敷设：在某一区间，动力电缆与控制电缆数量相对于桥架容量都较小时，可放在同一桥架内，但必须隔开。

（10）电缆固定：要求水平走向电缆每隔 2m 固定一次，垂直走向电缆每隔 1.5m 固定一次。

（11）可靠接地：仪表用电缆桥架要可靠接地，长距离的电缆桥架每隔 30～50m 接地一次。

电缆桥架安装图示例如图 6.29～图 6.33 所示。

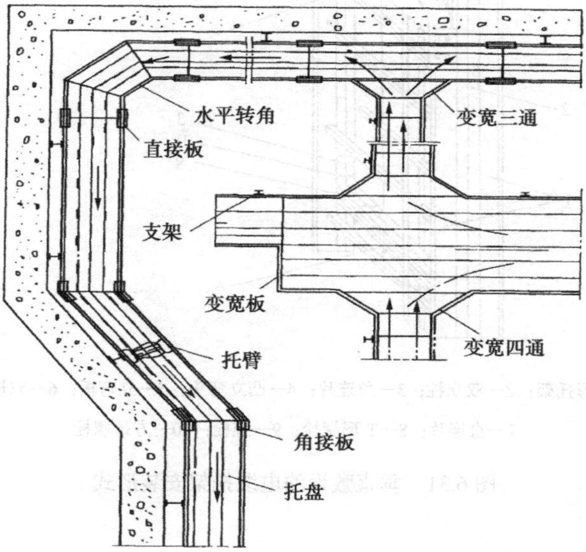

图 6.29 托盘式桥架敷设安装图

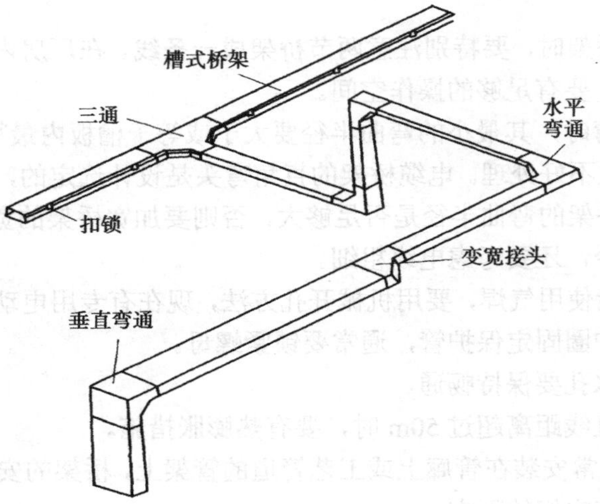

图 6.30　槽式桥架组合安装图

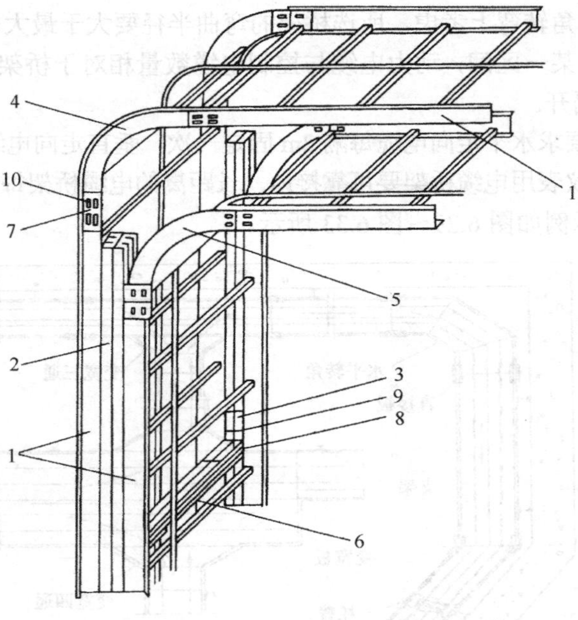

1—T 形托架；2—双立柱；3—角连片；4—凸立弯头；5—立弯板；6—双横柱；

7—直连片；8—T 形螺栓；9—螺栓；10—方颈螺栓

图 6.31　垂直敷设的电缆托架安装形式

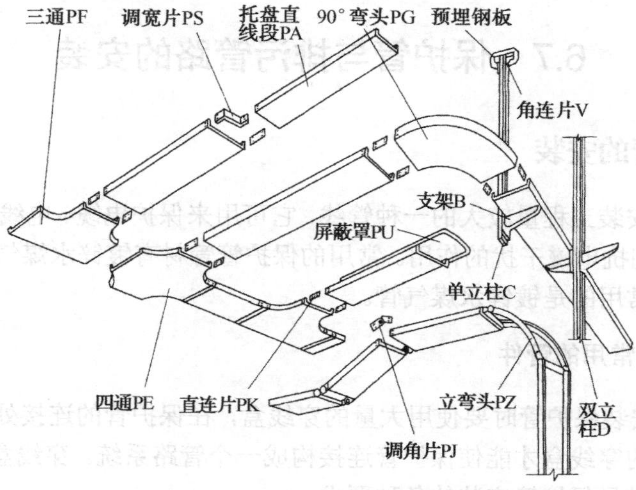

图 6.32 槽型仪表电缆托盘安装部件组合图

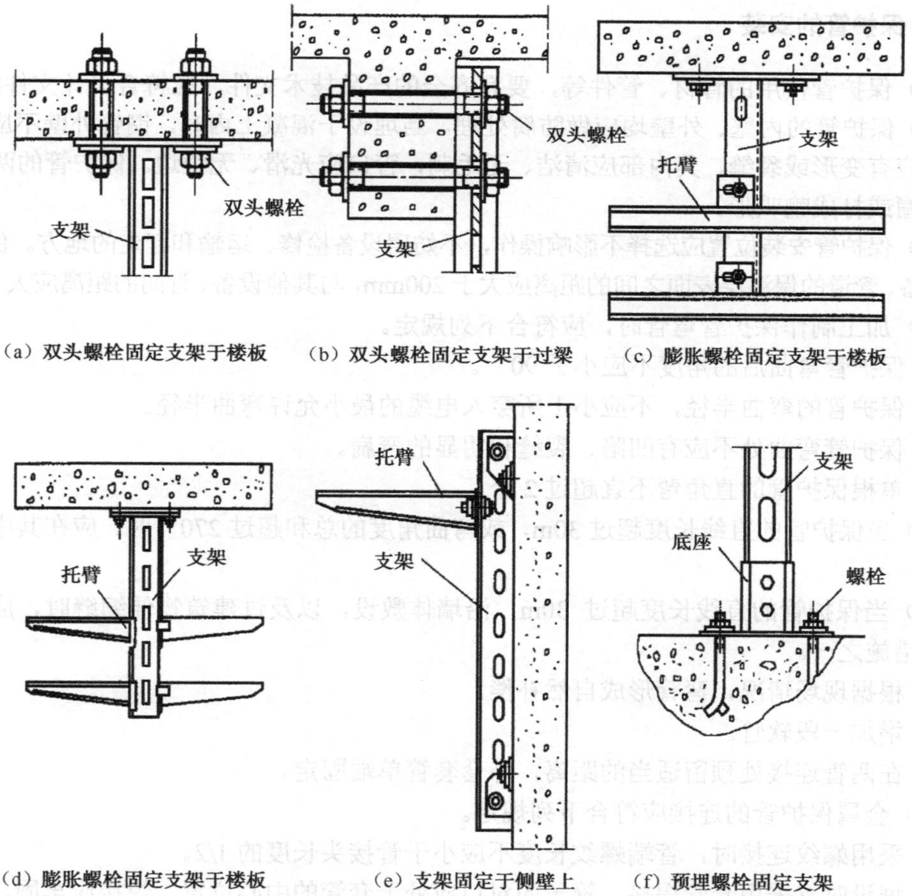

（a）双头螺栓固定支架于楼板　（b）双头螺栓固定支架于过梁　（c）膨胀螺栓固定支架于楼板

（d）膨胀螺栓固定支架于楼板　（e）支架固定于侧壁上　（f）预埋螺栓固定支架

图 6.33 仪表电缆桥架、支架固定安装图

6.7 保护管与排污管路的安装

6.7.1 保护管的安装

保护管是仪表安装工程量较大的一种管线，它可用来保护电缆、电线和补偿导线的金属保护管，同时还能起到抗电磁干扰的作用。常用的保护管管材有镀锌水煤气管、镀锌有缝钢管和硬聚氯乙烯管，最常用的是镀锌水煤气管。

1. 保护管安装常用的管件

（1）穿线盒。安装保护管时要使用大量的穿线盒，在保护管的连接处、分支处、拐弯处都必须使用各种形式的穿线盒才能使保护管连接构成一个管路系统。穿线盒的规格、形式、壳体结构种类齐全，能满足保护管安装的各种要求。

（2）管件。保护管安装用的管件，材质多为铸铝。

2. 保护管的安装

（1）保护管使用的管材、管件等，要有齐全的产品技术文件，应符合设计文件的要求。

（2）保护管的内壁、外壁均应做防腐处理。当埋设于混凝土内时，钢管外壁不应涂漆。保护管不应有变形或裂缝，其内部应清洁、无毛刺，管口应光滑、无锐边。保护管的两端管口应带护线帽或打成喇叭形。

（3）保护管安装位置应选择不影响操作，不妨碍设备检修、运输和行走的地方。保护管与保温的设备、管道的保温层表面之间的距离应大于200mm，与其他设备、管间的距离应大于150mm。

（4）加工制作保护管弯管时，应符合下列规定。

① 保护管弯曲后的角度不应小于90°。

② 保护管的弯曲半径，不应小于所穿入电缆的最小允许弯曲半径。

③ 保护管弯曲处不应有凹陷、裂缝和明显的弯扁。

④ 单根保护管的直角弯不宜超过2个。

（5）当保护管的直线长度超过30m，或弯曲角度的总和超过270°时，应在其中间加装拉线盒。

（6）当保护管的直线长度超过30m，沿墙体敷设，以及过建筑物伸缩缝时，应采用下列热膨胀措施之一。

① 根据现场情况，弯管形成自然补偿。

② 增加一段软管。

③ 在两管连接处预留适当的距离，外套套管单端固定。

（7）金属保护管的连接应符合下列规定。

① 采用螺纹连接时，管端螺纹长度不应小于管接头长度的1/2。

② 埋设时宜采用套管焊接，管子的对口应处于套管的中心位置。焊接应牢固，焊口应严密，并应做防腐处理。

③ 镀锌管及薄壁管应用螺纹连接或套管紧定螺栓连接，不应采用熔焊连接。

④ 在可能有粉尘、液体、蒸汽、腐蚀性或潮湿气体进入管内的位置敷设的保护管，其两端管口应密封。

（8）保护管与检测元件或就地仪表之间，应用金属挠性管连接，管口应低于设备进线口约 250mm，并应设有防水弯。与就地仪表箱、接线箱、拉线盒等连接时应密封，管口加护线帽，并将管固定牢固。

（9）埋设的保护管应选最短路径敷设，埋入墙或混凝土内时，离表面的净距离不应小于 15mm，外露的管门要用塑料布包扎保护。埋地保护管与公路、铁路交叉时，管顶埋入深度要大于 1m，与排水沟交叉时，离沟底的净距离要大于 0.5m。

（10）保护管应排列整齐、固定牢固。用管卡或 U 形螺栓固定时，在同一直线上固定点间距应均匀。支架要固定牢固，横平竖直，整齐美观。保护管支架间距不应大于 2m，而在拐弯、伸缩缝两侧和终端位置均应安装支架。在金属结构上和混凝土构筑物的预埋件上安装的支架要用焊接固定。在混凝土上安装支架，宜用膨胀螺栓固定。

（11）保护管沿塔、容器的梯子安装时，一般沿梯子左侧安装。保护管若横跨塔、容器的梯子安装时，应安装在梯子的后面，其位置应在人上下梯子时脚接触不到的地方。

（12）保护管有可能受到凉水或潮湿气体浸入时，应在其最低点采取排水措施。穿墙保护套管或保护罩两端延伸出墙面的长度，不应大于 30mm。保护管穿过楼板时应有预埋件，当需在楼板或钢平台开孔时，开孔的位置要适当，大小适宜，不得切断楼板内的钢筋或平台钢梁。埋设的保护管引出地面时，管口宜高出地面 200mm；当从地下引入落地式仪表盘、柜、箱时，宜高出盘、柜、箱内地面 50mm。

（13）保护管与电缆槽连接时，保护管引出口的位置应在电缆高度的 2/3 左右，不准从槽的底部开孔，不准用电焊或气焊切割，开孔后边沿要磨光毛刺并补涂油漆。

6.7.2　管路的密封试验

仪表管路安装后应按下列要求进行严密性试验。

（1）安装完毕的仪表管道，在试验前进行检查，不得有漏焊、堵塞和错焊现象。

（2）仪表管路的压力试验应以液体为试验介质。仪表气源管路和气动信号管路，以及设计压力小于或等于 0.6MPa 的仪表管路，可以采用气体为试验介质。

（3）液体试验压力应为 1.5 倍的设计压力，当达到试验压力后，稳压 10min，再将试验压力降至设计压力，停压 10min，以压力不降、无泄漏为合格。

（4）气压试验压力应为 1.15 倍的设计压力，试验时应逐步缓慢升压，达到试验压力后，稳压 10min，再将试验压力降至设计压力，停止 5min，以发泡剂检验不泄漏为合格。

（5）当工艺系统规定进行真空度或泄漏性试验时，其内的仪表管路系统应随同工艺系统一起进行试验。

（6）液压试验介质应使用洁净水。当对奥氏体不锈钢管路进行试验时，水中氯离子含量不得超过 25mg/L，试验后应将液体排净。在环境温度 5℃以下进行试验时，应采取防冻措施。气体试验介质应使用空气或氮气。

（7）压力试验用的压力表经检定合格，其准确度不得低于 1.5 级，刻度满度值应为试验压力的 1.5～2 倍。

（8）压力试验过程中，若发现泄漏现象，应泄压后再修理。修复后，应重新试验。

（9）压力试验合格后，应在管道的另一端泄压，检查管道是否堵塞，并应拆除压力试验用的临时堵头或盲板。

被测介质为液体或蒸汽的管路的严密性试验应尽量随同工艺系统一起进行，因此必须在工艺系统试压前做好试密的一切准备工作。在工艺系统开始升压前，打开仪表管路的一次阀门和排污阀门冲洗管路，检查管路是否畅通，有无堵塞现象，然后关闭排污阀，待压力升至试验压力时，检查仪表管路有无渗漏现象。

被测介质为气体的仪表管路，一般应单独进行严密性风压试验，不能随工艺系统一同进行以液体为试验介质的严密性试验。

6.7.3 排污管路的安装

为了仪表的正常运行，在日常维护中需定期冲洗仪表测量管路内部的污物，一般在仪表测量管路安装时安装排污阀门。在同一地点所安装的排污阀门后的导管，可集中到装有漏头的排污管，引入地沟或就近排入地沟。

排污漏斗的大小应满足污水排放时不至于飞溅的要求，排泄介质工作压力高于4MPa时，排污漏斗应加盖。漏斗的形式一般有以下三种。

（1）圆形漏斗。适用于数量不超过4根导管的排污，漏斗用厚度不小于1.5～2mm的钢板制成，其下端直径应与排污管直径相一致。

圆形漏斗制作展开图如图6.34所示。根据给定的尺寸（漏斗高度 H、上端直径 D 和下端直径 d），画出平面图，延长 AE 和 BF 得交点 O，以 O 为圆心、OA 和 OE 为半径，分别画弧，并以 OO' 为轴心对称地截取弧长，则 A' B' F' E' 为漏斗的展开图。

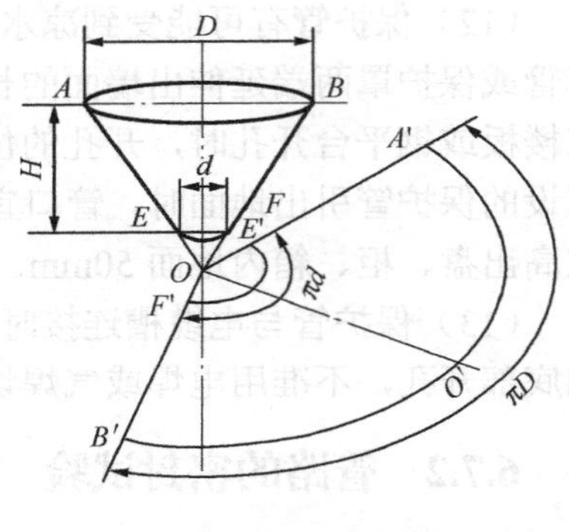

图6.34 圆形排污漏斗制作展开图

（2）方形漏斗。适用于一排或多排导管的排污，其形式如图6.35所示。

（3）由水煤气管制成的排污漏斗，如图6.36所示，它是用割成两半的公称直径 $DN25$ 以上水煤气管，在两侧焊上相同厚度的三角形钢板而制成的，同样适用于一排或两排导管的排污。

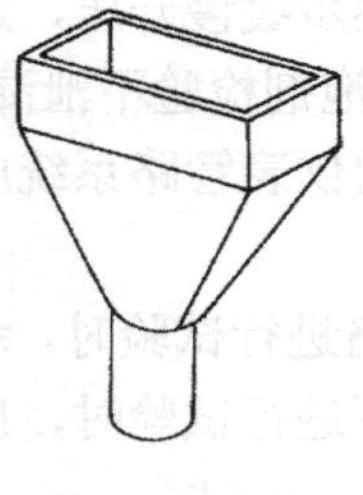

图6.35 方形排污漏斗

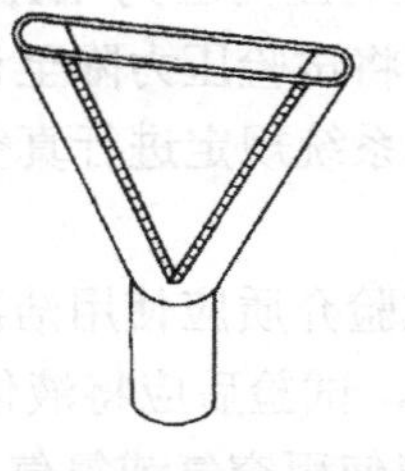

图6.36 由水煤气管制成的排污漏斗

排污管路的安装图例如图6.37和图6.38所示。

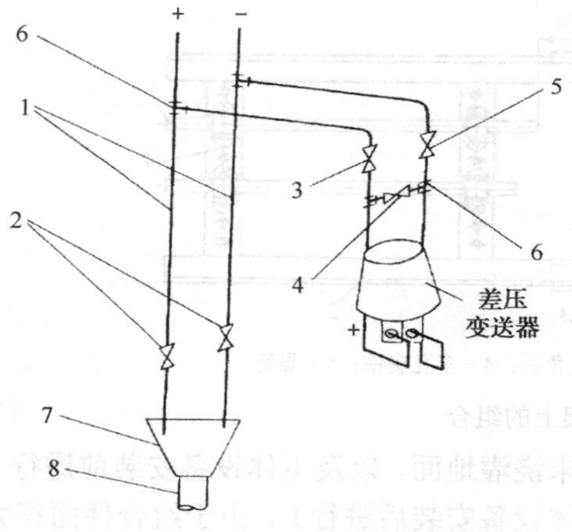

1—导管；2—排污阀门；3—正压阀门；4—平衡；
5—负压阀门；6—焊接三通；7—漏斗；8—排污管

图 6.37　差压测量仪表管路安装排污图

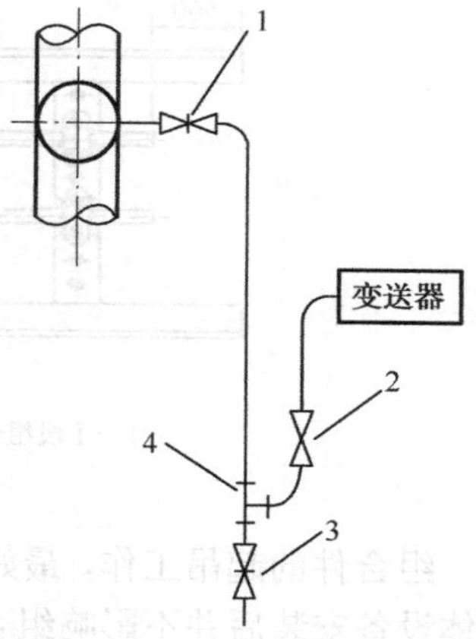

1—取源阀门；2—仪表阀门；3—排污阀门；
4—焊接三通

图 6.38　装设排污阀门的压力变送器管路系统

6.7.4　导管的组合安装

自动化系统安装工程中的仪表和导管的安装，一般要在厂房建成，主设备和工艺配管安装达 70%后才能进行，因此自动化系统安装工程一般时间都比较紧，工作量集中。为了合理安排施工计划，压缩施工高峰，加快施工进度，保证按时、优质地完成施工任务，一般都采用预组合和预加工配制的方法，即在未具备安装施工条件的情况下，先期在工作间内进行下列工作。

（1）将集中安装的变送器和附件进行组装。

（2）预制三阀组与仪表的连接导管和一次阀门、二次阀门、排污阀门的接头焊接及其连接件等。

（3）进行执行机构和附件的组合安装。

（4）仪表安装配件的加工和各种取源部件的组装。

（5）电缆桥架的制作。

其中，由于仪表管路组合所占的工作量较大，因此大力推广导管的组合施工方案，是加快自动化系统安装速度的一项重要措施。

仪表管路组合安装比较复杂，在确定组合方案前，应事先充分熟悉相关图纸资料，如平面布置图、设备安装平面图、工艺配管平面安装图、工艺控制流程图等。选择导管敷设线路，应保证其在水平面和垂直面上都不与建筑物、设备和管道发生碰撞，也不影响设备和工艺管道的安装和检修。

导管组合件一般采用吊桥型支架，其尺寸大小、分层数目及导管的排列，都应该符合安装空间的实际情况和现场的运输条件，并力求减少导管的交叉和便于焊口的焊接工作。组合件的长度，根据组合场地、运输起吊条件而定。当分段进行时，导管组合在支架上，与相邻组合件连接的一端，应比支架约短 500mm，如图 6.39 所示。在多层支架上敷设导管时，各层导管的端头应排列成阶梯形，以便焊接。

组合件预制完毕，应先涂刷一层防锈漆（在组合架和导管两端留出 50mm 长度暂不刷漆，以便焊接），放在适当地方妥善保管，其支架应直立存放，以免变形。

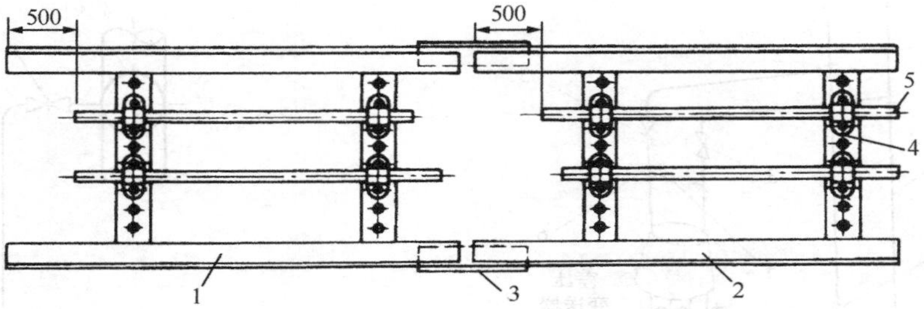

1—Ⅰ段组合件；2—Ⅱ段组合件；3—连接角铁；4—多孔扁铁；5—导管

图 6.39　导管在支架上的组合

组合件的起吊工作，最好在平台钢架安装后还未浇灌地面，以及主体设备安装前进行（当主体设备安装后并不影响组合件起吊时，也可在主体设备安装后进行）。由于组合件面积大且质量大，为避免在运输和起吊过程中产生弯曲、变形，需用杉杆临时加固。起吊时一般采用滑轮和拉绳，可按图 6.40（a）所示用人工起吊或按图 6.40（b）所示用卷扬机起吊，应采用水平起吊，起吊点不应少于两点。

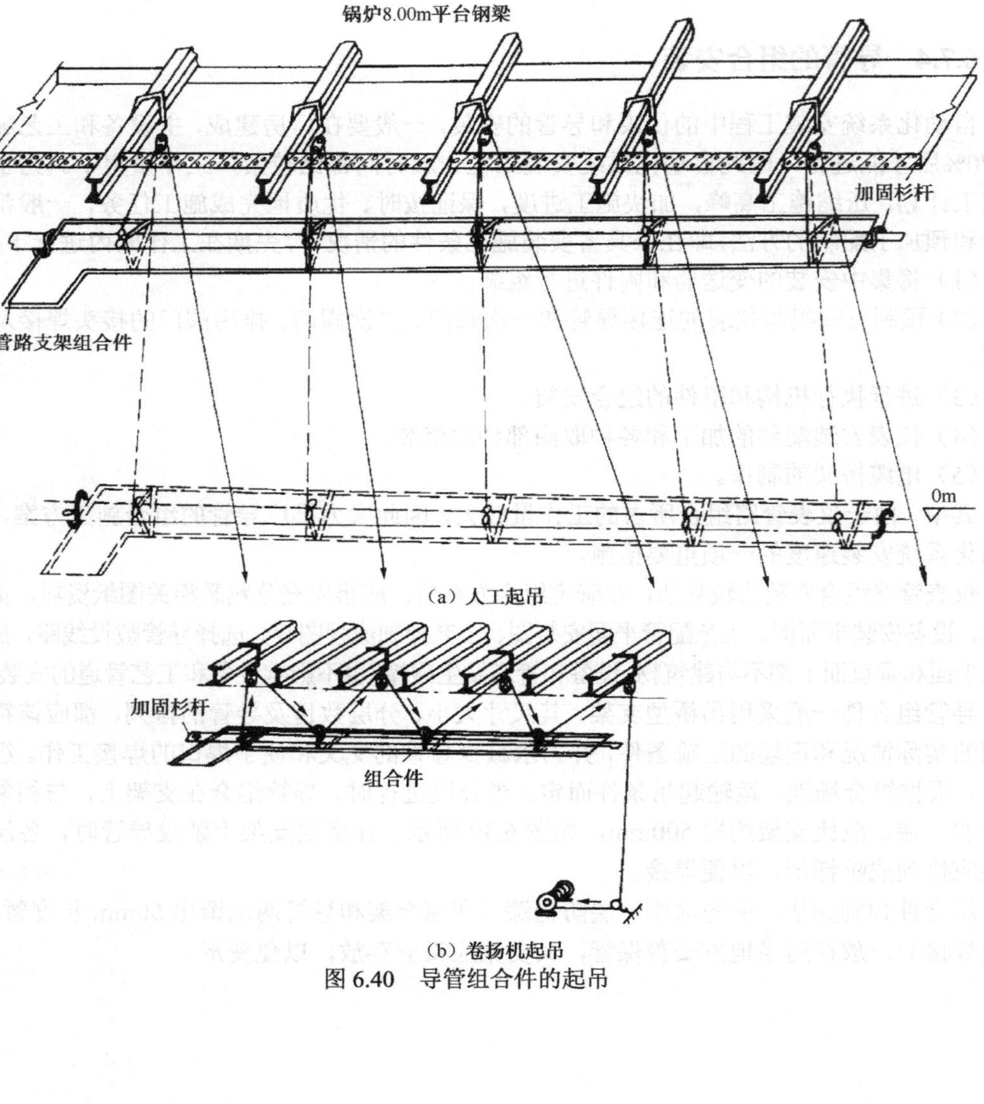

（a）人工起吊

（b）卷扬机起吊

图 6.40　导管组合件的起吊

组合件起吊后，应先固定吊架，各段组合件固定后，在相邻组合件之间用长约 100mm 的角铁，如图 6.39 所示，扣在主支架的外侧进行焊接，最后量出组合件之间短缺的管段长度，下料焊接接通。

实训课题

1. 导压管的安装。
2. 导压管的弯制步骤与安装。
3. 导压管支架敷设与安装。
4. 电缆槽支架固定安装。
5. 电缆桥架敷设安装。
6. 各种管路安装。

思考题

1. 管路安装前应做哪些检查准备工作？
2. 导压管安装应注意哪些事项？
3. 导压管敷设的坡度是如何要求的？导压管穿墙或楼板时有哪些要求？
4. 如何用工具弯制导压管？导压管支架敷设的间距是如何要求的？
5. 测量导压管低压、中压、高压是如何划分的？
6. 导压管有哪些连接方法？有哪些注意事项？
7. 电缆槽的安装有哪些要求？
8. 导压管的组合安装有什么意义？
9. 保护管的作用是什么？保护管安装有哪些要求？
10. 严密性试验有哪些要求？

第7章

自动化仪表盘的安装及配线

【知识目标】

1．熟悉仪表盘在控制室的安装方式。

2．了解仪表盘、柜、操作台的安装位置和安装方法。

3．熟悉仪表盘盘内信号线与电源线的敷设及配线方法。

【技能目标】

1．会仪表控制室主要设备的布局设计及安装。

2．熟悉仪表盘盘面布置图识读与仪表盘盘后配线。

3．会仪表盘盘后结构件（包括立柱、横带、线槽、端子）的安装。

【素质目标】

在以安装为主线的一体化教学过程中，培训学员的团队合作能力；专业技术交流的表达能力；制订工作计划的方法能力；获取新知识、新技能的学习能力；解决实际问题的工作能力。

7.1　仪表控制室盘（箱、柜、操作台）的安装

7.1.1　仪表盘（箱、柜、操作台）的安装要求

（1）仪表盘、柜、操作台的安装位置和平面布置，应按设计文件施工。就地仪表箱、保温箱和保护箱的位置，应符合设计文件要求，且应选在光线充足、通风良好和操作维修方便的地方。

（2）仪表盘、柜、操作台的型钢底座的制作尺寸，应与盘、柜、操作台相符，其直线度允许偏差为1mm/m，当型钢底座长度大于5m时，全长允许偏差为5mm。

（3）仪表盘、柜、操作台的型钢底座安装时，上面应保持水平，其水平度允许偏差为1mm/m。仪表盘型钢底座基础应在地面施工前安装完毕，其上表面应高出地面，高出的尺寸应与地面设计方案相协调，型钢底座应进行防腐处理。

（4）仪表盘、柜、操作台安装在有震动场所，应按设计文件要求采取防震措施。

（5）仪表盘、柜、箱安装在多尘、潮湿、有腐蚀性气体或爆炸和火灾危险环境中时，应按设计文件要求选型并采取密封措施。

（6）仪表盘、柜、操作台之间及盘、柜、操作台内各设备构件之间的连接应牢固，安装用的紧固件应为防锈材料。安装固定不应采用焊接方式。

（7）单独的仪表盘、箱、柜、操作台的安装应符合下列规定。

① 应垂直、平整、牢固。

② 垂直度允许偏差为 1.5mm/m。

③ 水平度允许偏差为 1mm/m。

（8）成排的仪表盘、箱、柜、操作台的安装，除应符合单独盘、箱、柜、操作台的安装规定外，还应符合下列规定。

① 同一系列规格相邻两盘、柜、台的顶部高度允许偏差为 2mm。

② 当同一系列规格盘、柜、台间的连接处超过 2 处时，顶部高度允许偏差为 5mm。

③ 相邻两盘、柜、台接缝处正面的平面度允许偏差为 1mm/m。

④ 当盘、柜、台间的连接处超过 5 处时，正面的平面度允许偏差为 5mm/m。

⑤ 相邻两盘、柜、台之间接缝的间隙不大于 2mm。

（9）仪表箱、保温箱、保护箱的安装应符合下列要求。

① 应垂直、平整、牢固。

② 垂直度允许偏差为 3mm/m；当箱的高度大于 1.2m 时，垂直度允许偏差为 4mm/m。

③ 水平度允许偏差为 3mm/m。

④ 成排安装时，应整齐美观。

⑤ 安装及加工中严禁使用气焊方法。

⑥ 就地接线箱的安装应符合下列规定。

- 周围环境温度不宜高于 45℃。
- 到各测量点的距离应适当，箱体中心距操作地面的高度宜为 1.2～1.5m。
- 不应影响操作、通行和设备维修。
- 接线箱应密封并标明编号，箱内接线应标明线号。

7.1.2　控制室仪表盘的排列形式

控制室仪表盘的排列应便于操作，并使操作人员能观察到尽可能多的盘面。仪表盘应面向生产装置，排列形式应根据盘的数量、经济、实用、美观和安装条件等因素确定。目前工厂控制室中仪表盘多为直线形排列，这是因为直线形排列时，地沟构造简单，施工方便，盘前区整齐宽敞。但若盘数量多，盘面太宽，观察时往往要来回走动，而且当控制室坐北朝南或坐西朝东时，由于采光位于仪表盘对面，易产生眩光现象。

折线形布置比较紧凑，面积可缩小，观察方便，但盘前区狭小些，安装比直线形要复杂一些。常见排列形式还有弧线形、Γ形和Π形等。根据需要可预留备用盘的位置。仪表盘排列形式如表 7.1 所示。

表 7.1　仪表盘排列形式

布置形式		经济效果		使用效果		美观效果	安装	适用的控制室
名称	示意图	单位操纵台监测仪表盘数量	占地面积	视觉	眩光			
直线形	————	最小	较大	较差	难避免	整齐宽敞	方便	中、小型

续表

布置形式		经济效果		使用效果		美观效果	安装	适用的控制室
名称	示意图	单位操纵台监测仪表盘数量	占地面积	视觉	眩光			
折线形		较多	较小	较好	可减少	一般	较方便	大、中型
Γ形		较小	较小	较好	可减少	一般	较方便	中、小型
弧形		一般	一般	较好	可减少	弧度适中时较好	较方便	大型
Π形		较多	较小	一般	较少	一般	方便	大型

仪表控制室的面积主要考虑其长度、进深，以及盘前、盘后区大小的分配，以便于安装、维修和日常操作。

仪表控制室的长度主要根据仪表盘的数量和布置形式来确定，如仪表盘为直线形排列时，其长度一般等于仪表盘总宽度加门屏的宽度，其他形式布置时根据具体情况来决定。

仪表控制室的进深是根据其规模、仪表盘类型、仪表盘后辅助设备的数量、有无操纵台等因素决定的。进深 $L=A+B+S+C$，如图 7.1 所示，图中，S 表示操纵人员的眼睛至仪表盘的水平距离。水平距离短，清晰度高，但在同等视角范围内能管理的仪表盘数也少。根据我国成年人的平均身高，以监视 3m 宽度的仪表盘和盘上离地面 0.8m 左右的设备计算，有操纵台时，取 S 为 2.5～4m 较合适；无操纵台时，取 $S\geqslant3.5$m。A 表示盘后区的深度，是指仪表盘后边沿至墙面的距离。一般地，框架式仪表盘和后开门的柜式仪表盘，常取 A 为 1.5～2m；通道式仪表盘可取 A 为 0.8～1.0m。

当盘后有辅助设备时，还应加上辅助设备的宽度。B 表示仪表盘进深，一般取 B 为 0.6～0.9m。总之，有操纵台时，$L\geqslant7.5$m；无操纵台时，$L\geqslant6$m；大型控制室长度超过 20m 时，$L>9$m；小型控制室仪表盘数量较少时，进深可适当减小。

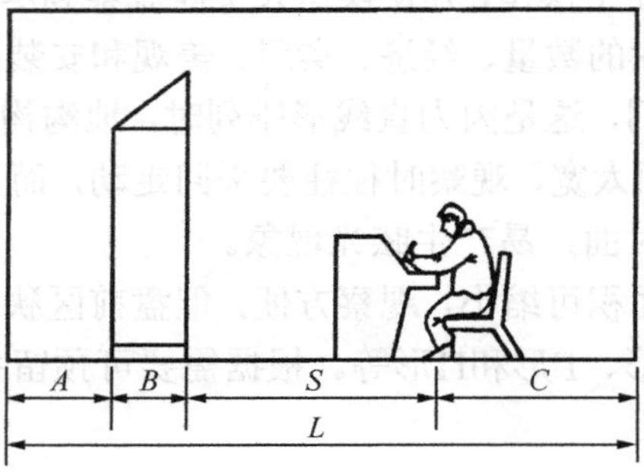

图 7.1　仪表控制室尺寸图

仪表控制室的位置选择、建筑结构、采光和照明、空调和采暖、进线方式和电缆管缆敷设方式、通信和安全保护措施等方面要求与 DCS 控制室基本类似。

7.1.3　仪表控制室平面布置图

仪表控制室平面布置图中，应表示出安装位置，如仪表盘、操作台、继电器箱、总供电盘、端子柜、安全栅柜、辅助盘等。

仪表控制室平面布置图一般采用 1∶50 的比例绘制；根据已确定的控制室在工艺生产装置区中的位置，标出了其定位轴线编号；根据控制室的建筑要求，用规定的符号画出了围墙、墙柱、门和窗；注意控制室的朝向和开门方向。在图纸右下角通常有标题栏和设备表，从中可以了解控制室内的所有仪表设备的名称、规格、型号和数量等信息。

仪表控制室的平面布置图如图 7.2 所示。这间控制室的建筑面积为 9000mm×6000mm，朝向为坐北朝南，南墙上设有玻璃窗供自然采光。仪表盘排列成直线形，两侧分别设置一个侧门。图中，1IP～6IP 为框架式仪表盘，其顶部设有半模拟仪表盘 1GP～3GP（图中未示出）。图中的设备如表 7.2 所示。

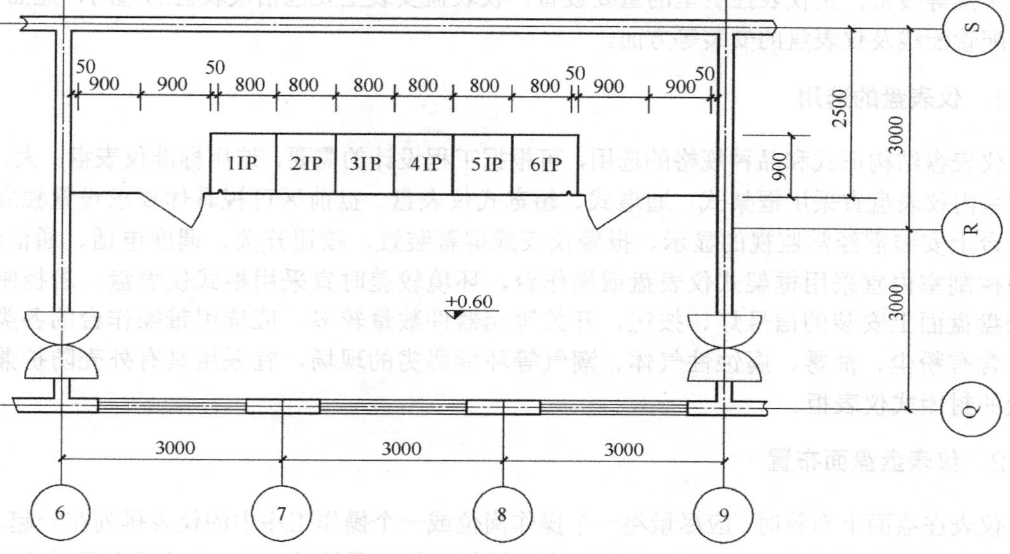

图 7.2 仪表控制室的平面布置图

表 7.2 仪表控制室设备

序 号	位号或符号	名称及规格	型 号	数 量
1	1IP	框架式仪表盘（2100×800×900）	KK—23	1
2	6IP	框架式仪表盘（2100×800×900）	KK—32	1
3	2IP～5IP	框架式仪表盘（2100×800×900）	KK—33	1
4		屏式仪表盘（2100×900）	KP—43	1
5		屏式仪表盘（2100×900）	KP—34	1
6		左侧门（2100×900）	KMZ	1
7		右侧门（2100×900）	KMY	1
8	1GP	半模拟仪表盘（700×1600）	KN—43	1
9	2GP	半模拟仪表盘（700×1600）	KN—33	1

续表

序　号	位号或符号	名称及规格	型　号	数　量
10	3GP	半模拟仪表盘（700×1600）	KN—34	1
11		半模拟仪表盘（700×1800）	KN—43	1
12		半模拟仪表盘（700×1800）	KN—34	1

7.1.4 仪表盘安装规则

仪表盘主要用来安装显示、控制、操纵、运算、转换和辅助类仪表，以及电源、气源和接线端子排等装置，是仪表控制室的重要设备。仪表盘安装主要包括仪表盘的选用、盘面布置、盘内配管配线及仪表盘的安装等方面。

1. 仪表盘的选用

仪表盘结构形式和品种规格的选用，可根据工程设计的需要，选用标准仪表盘。大、中型控制室内仪表盘宜采用框架式、通道式、超宽式仪表盘。盘前区可视具体要求设置独立操作台，台上安装需经常监视的显示、报警仪表或屏幕装置、按钮开关、调度电话、通信装置。小型控制室内宜采用框架式仪表盘或操作台，环境较差时宜采用柜式仪表盘。若控制室内仪表盘盘面上安装的信号灯、按钮、开关等元器件数量较多，应选用带操作台的各类仪表盘。含有粉尘、油雾、腐蚀性气体、潮气等环境恶劣的现场，宜采用具有外壳防护兼散热功能的封闭式仪表柜。

2. 仪表盘盘面布置

仪表在盘面上布置时，应尽量将一个操作岗位或一个操作工序中的仪表排列在一起。仪表的排列应参照流程顺序，从左至右进行。当采用复杂控制系统时，各台仪表应按照该系统的操作要求排列。采用半模拟盘时，模拟流程应与仪表盘上相应的仪表尽可能相对应。半模拟盘的基色与仪表盘颜色应协调。

仪表盘盘面上仪表布置的高度一般分成三段：上段距地面标高1650～1900mm，通常布置指示仪表、闪光报警仪、信号灯等监视仪表；中段距地面标高1000～1650mm，通常布置控制仪、记录仪等需要经常监视的重要仪表；下段距地面标高 800～1000mm，通常布置操作器、遥控板、开关、按钮等操作仪表或元件。

采用通道式仪表盘时，架装仪表的布置一般也分三段：上段一般设置电源装置；中段一般设置各类给定器、设定器、运算单元等；下段一般设置配电器、安全栅、端子排等。仪表盘盘面上安装仪表的外形边沿至盘顶距离应不小于 150mm，至盘边距离应不小于 100mm。

仪表盘盘面上安装的仪表、电气元件的正面下方应设置标有仪表位号及内容说明的铭牌框（板）。背面下方应设置标有与接线（管）图相对应的位置编号的标志，如不干胶贴等。根据需要允许设置空仪表盘或在仪表盘盘面上设置若干安装仪表的预留孔，预留孔尽可能安装仪表盲盖。

3. 仪表盘盘内配线和配管

仪表盘盘内配线可采用明配线和暗配线。明配线要挺直，暗配线要用汇线槽。仪表盘盘内配线数量较少时，可采用明配线方式；配线数量较多时，宜采用汇线槽暗配线方式。仪表盘盘内信号线与电源线应分开敷设。信号线、接地线及电源线端子间应采用标记端子隔开。

仪表盘相互间有连接电线（缆）时，应通过两盘各自的接线端子或接插件连接。进出仪表盘的电线（缆），除热电偶补偿导线及特殊要求的电线（缆）外，应通过接线端子连接。本安电路、本安关联电路的配线应与其他电路分开敷设。本安电路与非本安电路的接线端子应分开，其间距不小于 50mm。本安电路的导线颜色应为蓝色，本安电路的接线端子应有蓝色标记。

仪表盘盘内气动配管一般采用紫铜管或 PVC 护套的紫铜管，进出仪表盘必须采用穿板接头，穿板接头处应设置标有用途及位号的铭牌。

4. 仪表盘正面布置

在仪表盘正面布置图中，表示出仪表在仪表盘、操作台和框架上的正面布置位置，标注出仪表位号、型号、数量、中心线与横坐标尺寸，并表示出仪表盘、操作台和框架的外形尺寸及颜色。

仪表盘正面布置图一般以 1∶10 的比例绘制；当仪表采用高密度排列时，也可用 1∶5 的比例绘制。盘上安装的仪表、电气设备及元件，在其图形内（或外）水平中心线上标注仪表位号或电气设备、元件的编号，中心线下标注仪表、电气设备及元件的型号，而每块仪表盘也在下部标注出其编号和型号。

为了便于标明仪表盘上安装的仪表、电气设备及元件等的位号和用途，在它们的下方均设置了铭牌框。大铭牌框用细实线矩形线框表示，小铭牌框用一条短粗实线表示，不按比例。

仪表在盘正面的位置尺寸是这样标注的：横向尺寸线从每块盘的左边向右边，或从中心线向两边标注；纵向尺寸线应自上而下标注，所有尺寸线均不封闭（封闭尺寸加注了括号）。

仪表盘正面布置情况如图 7.3 所示。这里选用了框架式仪表盘，其中，1 号盘 1IP 上配置了电动控制仪表，2 号盘 2IP 上配置了气动控制仪表。仪表盘的颜色为苹果绿色。首尾两块仪表盘设置了装饰边，其宽度为 50mm。安装在盘面上的全部仪表、电气设备及元件，分盘完整地列在设备表中。仪表盘中的仪表及电气设备的型号和规格如表 7.3 所示。读图时，将仪表盘正面布置图和设备表中的内容结合起来，予以对照，以便了解其详细而准确的信息。

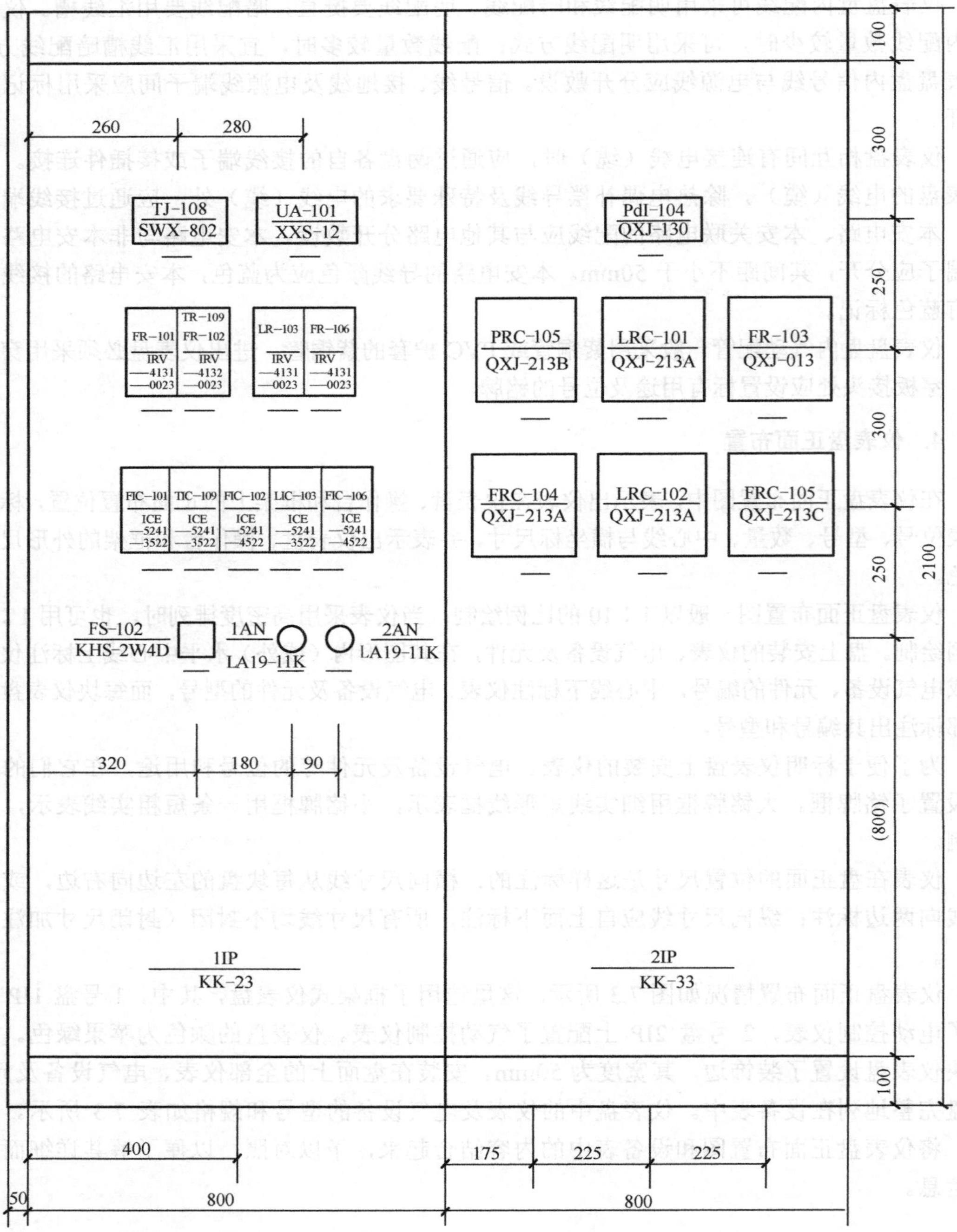

图 7.3　仪表盘正面布置图

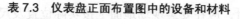

表 7.3 仪表盘正面布置图中的设备和材料

序 号	位号或符号	名称及规格	型 号	数 量	备 注
		1IP			
1	1IP	框架式仪表盘（2100×800×900）	KK—23	1	
2	FIC—101、TIC—109、LIC—103	指示调节器	ICE—5241—3522	3	
3	FIC—102、FIC—106	指示调节器	ICE—5241—4522	2	
4	FR—101	记录仪，0～6300kg/h，方根刻度	IRV—4131—0023	1	
5	FR—106	记录仪，0～5000kg/h，方根刻度	IRV—4131—0023	1	
6	TR—109/FR—102	记录仪，0～100℃，0～1600kg/h，方根刻度	IRV—4132—0023	1	
7	LR—103	记录仪，0%～100%	IRV—4131—0023	1	
8	TJ—108	数字温度巡检仪，Pt 100，0～100℃	SWX—802	1	
9	UA—101	闪光报警器	XXS—12	1	
10	FS—102	塑料分头转换开关	KHS—2W4D	1	
11	1AN	控制按钮	LA19—11K	1	消声
12	2AN	控制按钮	LA19—11K	1	试验
		小铭牌框		14	
		2IP			
1	2IP	框架式仪表盘（2100×800×900）	KK—33	1	
2	PRC—105	气动指示记录调节仪，0～10MPa	QXJ—231B	1	
3	FRC—104	气动指示记录调节仪，0～8000kg/h，方根刻度	QXJ—213A	1	
4	LRC—101、LRC—102	气动指示记录调节仪，0%～100%	QXJ—213A	2	
5	FRO—105	气动指示记录调节仪，0～5000kg/h，方根刻度	QXJ—213C	1	
6	PR—103	气动一笔记录仪，0～800m³/h，方根刻度	QXJ—013	1	
7	PdI—104	气动条型指示仪，0%～100%	QXJ—130	1	
8		小铭牌框		7	

7.1.5 仪表盘（操作台）底座的安装

仪表盘安装包括控制室操作台的安装，先要制作一个仪表盘座，其底座的大小应与仪表盘底大小一致。底座由 10#槽钢焊接而成，焊接时，槽钢的槽面向里，使底座的高度正好为 100mm。焊接完成后要打磨，不能有毛刺和焊瘤。焊接过程中要注意焊接变形，并要做防腐处理。

成排布置的盘、台的底座应包括设计指明的备用盘、台宽度。在自由端，一般可伸出盘沿 5～10mm，作为富余长度。装有边盘时，应考虑边盘的宽度。底座制成矩形，过长时，中间可增加焊条。

当盘、台为弧形布置时，应在安装现场地面上按实际位置及尺寸画出实样，先找出圆心，画出各圆弧，然后从第一块盘、台开始，依次按盘、台底部实际宽度截取弧长，以下料、拼料。

底座制作前，型钢应进行调平、调直，制作时严禁用气割下料，底座应在平整的平台上进行制作，用水平尺、铁角尺找平、找正后，用电焊点上这样反复几次，当水平误差不大于0.15%，对角误差不大于3mm，长度和宽度比实际尺寸不大于5mm时，才能将焊口焊好。

盘、台底座应在地面或平台二次抹面前进行。盘、台底边应高出地面10～20mm，以便正常维护时，防止做清洁工作时污水流入表盘。底座安装前，应清理基础地面或基础沟，将预埋的钢板、钢筋头等铁件找出来，并将突出不平点修理剔平，然后根据设计图纸，找出盘、台的安装中心线，确定底座的安装位置。

将底座就位后，根据盘、台的中心找正，再用水平仪找平，用预先准备好的不同厚度的垫铁在底座下进行调整，垫铁间距不应超过1m。沿盘宽面方向，盘面端宜稍高于盘后端 1～1.5mm，以弥补由于盘前仪表自重所造成的自然倾斜。

稳盘应符合下列规定。

（1）底座由E10槽钢焊接而成。焊接时，槽钢的槽面向里，使底座的高度正好为100mm。基础槽钢也可用来制作集散系统盘的底座，其做法与要求同仪表盘底座。

（2）底座在控制室地面没处理完时安装，因控制室地面标高不准，地面不平，会影响仪表盘的安装质量。处理完地面再安装仪表盘也不妥，因为在安装仪表盘底座时，不可避免地要损坏地面。因此，控制室仪表盘底座的安装要抓住安装的最佳时机。

（3）对于有防静电和防潮地板的控制室，仪表盘底座的安装比较灵活，因为底座固定的地面在防静电地板的下面。

（4）单独仪表盘的安装。垂直度每米不超过1.5mm，水平倾斜度每米不超过1mm。

（5）成排仪表盘的安装。垂直度每米不超过1.5mm，相邻两盘的高度差不超过2mm。连接处多于两处的盘顶最大高度差不超过5mm，盘之间的间隙不允许超过2mm。盘正面的平面度相邻两盘不能超过1mm，多于5处时，盘面连接的平面度不能超过5mm。

（6）仪表盘搬上底座找平、找正时，可先精确调整第一块盘，再以第一块盘为标准将其他盘逐次调整，可以从左至右，也可以从右至左，也可先调中间一块，然后左右分开调整（弧形布置的盘应先找中间的一块）。找正、找平后，应紧固地脚螺栓，并再次复核垂直度。

（7）仪表盘的平面度、垂直度要求拉线用水平尺量，盘之间的间隙用塞尺测量，要求很严格。

（8）仪表盘间螺丝孔相互对正后，扣上盘间螺栓，调整盘间螺栓和垫铁厚度，使相邻盘面无参差不齐的现象，然后拧紧盘间螺栓，调整倾斜度，使之符合要求。

（9）控制盘于内、外工作结束后，投入运行前，应重新修饰及喷漆。在盘内电缆、导管敷设完毕后，盘底地面上的孔洞应封闭严密。

7.1.6 墙挂式箱、盘的安装

墙挂式箱、盘可以直接安装在墙上、主构架上，也可以安装在支架上。安装在墙上时，可用膨胀螺栓固定，螺栓的埋设深度一般为120～150mm。

如果箱、盘安装在支架上，应先加工好支架，并在支架上钻好固定螺栓的孔眼，然后将支架安装在墙上或主构架上。支架固定在钢构架上时，可使用电焊连接。

仪表盘、箱、柜、操作台的安装示例如图7.4～图7.7所示。

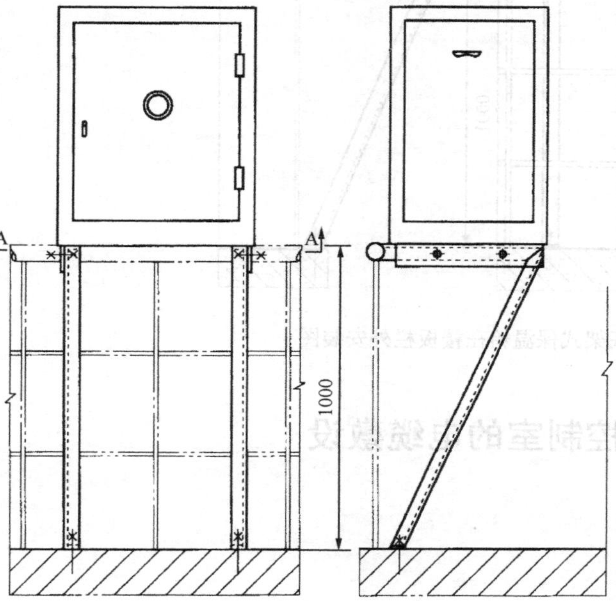

图 7.4　底架式保温箱在楼板栏杆内安装图

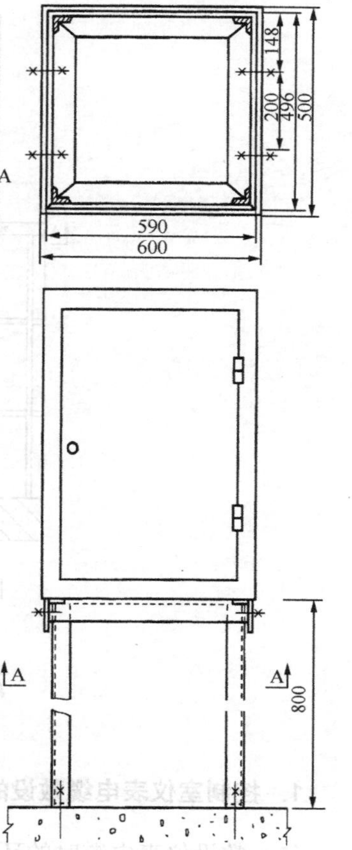

图 7.5　底架式保温箱在地面上安装图

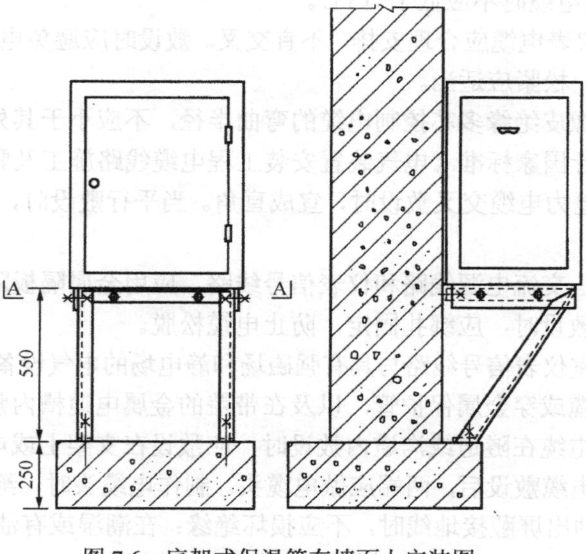

图 7.6　底架式保温箱在墙面上安装图

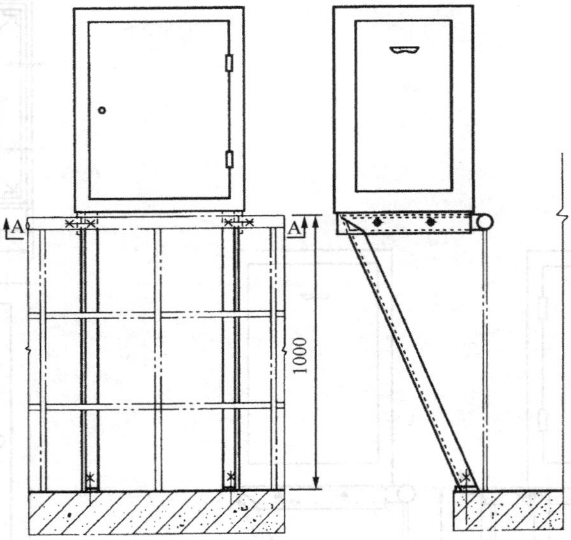

图 7.7　底架式保温箱在楼板栏外安装图

7.2　控制室的电缆敷设

1. 控制室仪表电缆敷设的要求

（1）敷设仪表电缆时的环境温度。

① 敷设塑料绝缘电缆时不应低于 0℃。

② 敷设橡皮绝缘电缆时不应低于-15℃。

（2）敷设控制室仪表电缆应合理安排，不宜交叉。敷设时应避免电缆间及电缆与其他硬体之间的摩擦，固定时，松紧应适当。

（3）塑料绝缘、橡皮绝缘多芯控制电缆的弯曲半径，不应小于其外径的 10 倍。电力电缆的弯曲半径应符合现行国家标准《电气装置安装工程电缆线路施工及验收规范》的有关规定。

（4）仪表电缆与电力电缆交叉敷设时，宜成直角。当平行敷设时，其相互间的距离应符合设计文件规定。

（5）在电缆槽内，交流电源线路和仪表信号线路，应用金属隔板隔开敷设。

（6）电缆沿支架敷设时，应绑扎固定，防止电缆松脱。

（7）敷设的控制室仪表信号线路与具有强磁场和静电场的电气设备之间的净距离，宜大于 1.5m；当采用屏蔽电缆或穿金属保护管，以及在带盖的金属电缆槽内敷设时，宜大于 0.8m。

（8）控制室仪表电缆在隧道或沟道内敷设时，应敷设在支架上或电缆槽内。

（9）控制室仪表电缆敷设后，两端应做电缆头。制作电缆头时，绝缘带应干燥、清洁、无褶皱、层间无空隙；抽出屏蔽接地线时，不应损坏绝缘；在潮湿或有油污的位置，应有相应的防潮、防油措施。

（10）综合控制系统和数字通信线路的电缆敷设应符合设计文件和产品技术文件的要求。

（11）设备附带的专用控制室仪表电缆，应按产品技术文件的说明敷设。

（12）补偿导线应穿保护管或在电缆槽内敷设，不应直接埋地敷设。

（13）当补偿导线与测量仪表之间不采用切换开关或冷端温度补偿器时，宜将补偿导线和仪表直接连接。对补偿导线进行中间或终端接线时，不得接错极性。

（14）控制室仪表信号线路、仪表供电线路、安全联锁线路、补偿导线及本质安全型仪表线路和其他特殊仪表线路，应分别采用各自的保护管。

控制室仪表电缆敷设连接如图 7.8 所示。

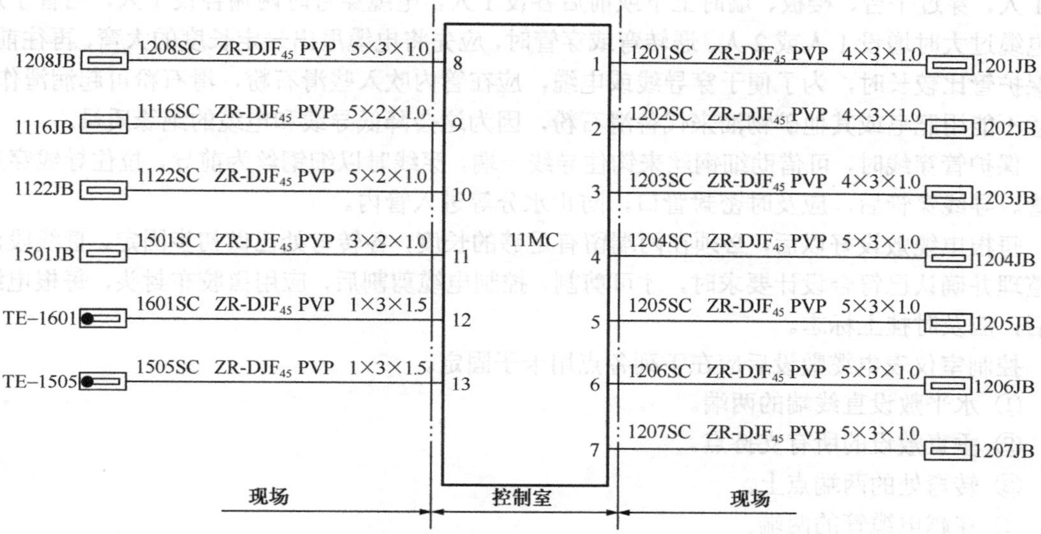

图 7.8　控制室仪表电缆敷设连接

2. 控制室仪表电缆敷设路径的选择

选择控制室仪表电缆敷设的路径时，一般应符合下列要求。

（1）控制室仪表电缆应沿最短的路径敷设。

（2）电缆应尽量集中敷设，以使电缆排列整齐、美观。

（3）控制室仪表电缆敷设应躲开设备起吊孔、防爆门和窥视孔等。敷设位置不应影响设备和管道检修及拆装。

（4）与热表面平行或交叉敷设时，应保持一定距离。平行时一般不小于 500mm，交叉时不小于 200mm。

（5）在易积粉尘和易燃地方敷设时，应采用封闭电缆槽或电缆保护管。控制室仪表电缆保护管的内径，一般为电缆外径的 1.5～2 倍。保护管弯头最多不超过两个，超过两个时应加装中间盒。电缆保护管的弯曲半径，应符合所穿入电缆弯曲半径的规定。

（6）控制电缆与电力电缆应分层敷设，控制电缆应在电力电缆之下。

3. 控制室仪表电缆敷设注意事项

仪表用的电缆在使用前应做外观检查和导通检查与试验，并要测试其电缆芯向和电缆芯与外保护层、绝缘层之间的绝缘情况，其电阻值不应小于 5MΩ。

补偿导线在敷设前应认真核对型号与分度号。

控制室仪表电气线路不能在高温工艺设备、管道的上方平行敷设，也不能在有腐蚀性液体介质的工艺设备、工艺管道的下方平行敷设，要在它们的侧面平行敷设。

控制室仪表电缆敷设应尽量做到横看成线，纵看成片，引出方向一致，弯度一致，余度一致，松紧适当，相互间距离一致，挂牌位置一致，达到整齐美观。

在仪表电缆敷设时，一般要向全体施工人员交底，交清敷设电缆的根数、始末端、工艺要求及安全注意事项，并确定总指挥。人员分配为：直线段每隔6~8m设1人，转弯处两侧各设1人，穿过平台、楼板、墙时上下或前后各设1人，电缆穿管时两端各设1人，当管子过长或电缆过大时增设1人或2人。遇转弯或穿管时，应先将电缆甩出一定长度的大弯，再往前拉。当保护管比较长时，为了便于穿导线或电缆，应在管内吹入些滑石粉，滑石粉可起润滑作用。注意不能用肥皂或其他矿物油来代替滑石粉，因为这会降低导线和电缆的绝缘质量。

保护管穿线时，可借助细钢丝来钩住导线一端，穿线时以细钢丝为前导，拉住导线穿过保护管。导线穿管后，应及时密封管口，防止水分等进入管内。

每根电缆敷设好以后，必须在两端留有足够的长度，各转弯处已做初步固定，直线段已初步整理并确认已符合设计要求时，才可剪割。控制电缆剪割后，应用黑胶布封头，每根电缆敷设后，应及时挂上标志。

控制室仪表电缆敷设后应在下列各点用卡子固定。

① 水平敷设直线端的两端。

② 垂直敷设的所有支持点。

③ 转弯处的两端点上。

④ 穿越电缆管的两端。

⑤ 电缆终端头的颈部。

⑥ 引进控制盘、台前300～400mm处，引入端子箱前150～300mm处。

电缆固定带如图7.9所示，电缆的固定方式如图7.10所示。

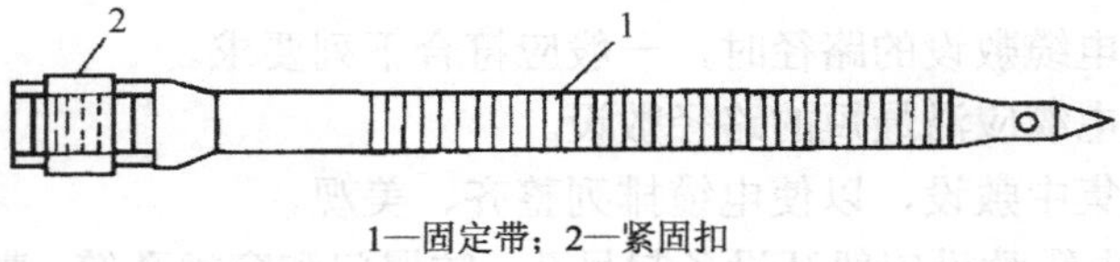

1—固定带；2—紧固扣

图7.9　电缆固定带

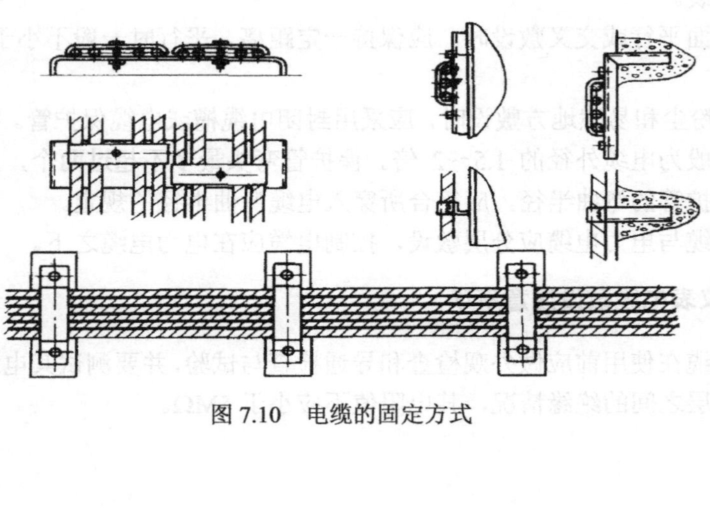

图7.10　电缆的固定方式

在电缆两端、穿墙及穿过平台处应挂上电缆标志牌，标明电缆的编号、型号、规格、长度及起始点。电缆敷设完毕后，应及时整理相关的技术材料，当有代用材料时，应做好记录。

7.3　控制室仪表导线的敷设

7.3.1　仪表导线保护管的敷设

自动化仪表安装中常用的导线有绝缘铜芯线、补偿导线等。

仪表导线敷设时应尽可能远离电磁干扰源，但由于现场多种用电设备的存在，在导线敷设时，很难找到完全不受干扰的线路，因此一般必须采取防干扰措施，以免影响仪表的测量精度。在现场常用的防干扰方法是将导线穿入钢管内，这样可使管内的导线屏蔽，实现抗电磁干扰，另一方面还能起到保护导线不受机械损伤的作用。

保护管的施工方法和敷设要求与电缆保护管相同。

仪表导线保护管敷设时，应选在检修维护方便、无剧烈震动和不易受机械损伤的地方，环境温度不能高于65℃。导线保护管应用卡子牢固地固定在支架上，不能焊接固定，如图7.11所示。

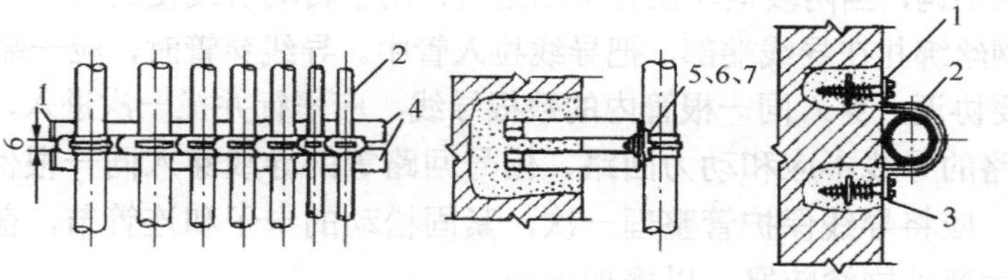

1—管卡子；2—管子；3—木螺丝钉（缠铁丝预埋）；4—支架；5、6、7—螺丝、螺母、垫圈

图7.11　用卡子固定电线保护管

仪表导线保护管敷设应整齐美观，避免交叉，并应尽量直线敷设。平行敷设时，两管之间的距离应保持均匀，两管间的中心距离为管子外径的两倍。导线保护管在进入端子箱时，应均匀分布在端子箱中心线两侧，并用管帽固定。导线保护管也可用挠性管过渡，与仪表设备连接，金属软管结构如图7.12所示。

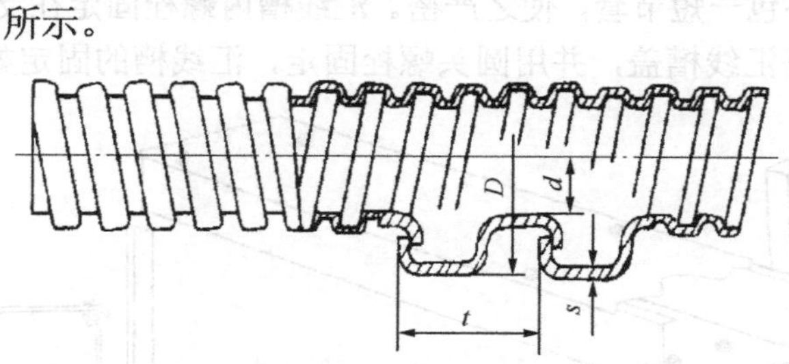

D—软管外径；t—节距；d—软管内径；s—钢带厚度

图7.12　金属软管结构

接电线管（或电缆保护管）侧金属软管接头如图7.13所示，为卡簧式接头。接头体一端配有夹紧弹簧和螺母，与电线管连接时，无须在钢管上套丝，只要把夹紧弹簧套在钢管末端，再用螺母锁紧，一卡即牢；另一端接金属软管，装配方法与设备侧接头相同。

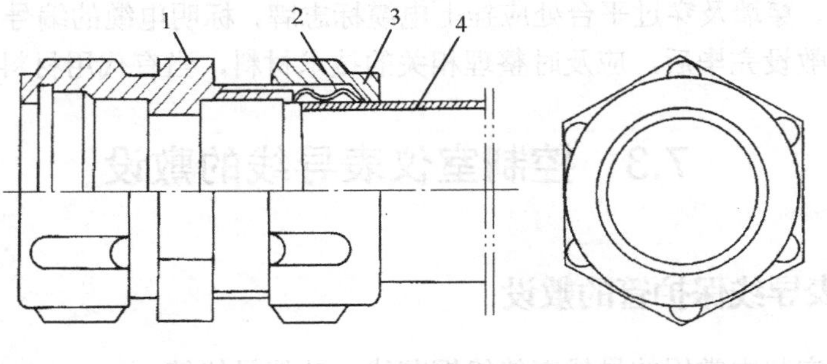

1—接头体；2—夹紧弹簧；3—螺母；4—电线管

图 7.13　接电线管侧金属软管接头的装配

导线保护管在穿线前，应先清扫管路。方法是用压力约为 0.25MPa 的压缩空气吹入已敷设好的管中，以便除去残留的灰土和水分。如无压缩空气，可在钢丝上绑以擦布，来回拉数次，将管内杂物和水分擦净。管路清扫后，随即向管内吹入滑石粉，以便穿线。导线穿入管中，一般用钢丝引入。当管路较短、弯头较少时，可把钢丝由管子一端送向另一端，再从另一端将导线绑扎在钢丝上，牵引导线入管。如果管路较长，从一端穿通钢丝有困难时，可由管子两端同时穿入钢丝，钢丝端部弯成小钩，当两段钢丝在管中相遇时，用手转动引线使其钩在一起，然后把一根钢丝拉出，另一根钢丝绑扎在导线端部，把导线拉入管中。导线穿管时，应一端有人拉，另一端有人送，两者动作要协调。穿入同一根管内的数根导线，应平行并拢一次进入，不能互相缠绕。

仪表测量回路的导线不应和动力回路、信号回路等的导线穿入同一根保护管内。

导线穿完后，应将导线保护管整理一次，紧固松动的卡子和连管节，盖好拉线盒的盖子，并在保护管和连管节处刷漆防腐，以增加美观。

7.3.2　仪表导线在汇线槽内的敷设

在测量点比较集中的地方一般采用导线保护管和汇线槽混合使用方式。根据导线的多少，可选择不同规格的汇线槽，这样能适当降低施工造价。汇线槽的长度由测量点和接线箱的位置确定，从各测量点来的导线保护管可汇集到一个汇线槽内。所需汇线槽的长度超过制造长度时，可拼接使用，接缝处外包一短节套，使之严密。汇线槽内螺栓固定在支架、吊架或平台上。导线敷设完毕后，应盖好汇线槽盖，并用圆头螺栓固定，汇线槽的固定如图 7.14 所示。

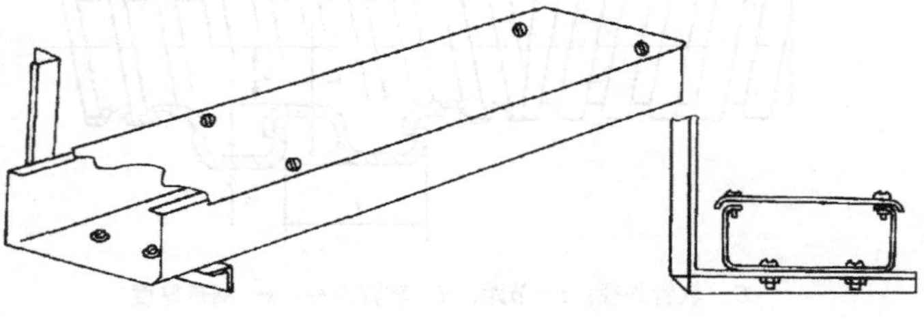

图 7.14　汇线槽的固定

导线在高温场所敷设时，除需选用耐高温绝缘电线外，在接于设备端检测元件的引出线的导线，常用绝缘套管加以保护。根据不同的环境温度，可选用以下两种具有耐热和良好介电性及柔软性的绝缘管。

（1）聚氯乙烯玻璃漆管是以无碱玻璃丝管涂以碱性聚氯乙烯树脂，经塑化而成的绝缘漆管。型号为 2715—Ⅲ型，温度指数 105℃，规格（内径）有 0.3mm、0.5mm、0.8mm、1.0mm、1.5mm、2.0mm、2.5mm、3.0mm、4.0mm、5.0mm、6.0mm、8.0mm、10.0mm、12.0mm、16.0mm、20.0mm、25.0mm 等。

（2）硅橡胶玻璃漆管是以无碱玻璃丝管涂以硅橡胶浆，经加热硫化而成的绝缘漆管。型号为 2752—Ⅲ型，温度指数 200℃，规格与聚氯乙烯玻璃漆管相同。

补偿导线可穿保护管敷设或敷设在汇线槽内。由于仪表电缆传递信号不同，补偿导线不能与其他导线穿同一保护管。在同一汇线槽内的电缆应按不同信号、不同电压等级分类布置敷设。电源电路、安全联锁电路和安全线路应采用具有足够耐压强度的绝缘隔板隔开或分别排列敷设，其间隔距离大约 50mm，并固定牢靠。如图 7.15 所示为用长汇线槽和短保护管相结合敷设补偿导线。

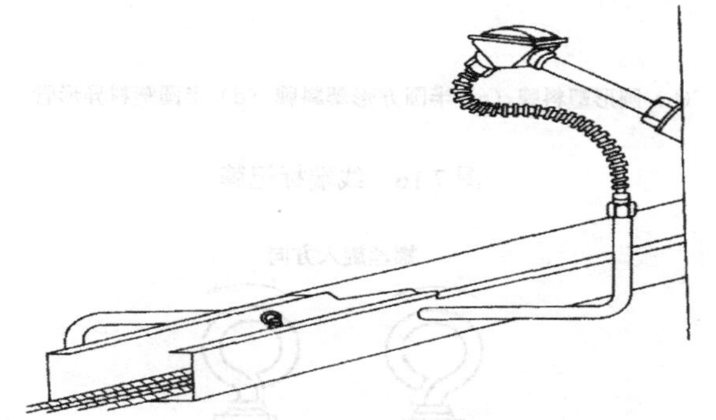

图 7.15　用长汇线槽和短保护管相结合敷设补偿导线

7.3.3　控制室仪表电缆与导线的连接

1. 控制室仪表电缆与导线的连接

在自动化仪表安装过程中，应尽量利用端子板来连接导线和电缆。电缆敷设时，一般情况下中间不能有接头。如不可避免时，应按要求做好接头，并用电烙铁在接头处挂锡，确保接触良好、牢靠，并做好防水、绝缘处理。接线前应进行校线。当先进行盘、台侧接线时，可在盘、台侧接好线后，再于现场校线。由于盘、台侧电缆较多，这样做在分线时较方便，施工简单，工艺美观。校线时，应在芯线上做好标志线端标记牌，如图 7.16 所示。标牌的书写方式为：当端子排垂直安装时，标牌自左向右水平书写；当端子排水平安装时，由下向上书写。校线时应将端子排上引接的线头卸下来，以免串线，造成错误。

校完线后，根据相应端子排的位置，将多余部分割掉，用剥线钳或电工刀剥去绝缘，以便引接。剥线时不应损伤铜芯，并用工具割掉芯线上的氧化物，使接触良好。芯线处理完毕后，套上标记牌，线头可用尖嘴钳按顺时针方向弯成圆圈，使圆圈的方向跟螺丝旋转的方向一致，这样套在螺丝上便越拧越紧，如图 7.17 所示。当采用压接端子排时，应注意不要将绝缘部分压进端子排，而使回路不通，并要防止线头压接不好，造成开路。

多股铜绞线应把线头拧紧，挂上焊锡，使之成为整体，像单股线一样。截面在 $10mm^2$ 以下的单股芯线可以直接接入接线端子板；而同样截面积的多股芯线，其端子应先挂锡后，再接入接线端子板；截面大于 10mm^2 的芯线需要采用包头、芯线和包头焊接。补偿导线一般采用压接。

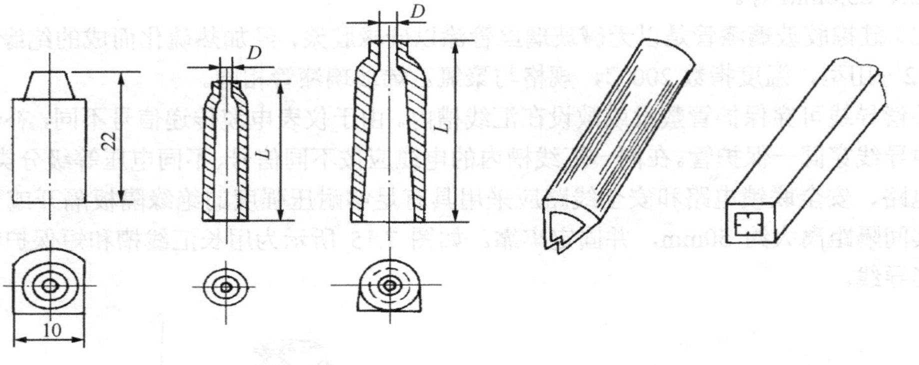

（a）胶木牌　（b）圆形塑料牌（c）半圆方形塑料牌（d）半圆塑料异形管　（e）半圆方形塑料管

图 7.16　线端标记牌

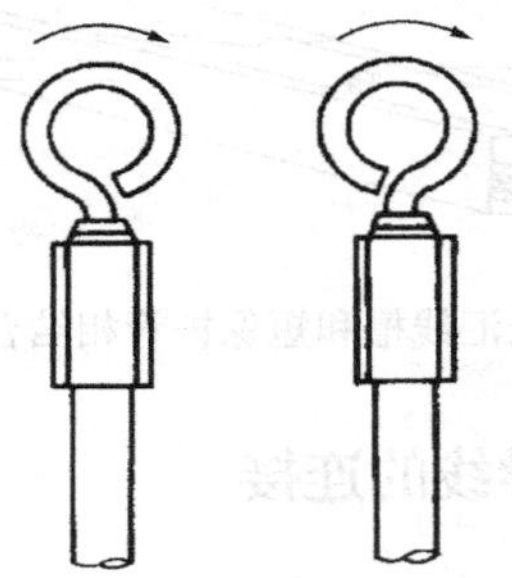

（a）正确　（b）不正确

图 7.17　导线端头圆圈方向

2. 仪表线路的配线

仪表线路的配线应按以下要求进行。

（1）从外部进入仪表盘、柜、箱内的电缆电线应在其导通检查及绝缘电阻检查合格后再进行配线。6V 以下电缆，其芯线之间电阻不应小于 5MΩ；6V 以上电缆大于 10MΩ。

（2）仪表盘、柜、箱内的线路宜敷设在汇线槽内，在小型接线箱内也可以明线敷设。当明线敷设时，电缆电线束应用由绝缘材料制成的扎带扎牢，扎带间距宜为100～200mm。

（3）仪表接线前应校线，线端应有标号。剥绝缘层时不应损伤线芯。电缆与端子的连接应均匀牢固，导电良好。多股线芯端头宜采用接线片，电线与接线片的连接应压接。

（4）仪表盘、柜、箱内的线路不应有接头，其绝缘保护层不应有损伤。端子两端的线路均应按设计图纸标号，标号应正确、字迹清晰且不易退色。

（5）接线端子板的安装应牢固。当端子板在仪表盘、柜、箱底部时，距离基础地面的高度

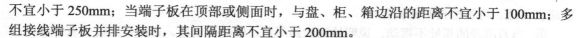

不宜小于 250mm；当端子板在顶部或侧面时，与盘、柜、箱边沿的距离不宜小于 100mm；多组接线端子板并排安装时，其间隔距离不宜小于 200mm。

（6）剥去外部护套的橡皮绝缘芯线及屏蔽线，应加设绝缘护套。备用芯线应接在备用端子上，并按可能使用的最大长度预留，且应按设计文件要求标注备用线号。导线连接时，应留有余量。

3. 排线和接线

包缠好绝缘后，应把每根控制电缆的芯线单独绑扎成束。备用线应按最长线的长度排在线束内。线束一般排成圆形，因为这样排比较简单、美观。线束可用 0.3～0.5mm 厚、5～8mm 宽的铝带咬口捆扎（铝带外可穿套塑料管），亦可用白线绳、白尼龙绳、塑料固定带或钢精轧头绑扎。捆绑不要过紧，每档间距应匀称。

各线束排列时，应相互平行，横向芯线束或芯线应与纵向线束垂直。线束与线束间的距离应匀称，并尽量靠近。

排好线束后，即可分线、接线。如在分线时已标号，可根据两端的端子排图，确定对应号码，将标号标在两端的端子排图上，据以接线。如在分线时未标号，接线前应校线。当先安排在仪表盘、台侧进行接线时，可在盘、台侧接好线后，再与就地端子箱或设备校线。因仪表盘、台中电缆较多，这样做在分线时较方便，施工简单，工艺美观。但在校线时还应将端子排上引接的线头卸下来，以免串线，造成错误（确实与其他端子无直接联系者除外）。

4. 查线

查线可使用电话法、通灯法或万用表法。

（1）使用电话法查线如图 7.18 所示。首先将电池的一端用导线接电缆导电外皮或接地，另一端接至电话听筒，而电话听筒的另一端接至控制电缆的任一芯线上。此时，可将在控制电缆另一端的电话听筒的一端接至电缆的导电外皮或接地，另一端顺序地接至电缆的每一根导线上，当接到同一根导线时则构成闭合回路，电话听筒内将有响声并可通话。用同样的方法可确定其余的导线。如电缆没有导电外皮，可借接地的金属结构先找出第一根导线，然后用这根导线作为回路。

（2）使用通灯法查线时，通灯用两节干电池和一个小电珠组成，带有两根装有鱼尾夹子或测电棒的引线，一端各设一个通灯。如图 7.19 所示，将通灯的一端接至电缆的导电外皮或接地的金属结构上，当两个通灯的另一端同时接触到同一根导线时，两个灯泡同时发亮，但要注意两个通灯的极性不要接反。采用这种方法时，应事先规定好必要的信号，如线芯对上一个后，使灯闪几次等。

（3）使用万用表法查线方法如下所述。

① 将万用表黑红表笔分别插入“＋”“－”表笔插孔。

② 用一根公用长线，分别接到被测点两端。

③ 万用表的旋转开关，旋到欧姆挡“R×10”（“R×100”）。

④ 用万用表的任意表笔与公用长线相连接，另一端与被测点相连，公用长线的另一端接被测点另一端，使其构成回路。

⑤ 当万用表的指针摆动，并指向欧姆挡零点时，说明两个被测点之间连线相通，两点间

线路没问题。可再检查其他被测点。

⑥ 当万用表的指针不摆动，说明被测线路不通，线路有问题，可能是断线或有开路。

使用此方法检查安装后的仪表连接电线电缆，非常方便实用。

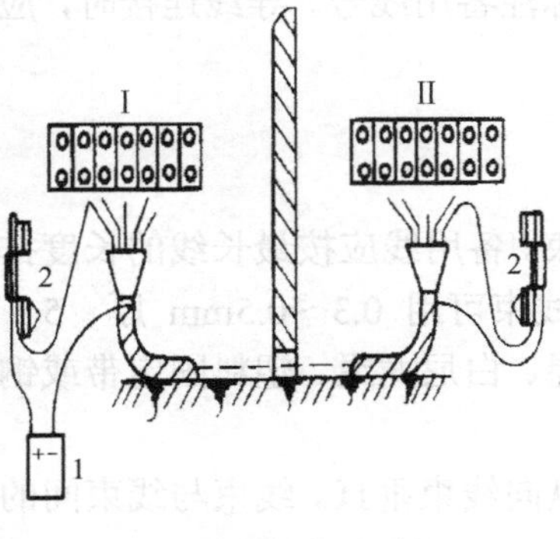

图 7.18　用电话法查线

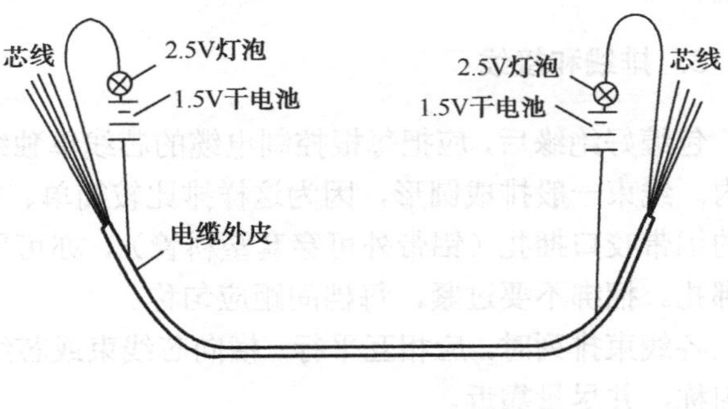

图 7.19　用通灯法查线

7.4　仪表控制室盘内及盘后配线安装

7.4.1　仪表管线编号方法

1. 仪表盘（箱）内部接线（接管）的表示方法

仪表盘（箱）内部仪表与仪表、仪表与接线端子（或穿板接头）的连接有三种表示方法，即直接连线法、相对呼应编号法和单元接线法。

（1）直接连线法。直接连线法是根据设计意图，将有关端子（或接头）直接用一系列连线连接起来，直观、逼真地反映了端子与端子、接头与接头之间的相互连接关系。但是这种方法既复杂又累赘，当仪表及端子（或接头）数量较多时，线条相互穿插、交织在一起，比较繁乱，寻找连接关系费时费力，读图时容易看错。因此，这种方法通常适用于仪表及端子（或接头）数量较少，连接线路比较简单，安装不易产生混乱的场合。在仪表回路或有与热电偶配合的仪表盘背面电气接线图中，可采用这种方法。

单根或成束的不经接线端子（或穿板接头）而直接接到仪表的电缆电线（如热电偶）、气动管线和测量管线，在仪表接线点（或气接头）处的编号，均用电缆、电线或管线的编号表示，必要时应区分（+）、（−）等，如图 7.20 所示。图中，QXZ—110、EWX_2—007 分别为气动指示仪和电子平衡式温度显示记录仪的型号，3V—1、3V—2 和 3V—3 是气源管路截止阀的编号。

（2）相对呼应编号法。相对呼应编号法是根据设计意图，对每根管、线两头都进行编号，各端头都编上与本端头相对应的另一端所接仪表或接线端子或接头的接线点号。每个端头的编号以不超过 8 位为宜，当超过 8 位时，可采取加中间编号的方法。

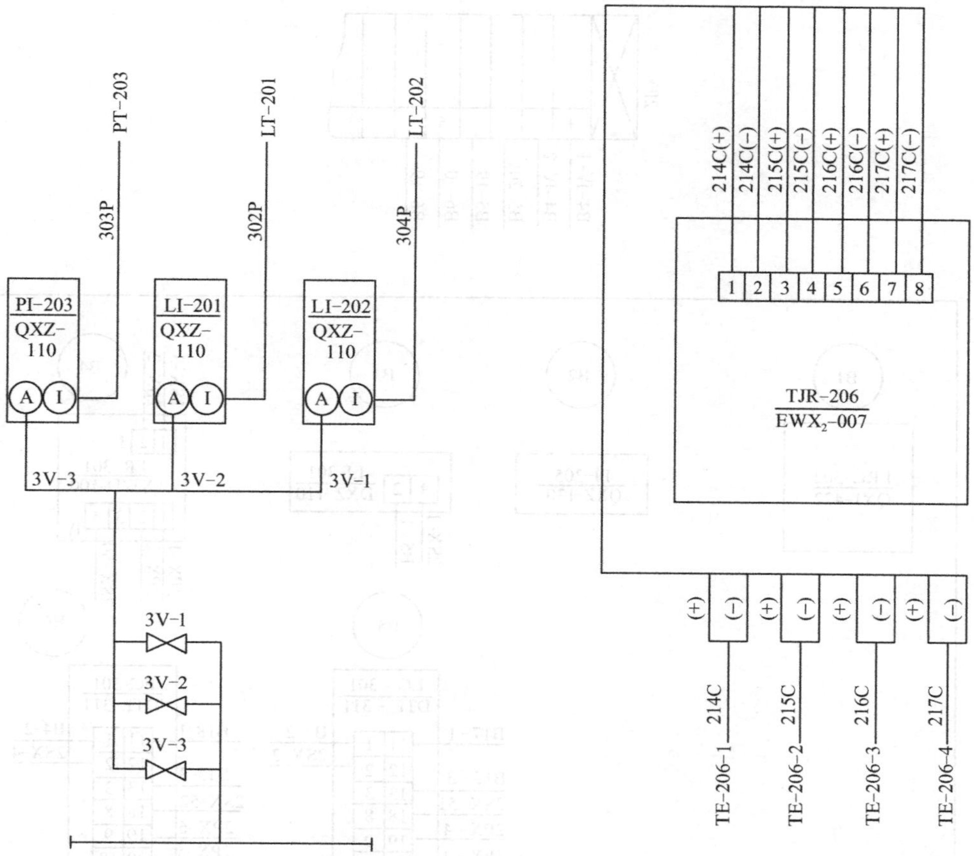

图 7.20　直接连线法

在标注编号时，应按先去向号，后接线点号的顺序填写。在去向号与接线点号之间用一字线“—”隔开，即表示接线点的数字编号或字母代号应写在一字线的后面，如图 7.21 所示。图中，QXJ—422、QXZ—130、DXZ—110、XWD—100、DTL—311 分别为气动指示记录调节仪、气动指示仪、电动指示仪、小长图电子平衡式记录仪和电动调节器等仪表的型号。

与直接连线法相比，相对呼应编号法虽然要对每个端头都进行编号，但省去了对应端子之间的直接连线，从而使图面变得比较清晰、整齐而不混乱，便于安装。在仪表盘背面电气接线和仪表盘背面气动管线连接中，普遍采用此方法。

（3）单元接线法。单元接线法是将线路上有联系而在仪表盘背面或框架上安装又相邻近的仪表划归为一个单元，用虚线将它们框起来，视为一个整体，编上该单元代号，每个单元的内部连线不必绘出。在表示接线关系时，单元与单元之间，单元与接线端子组（或接头组）之间的连接用一条带圆圈的短线互相呼应，在短线上用相对呼应编号法标注对方单元、接线端子组或接头组的编号，圆圈中注明连线的条数（当连线只有一条时，圆圈可省略不画）。这种方法更为简捷，图面更加清晰、整齐。

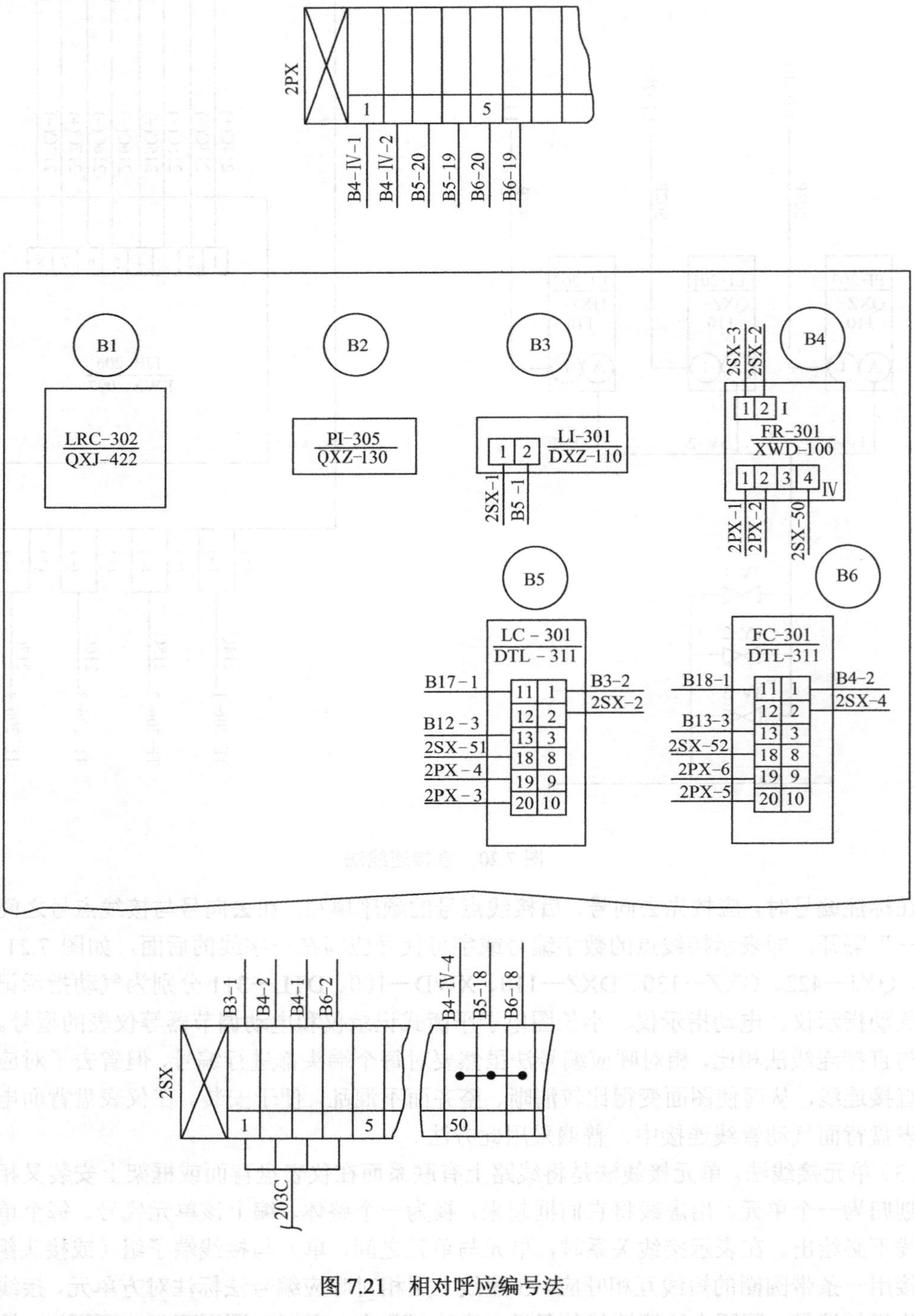

图 7.21　相对呼应编号法

单元接线法一般适用于仪表及其端子数量很多，连接关系比较复杂的场合。在电动控制仪表数量较多的仪表盘背面电气接线图中，可采用这种方法，如图 7.22 所示。图中，KXG—114—10/3B、IRV—4132—0023、ICE—5241—3522、ICG—4255 分别为供电箱、两笔记录仪、控制器和脉冲发生器的型号。图中的 TIC—109 和 FIC—102 是串级控制系统中的主、副控制器，

TR—109/FR—102 是显示温度和流量的记录仪，它们的信号之间有联系而安装又比较贴近，因此可以将它们划归为一个单元，并给予一个单元编号为 A1。

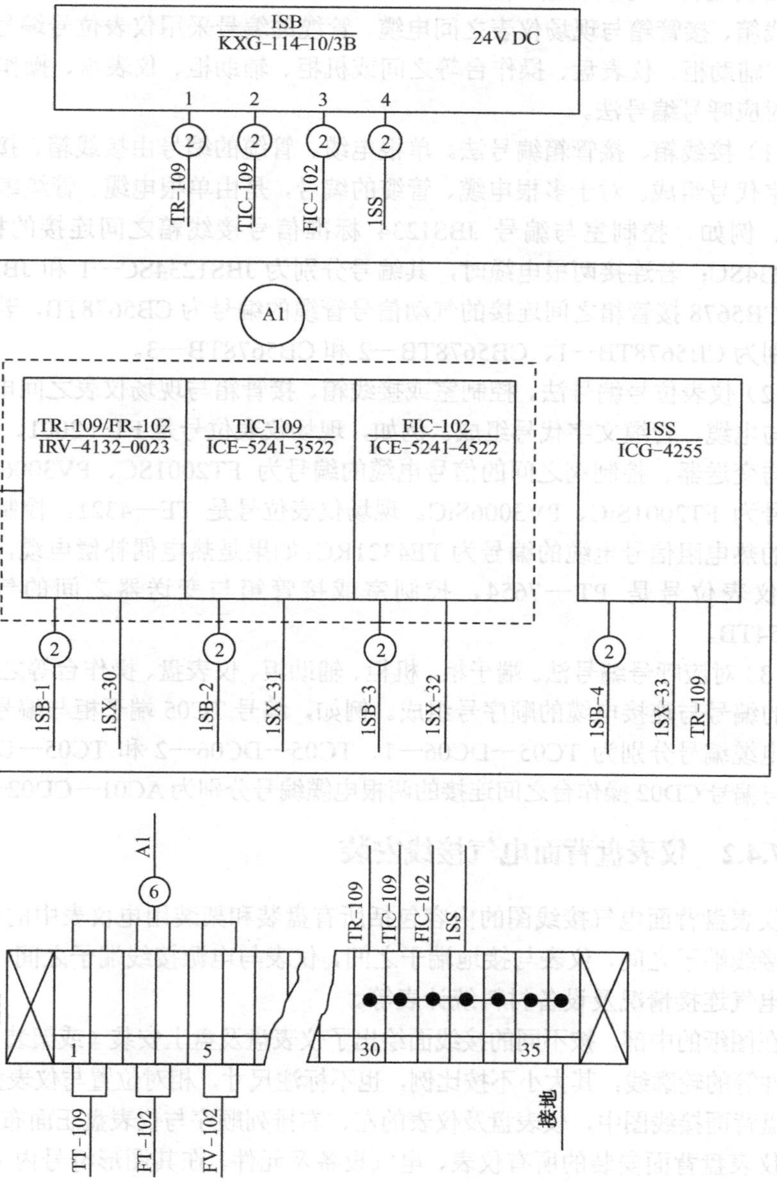

图 7.22 单元接线法

按照单元接线法绘制的图纸进行安装时，对施工人员的技术要求较高。不仅要求他们熟悉各类自动化系统的构成，而且还要求他们熟悉各种仪表的后面端子的分布和组成，否则，很容易造成线路接错，影响施工质量，造成返工等现象。因此，在采用单元接线法时，要充分考虑施工安装人员的技术水平，一般情况下，不宜滥用这种方法。

2. 仪表电缆、管缆编号方法

仪表控制室与接线箱、接管箱之间电缆、管缆的编号采用接线箱、接管箱编号法。控制室或接线箱、接管箱与现场仪表之间电缆、管缆的编号采用仪表位号编号法。控制室内端子柜与机柜、辅助柜、仪表盘、操作台等之间或机柜、辅助柜、仪表盘、操作台等之间电缆的编号均采用对应呼号编号法。

（1）接线箱、接管箱编号法。单根电缆、管缆的编号由接线箱、接管箱的编号与电缆、管缆文字代号组成。对于多根电缆、管缆的编号，是由单根电缆、管缆编号的尾部再加顺序号所组成。例如，控制室与编号 JBS1234 标准信号接线箱之间连接的标准信号电缆的编号为 JBS1234SC；若连接两根电缆时，其编号分别为 JBS1234SC—1 和 JBS1234SC—2。控制室与编号 CB5678 接管箱之间连接的气动信号管缆的编号为 CB5678TB，若连接三根管缆时，其编号分别为 CB5678TB—1、CB5678TB—2 和 CB5678TB—3。

（2）仪表位号编号法。控制室或接线箱、接管箱与现场仪表之间电缆、管缆的编号由现场仪表与电缆、管缆文字代号组成。例如，现场仪表位号是 FT—2001、PV—3006，控制室或接线箱与变送器、控制阀之间的信号电缆的编号为 FT2001SC、PV3006SC；如果是本安电缆，则编号为 FT2001SiC、PV3006SiC。现场仪表位号是 TE—4321，控制室或接线箱与测温元件之间的热电阻信号电缆的编号为 TE4321RC；如果是热电偶补偿电缆，则编号为 TE—4321TC。现场仪表位号是 PT—7654，控制室或接管箱与变送器之间的气动信号管缆的编号为 PT7654TB。

（3）对应呼号编号法。端子柜、机柜、辅助柜、仪表盘、操作台等之间电缆的编号由柜（盘、台）的编号与连接电缆的顺序号组成。例如，编号 TC05 端子柜与编号 DC06 机柜之间连接的三根电缆编号分别为 TC05—DC06—1、TC05—DC06—2 和 TC05—DC06—3。编号 AC01 辅助柜与编号 CD02 操作台之间连接的两根电缆编号分别为 AC01—CD02—1 和 AC02—CD02—2。

7.4.2 仪表盘背面电气接线安装

仪表盘背面电气接线图的内容包括所有盘装和架装用电仪表中的仪表与仪表之间，仪表与信号接线端子之间，仪表与接地端子之间，仪表与电源接线端子之间，仪表与其他电气设备之间的电气连接情况及设备材料统计表等。

在图纸的中部，按不同的接线面绘出了仪表盘及盘上安装（或架装）的全部仪表、电气设备和元件等的轮廓线，其大小不按比例，也不标注尺寸，相对位置与仪表盘正面布置图相符。即在仪表盘背面接线图中，仪表盘及仪表的左、右排列顺序与仪表盘正面布置图中的顺序是一致的。

仪表盘背面安装的所有仪表、电气设备及元件，在其图形符号内（特殊情况下在图形符号外）标注了位号、编号及型号（与正面布置图相一致），标注方法与仪表盘正面布置图相同。中间编号用圆圈标注在仪表图形符号的上方，仪表盘的顺序编号标注在仪表盘左下角或右下角的圆圈内。

为了简化盘后仪表接线端子编号的内容，便于读图和施工，通常使用仪表的中间编号。仪表及电气设备、元件的中间编号由大写英文字母和阿拉伯数字编号组合而成。英文字母表示仪表盘的顺序编号，如 A 表示仪表盘 1IP，B 表示仪表盘 2IP……其余类推。数字编号表示仪表盘内仪表、电气设备及元件的位置顺序号。中间编号的编写顺序是先从左至右，后从上向下依次进行，如 A1、A2、A3……

仪表盘背面引入、引出的电缆电线均已编号，并注明了去向。当进、出仪表盘及需要跨盘接线时，需先下接线端子板，再与仪表接线端子连接。本质安全型仪表信号线的接线端子板应与非本质安全型仪表信号线端子板分开。

在标题栏的上方，分盘列出了仪表盘背面安装用的设备材料表。

7.4.3 仪表盘盘内配线

盘内配线应按设计文件要求进行，接线正确，导线连接牢固，接触良好，绝缘和导线没有损伤，配线整齐、清晰、美观。

每组端子排应有一个堵头，标上所属回路名称。端子排上每隔 5 个应标明顺序号。设备与导线一般用螺丝连接，应拧紧以确保接触良好。盘后配线一般采用 1.0mm^2 多股软导线。盘内各设备间一般可不经过中间端子，用导线直接连接，但绝缘导线本身不允许有接头。部件之间的连线应绑扎在导线束内。

同一盘内导线的颜色应一致。盘内同一线路的导线可排列成长方形或圆形的导线线束。要一次排成，统一下料，不要逐根增设。配线的走向应力求简捷、统一，尽量减少交叉。导线束在转弯或分支时，应保持横平竖直，转角弧度一致，导线相互紧靠，弯曲半径一般应不小于导线束直径的 3 倍。导线束应固定在预设的铁件上。

接线时，在一个端子上一般只允许接两根导线，并在中间用垫隔开。若导线多于两根时，应增加一个端子，二者用短路片连接。

当需要修改已配好的盘、柜、箱时，如要拆除导线，可将两头的导线剪掉，当中一段仍留在导线夹内；如要增加导线，应与原有配线方式一致，如有可能应包扎在原有导线束内。

盘后配线，一般多采用汇线槽。先将汇线槽固定在盘上，然后将导线放在槽内，接至端子排或设备、部件的导线由线槽旁边的孔眼引出。

仪表盘安装需符合下列要求。

（1）仪表盘（操作台）的安装位置，应选在光线充足，通风良好，操作维修方便的地方。

（2）仪表盘安装在有震动影响的地方时，应采取减震措施。

（3）盘间及盘中各构件间应连接紧密、牢固，安装用的紧固件应有防锈层。

（4）仪表盘（操作台）在安装前应仔细检查，并应符合下列要求。

① 盘面平整，内外表面漆层完好。

② 盘的外形尺寸和仪表安装孔尺寸应符合设计规定。

仪表盘正面布置图和盘后呼应法接线图范例分别如图 7.23 和图 7.24 所示。

盘装仪表一般都要有标签标明仪表位号、量程、报警值等。图 7.23 中最上一排为 6 个电流指示仪表；电流表下面一排为 10 个控制器，控制器右侧为 2 个手动操作器；第三排左侧为 2 个记录仪，右侧为分析仪；分析仪下面 K1、K2 为按钮。

图 7.24 为仪表背面接线图。仪表背面接线图和仪表盘正面布置图相对应，可以明确表示盘装及架装仪表的接线。连接线要标明信号走向及相应的端子号，便于仪表维护维修。在图 7.24 中，最上面一排①～⑥表示和图 7.23 相对应的电流指示表，⑦～⑭为调节器，⑮、⑯为手动操作器，⑰、⑱为电源分配器，㉛、㉜为记录仪，㉝为分析仪，㉞为温度变送器，最下面为接线端子排，端子排一端与现场仪表接线箱相连，另一端与盘上仪表相连。

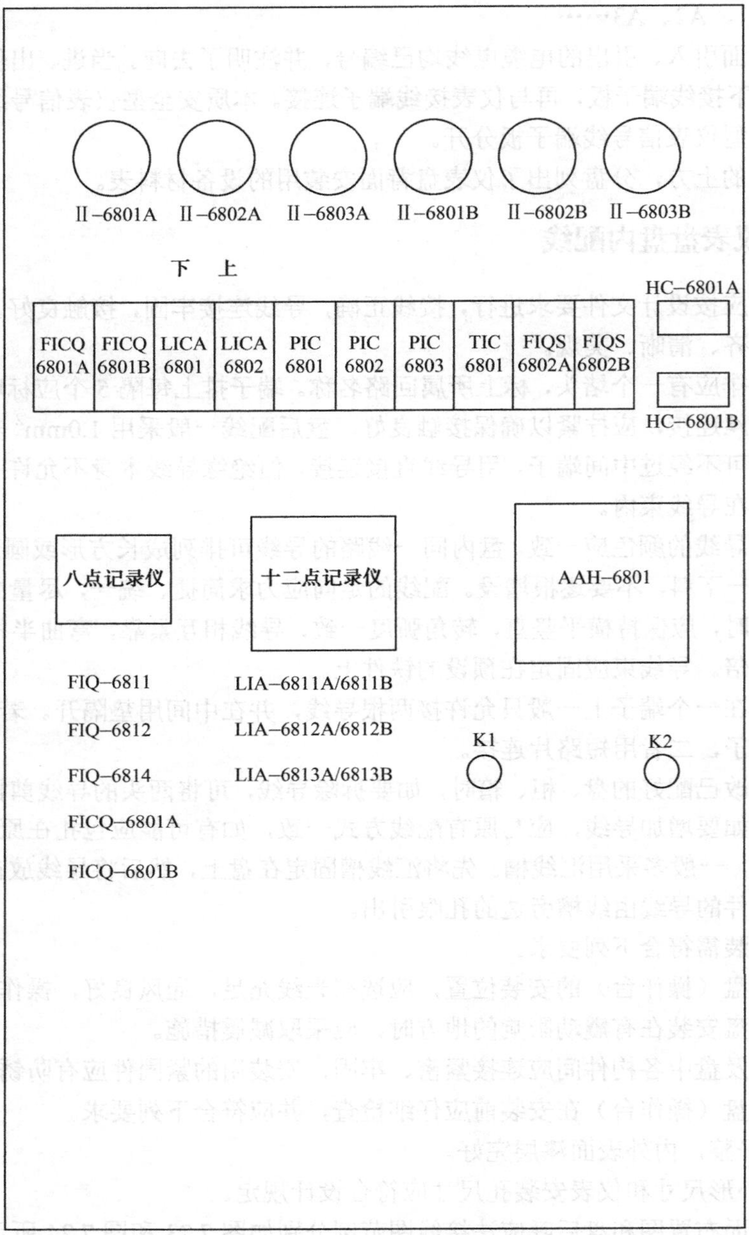

图 7.23　仪表盘正面布置图及开孔图

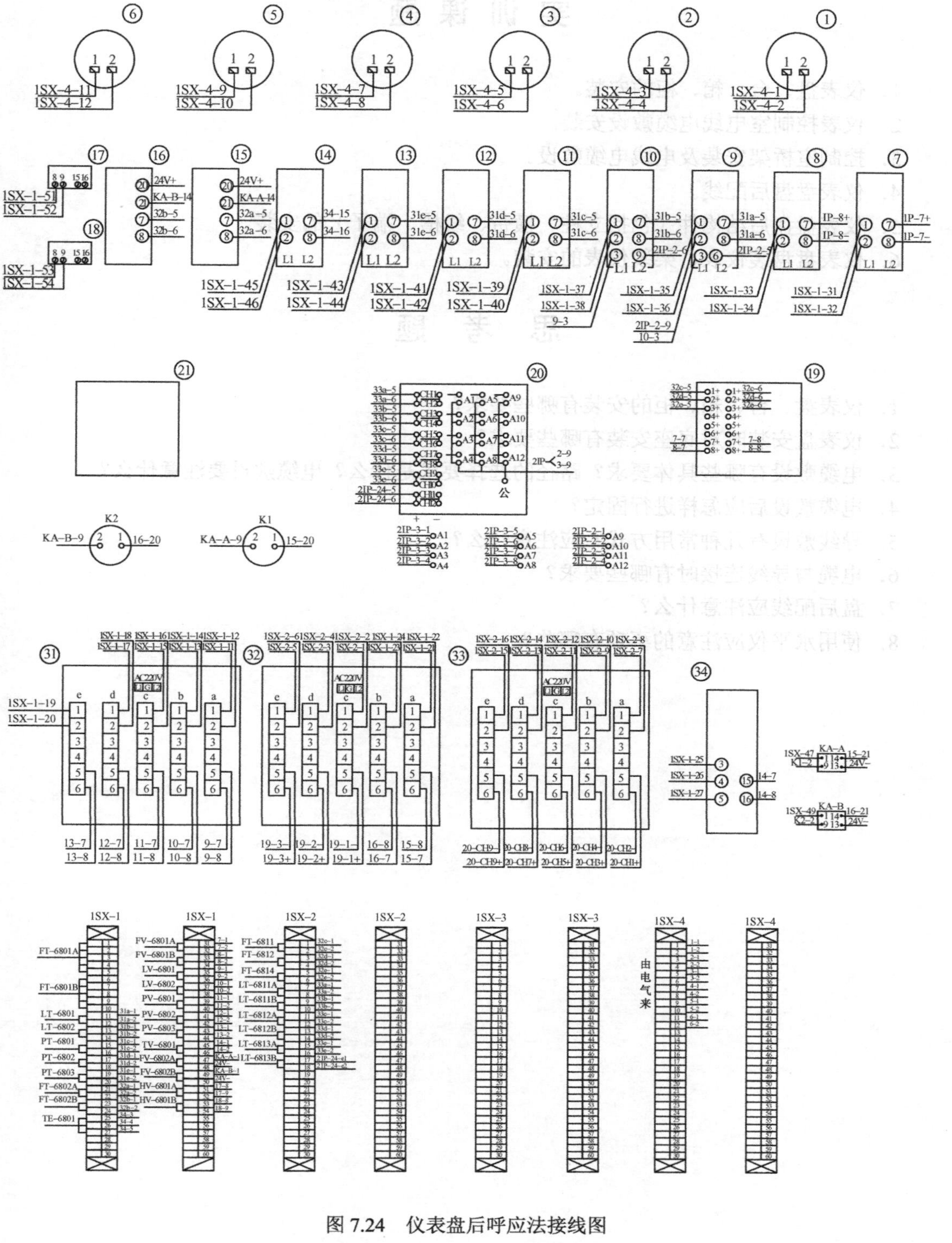

图 7.24　仪表盘后呼应法接线图

实训课题

1．仪表盘、台、箱、柜的安装。
2．仪表控制室电线电缆敷设安装。
3．控制室桥架安装及电线电缆敷设。
4．仪表盘盘后配线。
5．仪表盘盘后结构件（包括立柱、横带、线槽、端子）的安装。
6．仪表盘盘装仪表、架装仪表的安装。

思考题

1．仪表盘、台、箱、柜的安装有哪些要求？
2．仪表盘安装时对底座安装有哪些要求？
3．电缆敷设有哪些具体要求？路径的选择要求是什么？电缆敷设要注意什么？
4．电缆敷设后应怎样进行固定？
5．导线敷设有几种常用方式？应注意什么？
6．电缆与导线连接时有哪些要求？
7．盘后配线应注意什么？
8．使用水平仪应注意的事项有哪些？

第 8 章 生产过程自动控制设备的安装

【知识目标】

1．了解四种参数现场仪表（一次仪表）的选型方法。

2．熟悉四种参数现场仪表（一次仪表）的测量点位置选择。

3．熟悉电动、气动执行器安装位置选择。

【技能目标】

1．掌握四种参数现场仪表（一次仪表）的安装。

2．会四种参数变送器（传感器）的位置选择及安装调校。

3．会电动、气动执行器安装校验与调试。

【素质目标】

在以安装为主线的一体化教学过程中，培训学员的团队合作能力；专业技术交流的表达能力；制订工作计划的方法能力；获取新知识、新技能的学习能力；解决实际问题的工作能力。

8.1 现场仪表及变送器的安装

现场仪表指的是安装在现场的仪表的总称，是相对于控制室而言的，除安装在控制室内的仪表外，其他仪表均可认为是现场仪表。它包括一次仪表和二次仪表，一次仪表指的是安装在现场且直接与工艺介质接触的仪表；二次仪表指的是仪表信号不直接来自工艺介质的各类仪表的总称。

现场仪表的种类很多，安装时一般都要满足以下要求。

（1）仪表应安装在便于观察、维护和操作方便的地方，周围应干燥且无腐蚀性气体。因为安装地点潮湿或有腐蚀性气体等因素，不但导致仪表内许多金属部件容易受到腐蚀而损坏，而且会降低仪表内电气部件的绝缘强度，影响仪表的正常运行和寿命。为了降低上述因素的影响，在实际安装中可采取一些措施来提高仪表的密闭性，如仪表穿线孔密封等。

（2）仪表不宜安装在震动的地方。因为震动会使仪表内传动机构、接线端子松动，必要时可采取加防震器（如装减震器）等措施。

（3）仪表安装后应牢固，外观完好，附件齐全。

（4）仪表及电气设备上的接线盒的引入口应朝下并密封好，以免灰尘和水进入。

本节主要讲述压力测量仪表、流量测量仪表和液位测量仪表等仪表设备的安装。

8.1.1 压力测量仪表的安装

压力测量仪表种类很多，按照信号传输距离，可分为就地指示压力表和压力变送器。这些压力仪表除满足现场仪表安装时的一般要求外，还应注意以下几方面。

（1）压力仪表不宜安装在温度过高的地方，温度过高会影响弹性元件的特性和电气回路的绝缘强度。

（2）用于现场压力指示的压力表均采用就地安装方式，如图 8.1 所示。就地压力表的安装高度一般为 1.5m，以便于读数和维修。为了检修方便，在取压口和仪表之间应加装截止阀，并靠近取压口。安装地点应尽量避免高温，对于蒸汽和其他可凝性热气体及当介质温度超过60℃时，取压口和压力表之间应加冷凝管。对于腐蚀性、黏稠性、易结晶、有沉淀物的介质，则采用隔离法测量，如图 8.2 所示。当被测介质为腐蚀性气体或液体时应加装隔离器，非特殊场合下只要将冷凝管、隔离器省去即可。

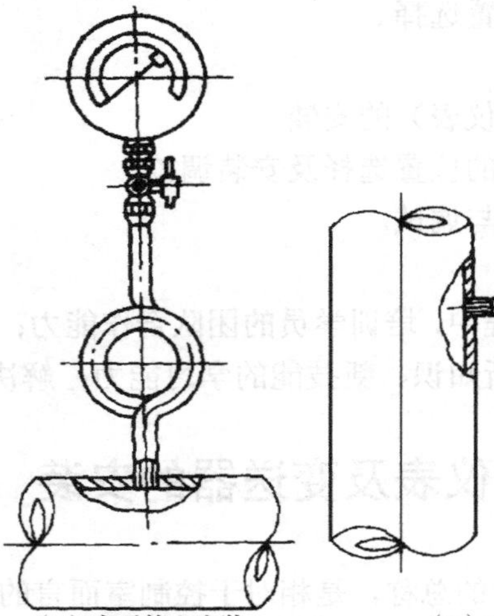

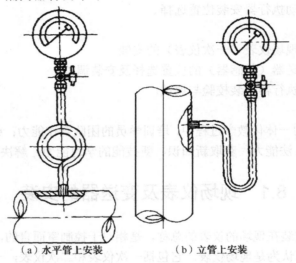

（a）水平管上安装　　（b）立管上安装

图 8.1　就地压力表的安装方式

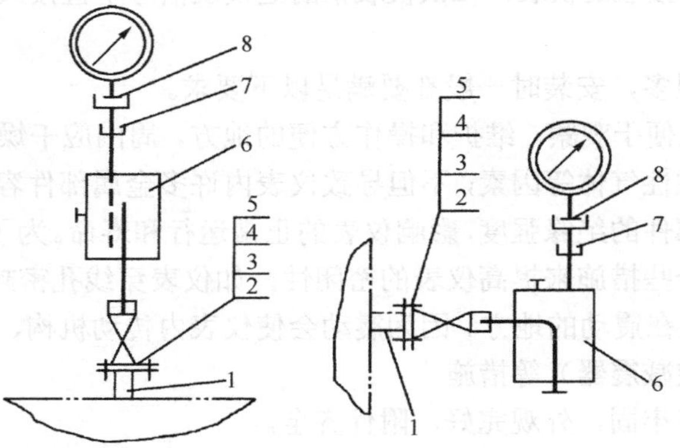

（a）$\rho_{隔} > \rho_{介}$　　（b）$\rho_{隔} < \rho_{介}$

1—法兰接管；2—垫片；3、4—螺栓螺母；5—取压截止阀；6—隔离容器；7—压力表直通接头；8—垫片

图 8.2　带插管式隔离器的压力表安装图

注：隔离容器需加固定，以免阀门的卡套密封受影响。

（3）信号远传的压力变送器由 U 形环紧固在垂直安装的管状支架上，管状支架焊接在铁板上，并用膨胀螺栓将铁板固定在地面上，如图 8.3 所示。压力变送器的安装高度一般为 1.5m。在寒冷、多尘的环境下，为了保证仪表正常使用，安装变送器要采用保温箱或保护箱，如图 8.4 所示。

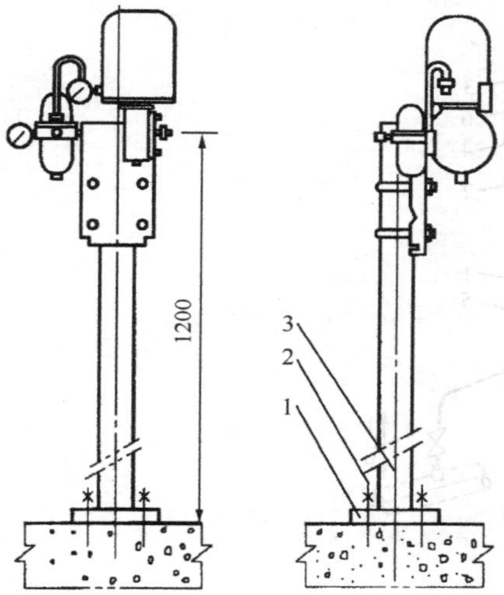

1—底板；2—膨胀螺栓；3—支柱

图 8.3　压力变送器在地上安装图

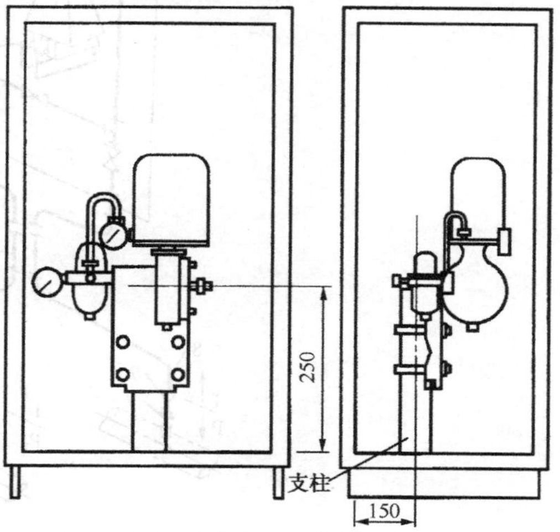

图 8.4　压力变送器在保温箱内安装图

（4）差压变送器用作气体或液体压差的测量时，其仪表本身的安装与压力变送器的安装相同，但正、负压侧的管路敷设比较复杂。为了便于安装、操作和检修仪表，差压变送器前的导压管上应采用三阀组的连接方式，如图 8.5 和图 8.6 所示。尽量不用分散的阀门构成的阀门组连接方式，如图 8.7 所示。

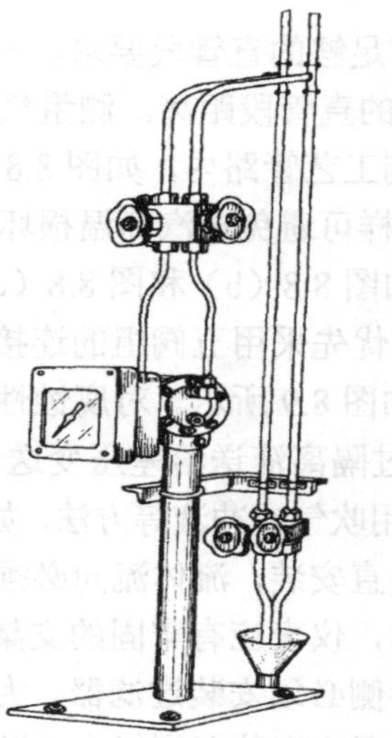

图 8.5　差压变送器三阀组安装示意图

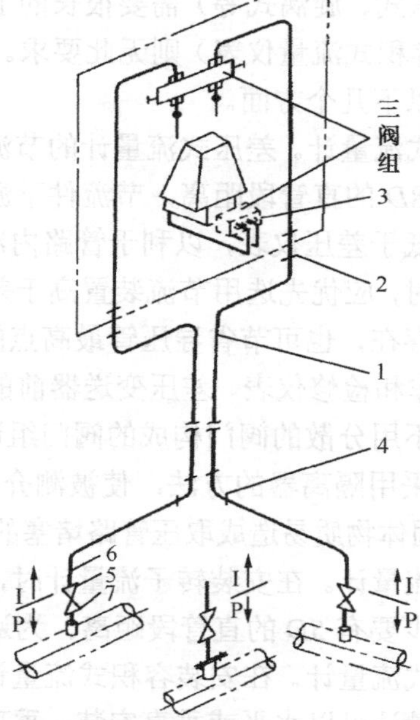

1—无缝钢管；2—直通穿板接头；3—直通终端接头；
4—弯通接头；5—阀门；6—短节；7—加厚短节

图 8.6　测量气体压差管路连接图（带三阀组）

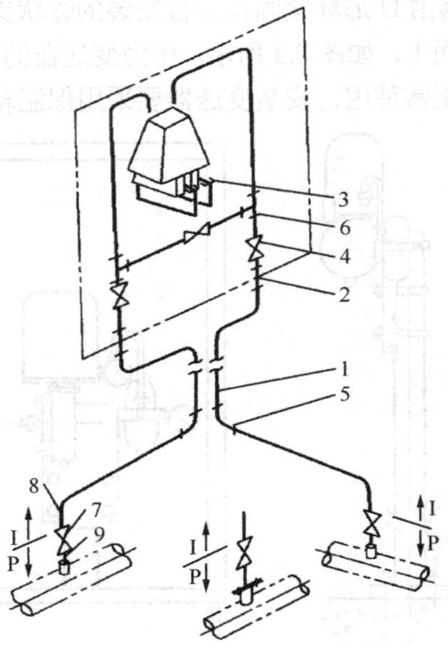

1—无缝钢管；2—直通穿板接头；3—直通终端接头；4—阀门；5—弯通接头；6—三通接头；7—阀门；8—短节；9—加厚短节

图 8.7　测量气体压差管路连接图

8.1.2　流量测量仪表的安装

常用的流量测量仪表包括差压式流量计、浮子式流量计、容积式流量计、电磁式流量计、旋涡流量计、超声波式流量计、质量流量计等。各种类型的流量计对安装要求不同，如有些流量仪表（如差压式、旋涡式等）需要很长的上游直管段，以保证管路内流体速度的稳定，而另一些仪表（如容积式流量仪表）则无此要求。这些流量仪表除满足现场仪表安装时的一般要求外，还应注意以下几个方面。

（1）差压式流量计。差压式流量计的节流件安装要有足够的直管段要求。一般来说，节流件上游侧要有 8*D* 的直管段距离，节流件下游侧要有 5*D* 的直管段距离。测量气体时，应优先选用节流装置低于差压仪表，以利于管路内冷凝液回流到工艺管路内，如图 8.8（a）所示；测量蒸汽或液体时，应优先选用节流装置高于差压仪表，这样可避免蒸汽高温损坏仪表和使测量管路内有气泡存在，也可节省导压管最高点的排气阀，如图 8.8（b）和图 8.8（c）所示。为了便于安装、操作和检修仪表，差压变送器前的导压管上应优先采用五阀组的连接方式，其次为三阀组，尽量不用分散的阀门构成的阀门组连接方式，如图 8.9 所示。对腐蚀性、黏稠、易结晶的流体，应采用隔离器的方法，使被测介质的信号通过隔离液送给差压变送器，如图 8.10 所示。对含有固体物质易造成取压管路堵塞的情况，应采用吹气或冲液等方法，如图 8.11 所示。

（2）转子流量计。在安装转子流量计时，锥管必须垂直安装，流体流向必须自下而上。流量计入口处至少要有 5*D* 的直管段距离。为避免管路震动，仪表应有牢固的支架支撑。

（3）容积式流量计。在安装容积式流量计时，其上游侧必须安装过滤器。为方便维护，应设有副线，流量计可以水平或垂直安装。垂直安装时，仪表应安装在副线上，以免杂质进入仪表测量室。

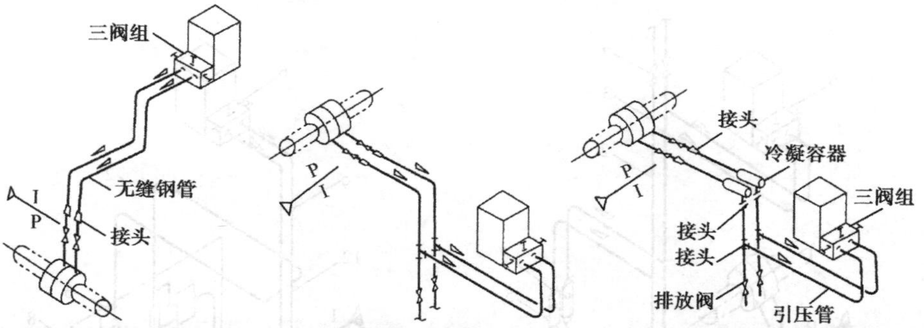

（a）测量气体流量管路连接图
（差压仪表高于节流装置 三阀组）

（b）测量液体流量管路连接图
（差压仪表低于节流装置 三阀组）

（c）测量蒸汽流量管路连接图
（差压仪表低于节流装置 三阀组）

图 8.8 差压仪表流量测量管路连接图（三阀组）

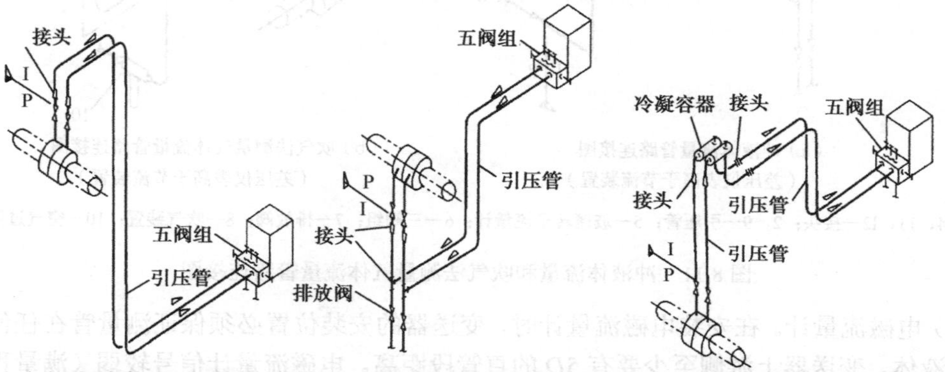

（a）测量气体流量管路连接图
（差压仪表低于节流装置 五阀组）

（b）测量液体流量管路连接图
（差压仪表高于节流装置 五阀组）

（c）测量蒸汽流量管路连接图
（差压仪表高于节流装置 五阀组）

图 8.9 差压仪表节流装置连接图（五阀组）

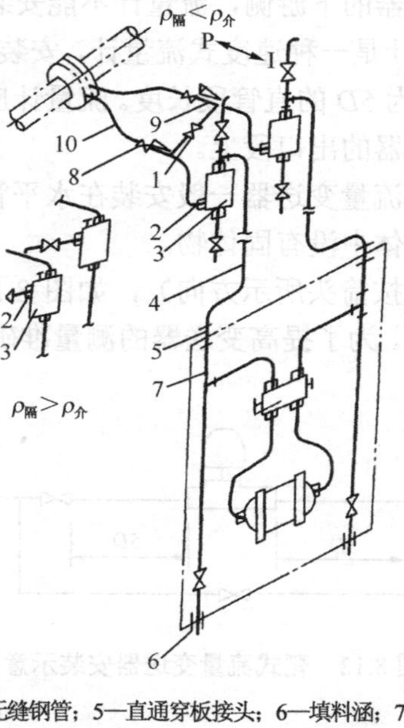

1—阀门；2—直通终端接头；3—隔离容器；4—无缝钢管；5—直通穿板接头；6—填料涵；7—三通接头；8—阀门；9—短节；10—无缝钢管

图 8.10 隔离法测量液体流量管路连接图（差压仪表低于节流装置）

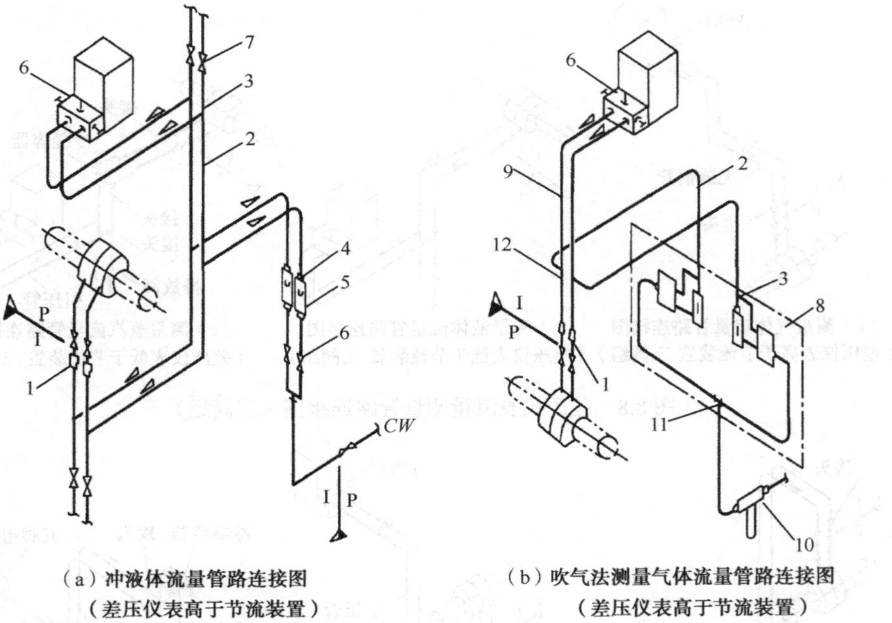

1、3、4、11、12—接头；2、9—引压管；5—玻璃转子流量计；6—三阀组；7—排放阀；8—吹气装置；10—空气过滤减压阀

图 8.11　冲液体流量和吹气法测量气体流量管路连接图

（4）电磁流量计。在安装电磁流量计时，变送器的安装位置必须保证测量管在任何时候都能充满液体。变送器上游侧至少要有 5*D* 的直管段距离。电磁流量计信号较弱（满量程时仅几毫伏），测量精度很容易受外界干扰影响。因此，变送器外壳、屏蔽线及变送器的管道都要良好接地，安装地点要远离强电磁场的地方；对于脏、污介质的测量，变送器应安装在副线上。控制阀和截流阀应该安装在变送器的下游侧，流量计不能安装在泵的吸口一侧。

（5）旋涡流量计。旋涡流量计是一种速度式流量计，安装时必须保证检测器入口段至少有 15*D* 的直管段长度，出口段至少为 5*D* 的直管段长度。流量计应与管道轴线安装在同一直线上，控制阀和截流阀应该安装在变送器的出口段上。

（6）靶式流量变送器。靶式流量变送器一般安装在水平管路上。当安装在垂直管路上时，流体的方向应为由下向上，且流体中没有固体物。

变送器安装时要注意方向（按箭头所示方向），如图 8.12 所示，流体应对准靶正面，即靶室较长的一端为流体的入口端。为了提高变送器的测量准确度，变送器前后的直管段长度不应短于管路内径的 5 倍。

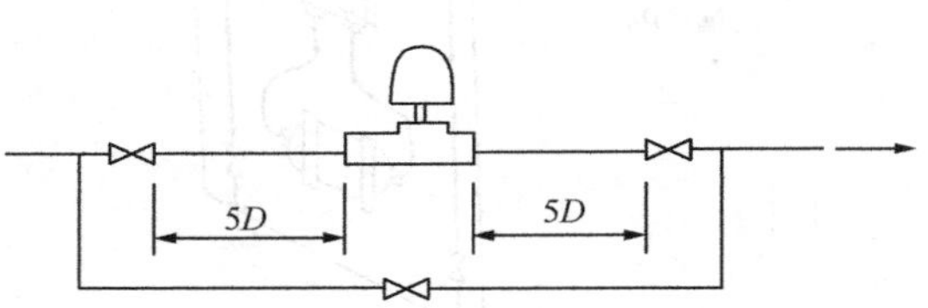

图 8.12　靶式流量变送器安装示意图

安装变送器的管道，最好能设置如图 8.12 所示的旁路管。在旁路管和变送器两侧装有截止阀门，以便在变送器检修、拆卸或校验时，管道继续正常运行。

由于电子元件受温度影响较大，因此靶式流量变送器只能安装在介质温度为 70℃及以下管道上。当介质温度达 100℃时，应采用外部水冷却；当介质温度为 100～400℃时，可采用内部水冷却。如水源不便时，亦可考虑将低频检测放大器独立组件从变送器的测量部分中移出，安装在附近温度较低的场所，再用导线连通位移检测线圈和反馈线圈。

8.1.3 液位测量仪表的安装

在石油、化工生产过程中，物料常常以液态的形式存在，因此使用最多的是液位检测仪表。常用的液位检测仪表有差压式液位计、浮筒式液位计、玻璃管液位计、电容式液位计、辐射式液位计及雷达式液位计等。

1. 差压式液位计

差压式液位计是目前使用最多的一种液位测量仪表。差压式液位计可测量常压容器和有压容器的液位。安装常压容器的液位计时，容器底部的取压法兰直接连接差压变送器的正压室，差压变送器的负压室直接通大气，如图 8.13 所示。安装有压容器的液位计时，容器上、下部分别焊接两个开口法兰，上法兰开口连接正压室，下法兰开口连接负压室，如图 8.14（a）所示。如果容器内外温差较大或容器内介质气相容易凝结成液体时，负引压管线上应加装冷凝容器，如图 8.14（b）所示。由于安装条件的限制，在很多情况下，差压变送器安装在容器下面，或采用带隔离器测量腐蚀性液体液位时，会出现变送器的正、负迁移，安装时要注意正、负迁移调整。对有腐蚀、黏稠介质也可采用单、双法兰式差压变送器来测量，如图 8.15 和图 8.16 所示。

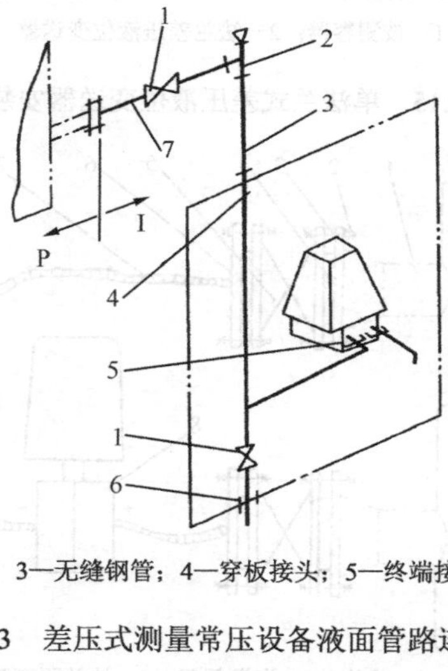

1—阀门；2—带堵头三通；3—无缝钢管；4—穿板接头；5—终端接头；6—填料函；7—短节

图 8.13 差压式测量常压设备液面管路连接图

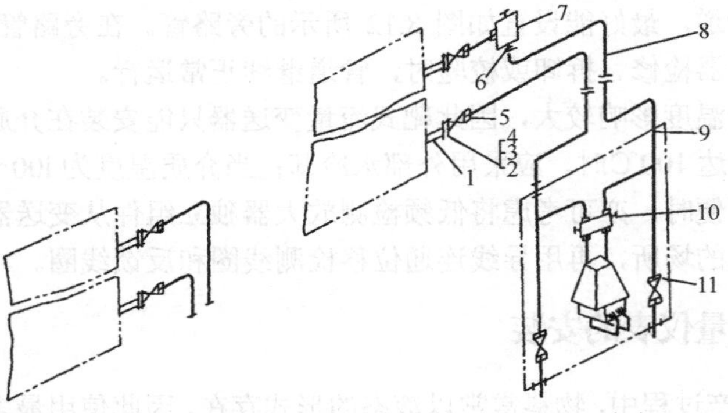

（a）　　　　　　　　　　　　（b）

1—法兰接管；2—螺栓；3—螺母；4—垫片；5—取压球阀（*PN*25时）或取压截止阀（*PN*64时）；
6—直通终端接头；7—冷凝容器；8—无缝钢管；9—直通穿板接头；10—三阀组附接头；11—卡套式取压球阀

图8.14　差压式测量有压设备液面管路连接图

注：1．适用于气相不冷凝或不需要隔离的情况。2．适用于气相易冷凝的情况，冷凝容器7也是平衡容器。

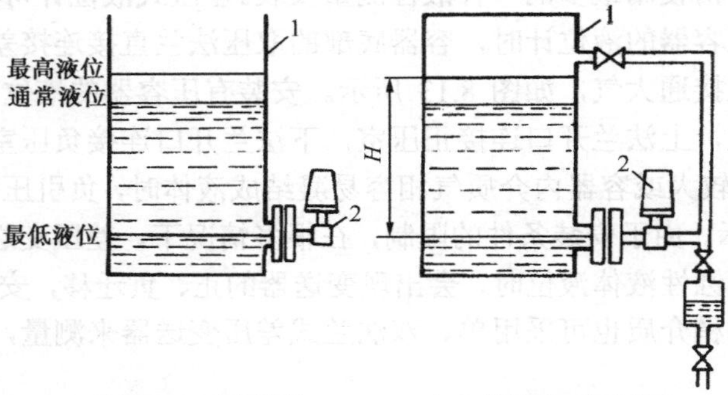

（a）测量开口容器液位　　　　（b）测量闭口容器液位

1—被测容器；2—法兰差压液位变送器

图8.15　单法兰式差压液位变送器安装图

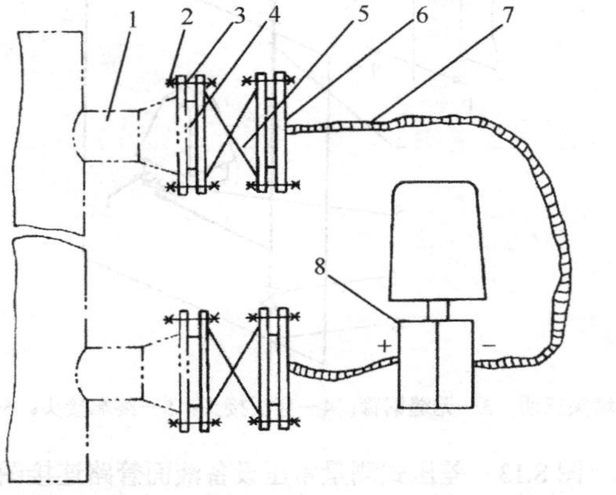

1—法兰接管；2—螺母；3—螺栓；4—垫片；5—取源阀门；6—法兰隔离膜片；7—毛细管；8—变送器主机

图8.16　双法兰式差压液位变送器安装图

2. 浮筒式液位计

按照安装方式，浮筒式液位计分为内浮筒式和外浮筒式两种。为了方便维护，对于不允许轻易停车的工艺设备，应采用外浮筒式。浮筒式液位计必须垂直安装，保证使浮筒不接触浮筒室内壁。内浮筒式液位计安装分侧向安装和顶部安装两种，如图 8.17 所示，接口都采用法兰连接，法兰标准、等级的选取要按照设备的设计压力来考虑。外浮筒式液位计都在设备的侧壁安装，接口都采用法兰连接，通常在外壁同一条垂线上设计上、下两个法兰。根据浮筒筒体法兰的方位，外浮筒式液位计安装形式分为侧—侧、侧—底、顶—底安装，如图 8.18 所示。

3. 电容式液位计

电容式液位计使用较多的场合是对液位进行测量，防止容器内介质溢流或全部排空。安装传感器的位置要尽可能远离进料口，安装位置要避免传感器和容器壁之间的物料积存。

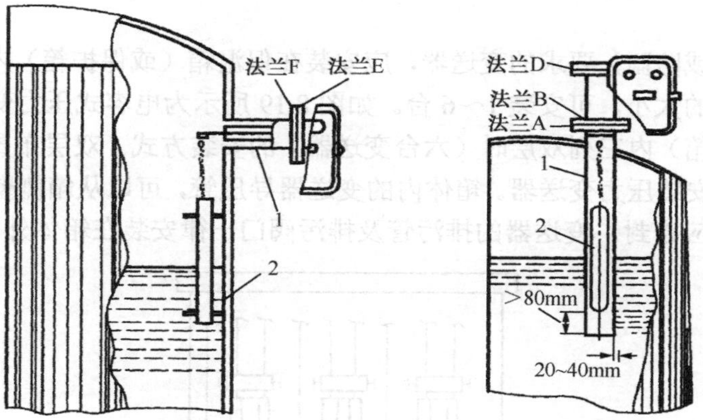

（a）侧向安装

1—接管；2—导向板

（b）顶部安装

1—导向管；2—流通孔

图 8.17　内浮筒式液位计安装图

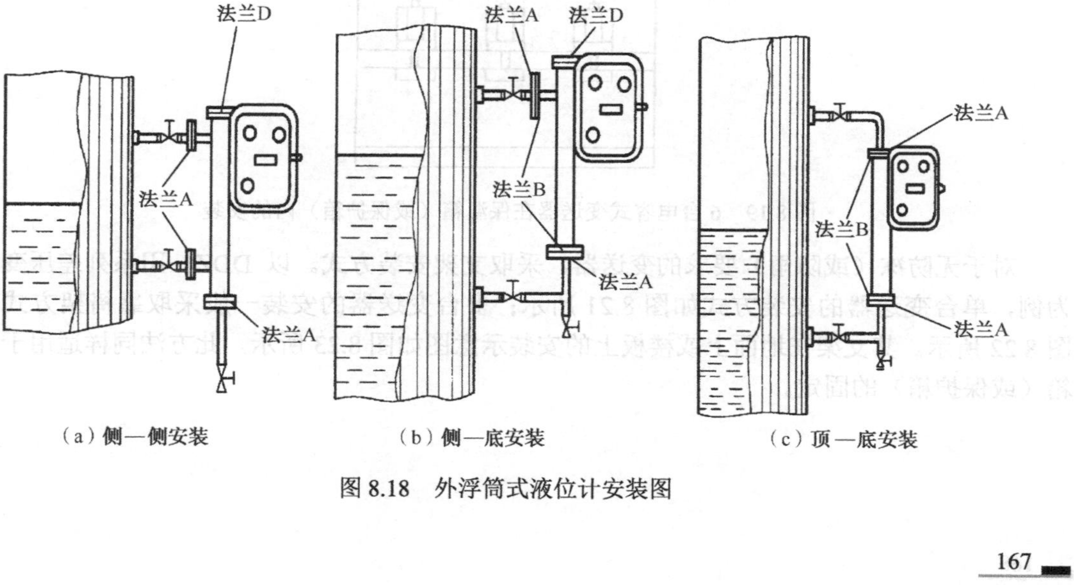

（a）侧—侧安装

（b）侧—底安装

（c）顶—底安装

图 8.18　外浮筒式液位计安装图

4. 辐射式液位计

辐射式液位计是一种非接触的液位和料位测量仪表，适用于各种环境，可靠性高，维护量小，但安装、使用时需专人负责。安装地点除从工艺和仪表要求考虑外，尽量置于其他人员很少接近的地方，远离人行过道，并设置有关危险重要标志。安装顺序为：首先安装有关机械部件和探测器并初步调校正常，然后再安装射源。安装射源时应将射源容器关闭，使用时再打开。

8.1.4 变送器的安装

压力变送器和差压变送器的安装一般采取“大分散，小集中，不设变送器小室”的原则，以使其布置地点靠近取源部件。安装地点应避开强烈震动源和电磁场，环境温度应符合制造厂的规定（环境温度对变送器内的半导体元件特性影响较大）。测量蒸汽或液体工作压力的压力变送器，其安装位置与测点的标高差引起的水柱压力应小于变送器的零点迁移最大值，否则将无法测量。

对于有防冻（或防雨）要求的变送器，应安装在保温箱（或保护箱）内。根据保温箱（或保护箱）箱体尺寸的大小，可安装1～6台。如图8.19所示为电容式压力变送器、差压变送器在保温箱（或保护箱）内三列双层时（六台变送器）的安装方式。双层布置时，一般上层安装差压变送器，下层安装压力变送器。箱体内的变送器导压管，可以从箱侧壁或箱后壁的预留孔引进，导管引入处应密封。变送器的排污管及排污阀门一律安装在箱体外，如图8.20所示。

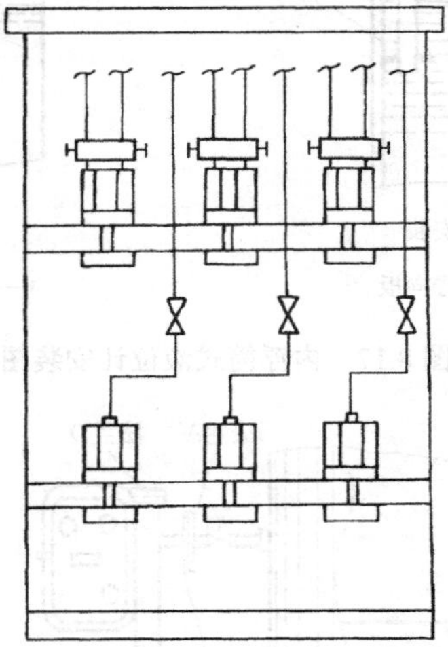

图8.19　6台电容式变送器在保温箱（或保护箱）内的安装

对于无防冻（或防雨）要求的变送器，采取支架安装方式。以DDZ—Ⅲ系列差压变送器为例，单台变送器的安装方式如图8.21所示；多台变送器的安装一般采取靠椅架方式，如图8.22所示。其支架在地面上或楼板上的安装示意图如图8.23所示，此方法同样适用于保温箱（或保护箱）的固定。

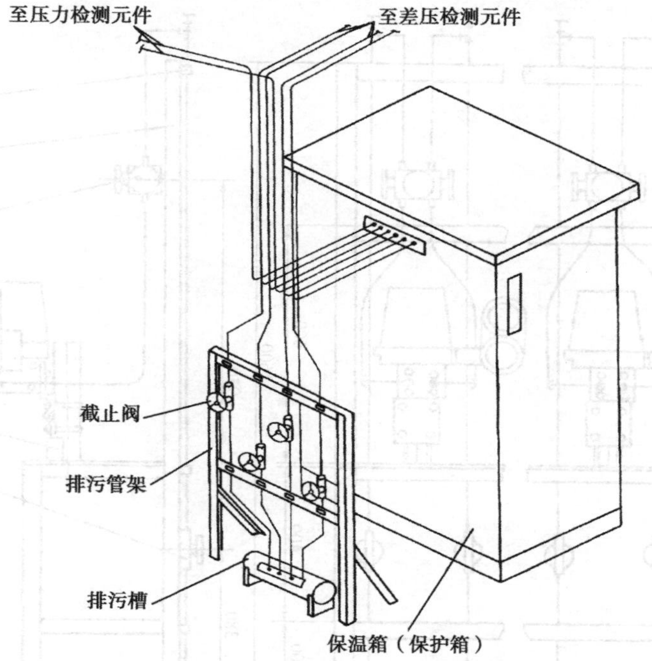

图 8.20 导管从保温箱（或保护箱）后壁引入箱体的安装示意图

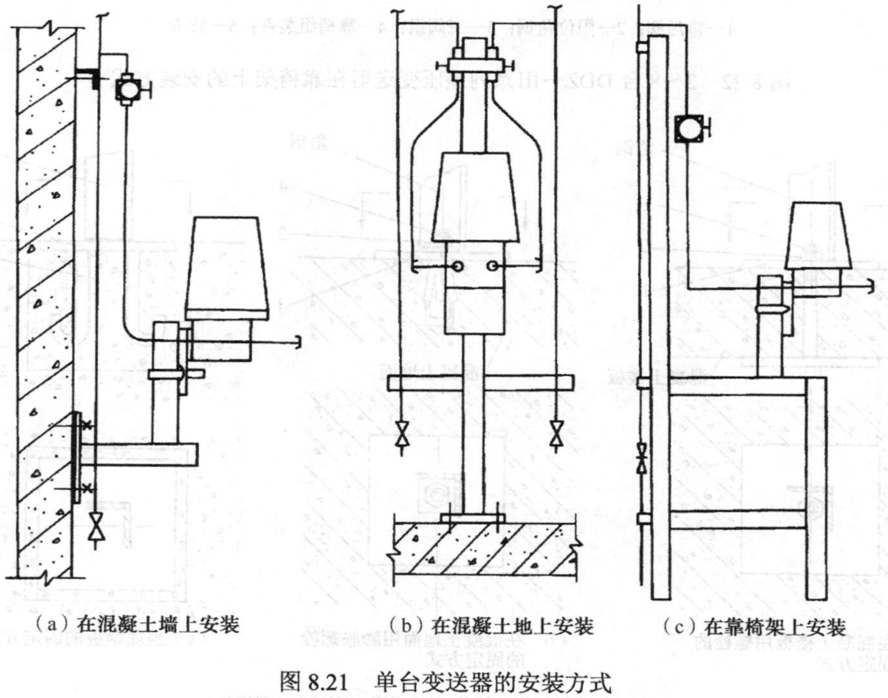

图 8.21 单台变送器的安装方式

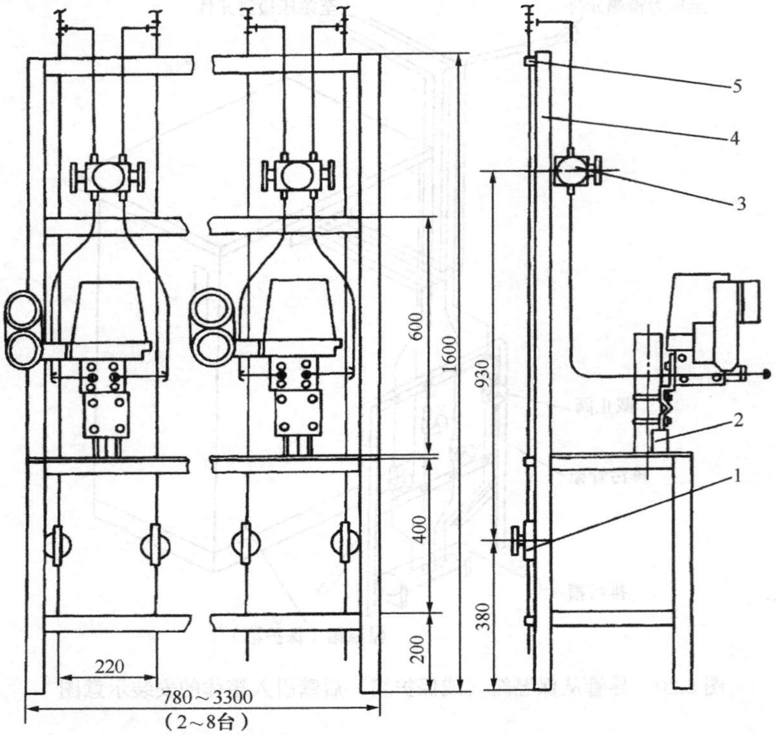

1—排污阀；2—限位角钢；3—三阀组；4—靠椅组装件；5—管卡

图 8.22　2～8 台 DDZ—Ⅲ系列差压变送器在靠椅架上的安装方式

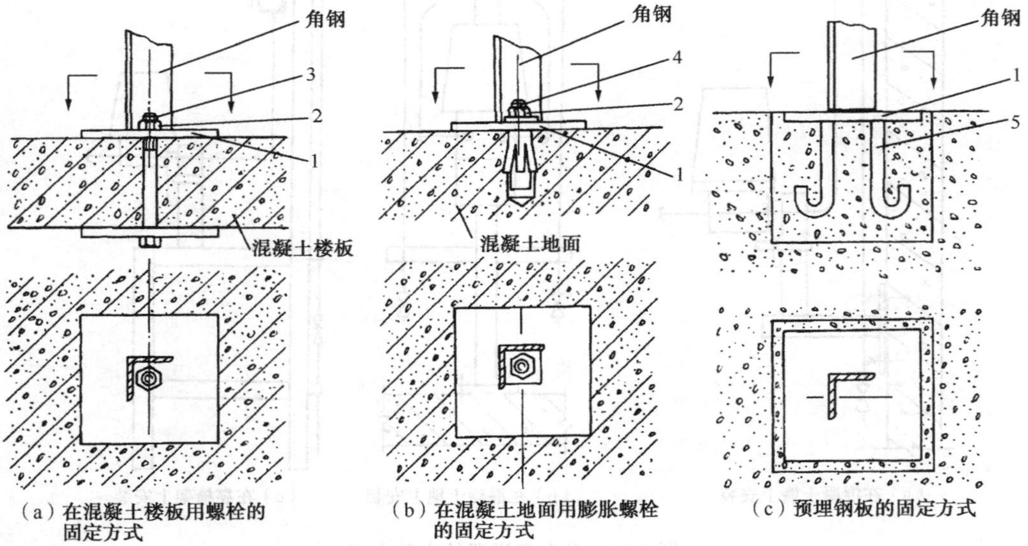

1—钢板；2—螺母；3—螺栓；4—膨胀螺栓；5—圆钢筋钩

图 8.23　支架在地面或楼板上的安装示意图

8.2 执行器的安装

执行器又称控制阀，从结构来说，执行器一般由执行机构和调节机构组成。根据执行机构使用的能源不同，执行器可分为气动、电动、液动三种。其中，气动执行器具有结构简单、动作可靠、本质安全防爆、价格低廉、维护方便等优点，因而在工业控制中应用最广泛。气动执行器按执行结构形式分气动薄膜式控制阀、气动活塞式控制阀和气动长行程控制阀。本节主要介绍常用的气动薄膜式控制阀、活塞式控制阀的安装和气动执行器主要附件的安装。

8.2.1 气动执行器安装的一般要求

（1）执行器安装位置应方便操作和维修，必要时应设置平台。执行器的上、下方应留有足够的空间，以便进行阀的拆装和维修。尤其装有阀门定位器和手轮机构的阀，还应保证观察、调整和操作的安全方便。

（2）执行器应垂直、正立安装在水平管道上。*DN* 大于 50mm 的阀，应设置永久性支架。

（3）一些重要场合，如执行器检修时不允许工艺停车时，应安装切断阀和旁路阀。控制阀组合形式如图 8.24 所示。其中图（a）推荐选用，阀组排列紧凑，控制阀维修方便，系统容易放空；图（b）推荐选用，控制阀维修比较方便；图（c）经常用于角形控制阀，控制阀可以自动排放，用于高压降时，流向应沿阀芯底进侧出；图（d）推荐选用，控制阀比较容易维修，旁路能自动排放；图（e）阀组排列紧凑，但控制阀维修不便，用于高压降时，流向应沿阀芯底进侧出；图（f）推荐选用，旁路能自动排放，但占地空间大。

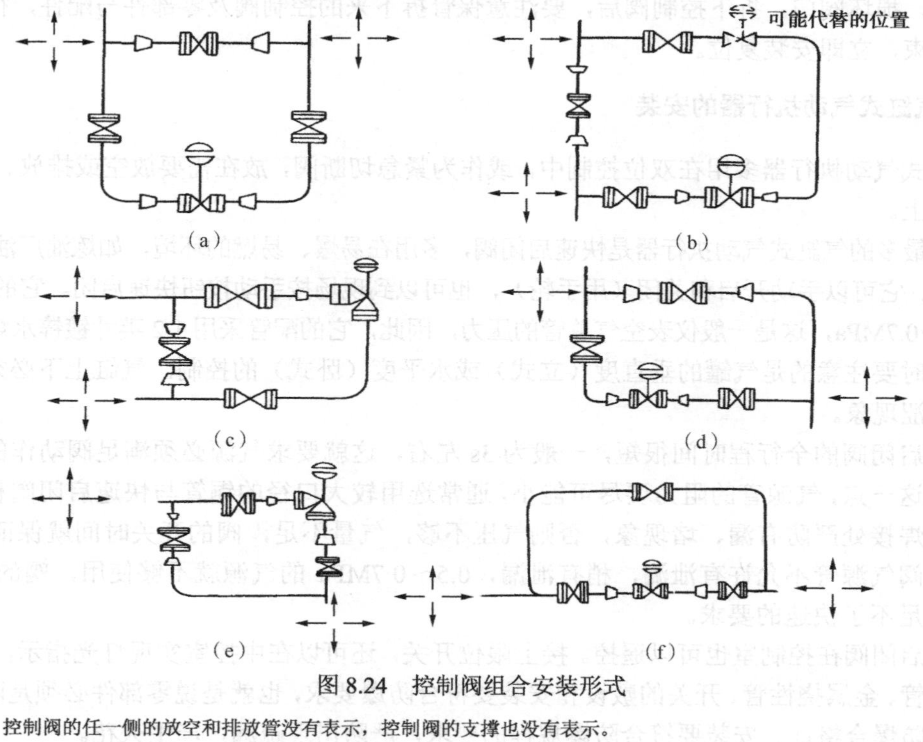

图 8.24 控制阀组合安装形式

注：控制阀的任一侧的放空和排放管没有表示，控制阀的支撑也没有表示。

（4）阀的工作环境温度一般不高于60℃，不低于－30℃，相对湿度不大于95%。环境温度太低，执行器的薄膜和密封环等橡胶制品零件易硬化变脆；环境温度太高，这些橡胶制品零件易老化。

（5）应远离震动的设备，必要时采取防震措施。

（6）用于高黏度、易结晶、易汽化及低温介质，应采取保温和防冻措施。

（7）执行器的口径与工艺管道不同时，应采用异径管。执行器一般采用法兰与工艺管道连接，对于小口径执行器安装也可采用螺纹连接。

（8）用于浆料和高黏度流体时，应配冲洗管线。

（9）凡未装阀门定位器的执行器，膜头上应安装控制信号的小型压力表。

（10）执行器在安装前应彻底清除管道内的异物，如杂质、焊渣等，安装后启用时应注意不能让杂质堵住或损伤执行器，必要时可把阀门拆下，用短节代替。

（11）执行器使用的气源及气路要进行净化处理，空气管路为$\phi 8\times1$和$\phi 6\times1$的铜管，管路连接要保证气密性。

8.2.2 气动执行器结构与安装

1. 控制阀的安装

控制阀分为气开和气关两种，气开阀即有气便开，无气关闭。在工艺配管时，控制阀安装完毕，因当时尚无供气，对气开阀来说是关闭的。当工艺管线要试压查漏与吹扫时，因没有供气，打不开阀门，此时只能把控制阀拆下，换上等长度的短节，以避免控制阀处结存铁锈、焊渣等污物，损坏阀门。拆下控制阀后，要注意保管拆下来的控制阀及零部件与配件，待试压、吹扫一结束，立即安装复位。

2. 气缸式气动执行器的安装

气缸式气动执行器多用在双位控制中，或作为紧急切断阀，放在需要放空或排放、泄压的关键管道上。

用得最多的气缸式气动执行器是快速启闭阀，多用在易爆、易燃的环境，如炼油厂油罐的进出口阀门。它可以手动开启和关闭（用手轮），也可以到现场按手动按钮快速启闭。它的气源压力为0.5～0.7MPa，这是一般仪表空气总管的压力，因此，它的配管采用1/2英寸镀锌水煤气管。

安装时要注意的是气罐的垂直度（立式）或水平度（卧式）的控制。气缸上下必须自如，不能有卡涩现象。

快速启闭阀的全行程时间很短，一般为3s左右，这就要求气源必须满足阀动作的需要。为了保证这一点，气源管的阻力要尽可能小，通常选用较大口径的铜管与快速启闭阀相配合，接头处与焊接处严防有漏、堵现象，否则气压不够，气量不足，阀的开关时间就保证不了。快速启闭阀气源管不允许有泄漏，稍有泄漏，0.5～0.7MPa的气源就不够使用，阀的开关不灵，或满足不了快速的要求。

快速启闭阀在控制室也可以遥控。接上限位开关，还可以在中控室实现灯光指示，这时的电气保护管、金属挠性管、开关的敷设和安装要符合防爆要求，也就是说零部件必须是防爆的，有相应的防爆合格证。安装要符合防爆规程的要求，严防出现疏漏，产生火花。

这种气缸式气动阀常用于放空阀、泄压阀、排污阀，在这些阀中，气缸式气动阀作为执行器。这几种阀是作为切断阀使用的，严防泄漏。因此，对气缸式气动阀的本体必须要进行仔细检查与试验，如阀体的强度试验、泄漏量试验。必要时，阀要进行研磨。

放空阀、泄压阀、排污阀都属遥控阀，气源管一直配到控制室，管道多用 1/2 英寸的镀锌水煤气管。在小型装置中一般采用螺纹连接。螺纹套完丝后，要清洗干净，不要把金属碎末留在管子里，以防 0.5MPa 的压力把它们吹到气缸里，卡在气缸壁与活塞的活动间隙，影响阀的运动。

在空分装置中，多用气缸或气动执行器作为蓄冷器的自动切换阀的执行器。切换信号通过电/气转换，由电信号转换成气信号，其转换装置是电磁阀。所以自动控制系统或遥控系统中，大多数情况是通过电信号到现场，在现场通过电/气转换（如电磁阀）达到气动控制目的的，这种方式也是大中型装置常使用的方法。

3. 电磁阀的安装

电磁阀是自动化控制装置中常用的执行器，或者作为直接的执行阀使用。电磁阀是电/气转换元件之一，线圈通电后（励磁）改变了阀芯与出气孔的位置，从而达到改变气路的目的。

电磁阀有直流与交流两种，安装时，要注意其电压。电磁阀的线圈都是用很细的铜丝（线）绕制而成的，电压等级不一致，很容易烧断。

电磁阀的安装位置很重要。通常电磁阀是水平安装的，因为要考虑铁芯的质量，若垂直安装，线圈的磁吸力不能克服铁芯的重力，电磁阀不能正常工作。因此，安装前，要仔细阅读说明书，弄清它的安装方式。

有些电磁阀不能频繁工作，否则会使线圈发热，影响正常工作和使用寿命。在这种情况下，一方面可以加强冷却，另一方面可以加些润滑油，以减小其活动的阻力。

电磁阀的安装要用支架固定，有些阀在线圈动作时，震动过大，更要注意固定的牢固性。固定的方法通常是用角铁做成支架，用扁钢固定。若电磁阀本身带固定螺丝孔，那么固定就简单多了。

电磁阀的配管、配线也要注意。配线除选择合适的电缆外，保护管一般为 1/2 英寸镀锌水煤气管或电气管，与电磁阀相连接的也要用金属挠性管。若用在防爆防火的场合，要注意符合防爆防火的条件，电磁阀本身必须是防爆产品，金属挠性管的接头也必须是防爆的。

电磁阀的气源管是采用 1/2 英寸镀锌水煤气管，有时也用$\phi18\times3$或$\phi14\times2$的无缝钢管。1/2 英寸镀锌水煤气管采用螺纹连接，$\phi18\times3$或$\phi14\times2$的无缝钢管采用焊接。不管采用什么连接方法，管道配好后要进行试压与吹扫，要保持气源管的干净。

上述电磁阀的作用其实是电/气转换，作为直接控制用的电磁阀多用在操作不方便处的排污或放空。这时，电磁阀直接接在工艺管道上，一般为 *DN*50 左右，这类电磁阀是通过线圈的励磁或断磁，吸合或排斥铁芯（或直接是阀芯，或通过铁芯带动阀芯）。

电磁阀与工艺阀一样，需经过试压，包括强度试验与泄漏量试验。泄漏量不合要求的电磁阀不能作为排污阀或放空阀。

电磁阀与工艺介质直接接触，要注意介质是否有腐蚀性。对腐蚀性介质要选择耐腐蚀性材质制造的阀芯。在含有腐蚀性气体的环境中，电磁阀不宜使用，因为它的线圈是铜制的，耐腐蚀性较差。

在安装电磁阀之前，要测量其接线端子间的绝缘电阻，也要测量它们与地的绝缘电阻，并做好记录。

4. 阀门定位器的结构与安装

阀门定位器是气动调节阀的主要附件，与气动执行机构配套使用，其功能结构图如图8.25所示。它接收控制器的输出信号，然后成比例地将输出信号送至气动执行机构，使阀杆产生位移，阀杆的位移量通过机械装置反馈到阀门定位器，当位移反馈信号与输入的控制信号相平衡时，阀杆停止动作，调节阀的开度与控制信号相对应。阀门定位器与气动执行机构构成的是一个负反馈系统，所以阀门定位器可以提高执行机构的线性度，实现准确定位，并且可以改变执行机构的特性，从而可以改变整个执行器的特性。阀门定位器还可以采用更高的气源压力，可增大执行机构的输出力，克服阀杆的摩擦力，消除不平衡力的影响和加快阀杆移动的速度。阀门定位器与执行机构安装在一起，可减少控制信号传输滞后。

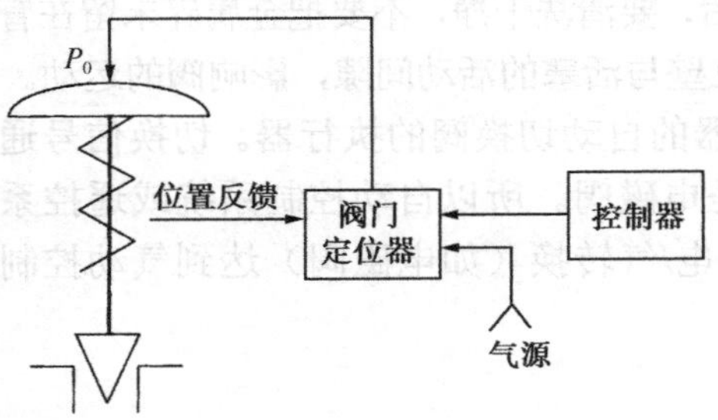

图8.25　阀门定位器的功能示意图

如图8.26所示为配气动薄膜执行机构的电/气阀门定位器结构示意图，是按力矩平衡原理工作的。当输入电流通入永久磁钢1中线圈时，线圈受永久磁钢作用，对主杠杆2产生一个向左的力，使主杠杆绕支点15逆时针偏转，固定在主杠杆上的挡板13靠近喷嘴，使喷嘴背压升高，经气动放大器14放大后输出气压也随之升高。此输出作用在气动执行机构8的薄膜气室，使阀杆向下运动。阀杆的位移通过反馈杆9绕支点4偏转，反馈凸轮5也跟着逆时针偏转，通过滚轮10使副杠杆6绕支点7顺时针偏转，从而使反馈弹簧11拉伸，反馈弹簧产生反馈力矩使主杠杆顺时针偏转。当反馈力矩与电磁力矩相平衡时，阀门定位器就达到平衡状态了。此时，阀杆就稳定在某一位置，从而实现了阀杆位移与输入信号电流成正比关系。

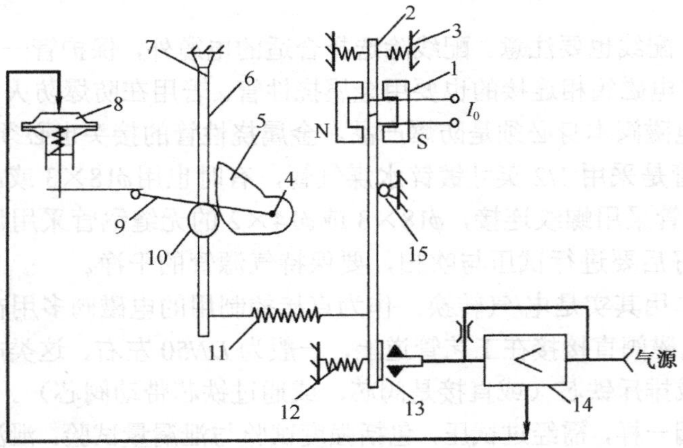

1—永久磁钢；2—主杠杆；3—迁移弹簧；4—支点；5—反馈凸轮；6—副杠杆；7—副杠杆支点；8—气动执行机构；9—反馈杆；10—滚轮；11—反馈弹簧；12—调零弹簧；13—喷嘴挡板机构；14—气动放大器；15—主杠杆支点

图8.26　配气动薄膜执行机构的电/气阀门定位器结构示意图

8.2.3　电动执行机构底座制作与安装

由钢板和型钢组成的底座由上、下钢板和支柱组成。电动执行机构固定在上钢板上，下钢板与地板或基础固定。

型钢制成的底座由角钢或槽钢制成，型钢一般直接焊在金属构件或预埋铁件上，电动执行机构直接固定在其上，安装示意图如图 8.27 所示。双角钢底座和单槽钢底座适用于力矩较小的 DKJ—210 和 DKJ—310 执行机构，双槽钢底座适用于力矩较大的 DKJ—610 和 DKJ—710 执行机构。

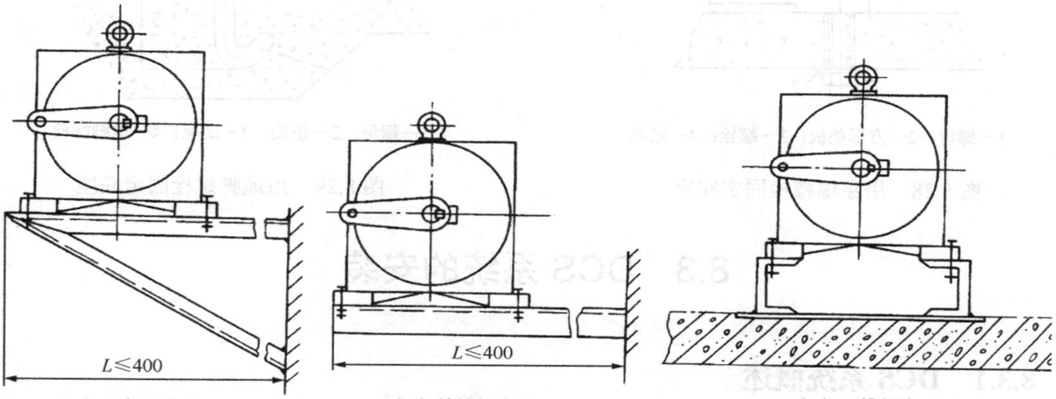

（a）双角钢底座　（b）单槽钢底座　（c）双槽钢底座

图 8.27　电动执行机构安装在型钢底座上的安装示意图

1. 电动执行机构安装注意事项

（1）执行机构一般安装在调节机构的附近，不得有碍通行和调节机构的检修，并应便于操作和维护。

（2）执行机构和调节机构连杆不宜过长，否则应加大连杆连接管的直径。

（3）执行机构和调节机构的转臂应在同一平面内动作（否则应加装中间装置或换向接头）。一般在 1/2 开度时，转臂应与连杆近似垂直。

（4）执行机构与调节机构用连杆连接后，应使执行机构的操作手轮顺时针转动时调节机构关小，逆时针转动时调节机构开大。如与此不符，应在执行机构上标明开关的手轮方向。

（5）当调节机构随主设备产生热态位移时，执行机构的安装应保证其和调节机构的相对位置不变，如二次风调节闸其执行机构可固定在二次风筒上，以便随调节机构一起移动。否则，可能在执行机构未操作时，其转臂随着锅炉热膨胀而自行动作，甚至发生碰坏拉杆等现象。在热管道上有热位移的调节阀，安装角行程执行机构时，亦需采取类似措施。

2. 固定底座

执行机构的底座应安装牢固、端正。安装底座或支架时，可按下列方法固定。

（1）底座安装在钢结构的平台上或有预埋铁的混凝土结构上时，可用电焊固定。如混凝土上未留钢筋时，可剔眼找出钢筋。

（2）底座安装在没有预埋铁的混凝土楼板上时，可按如图 8.28 所示的方式，采用穿墙螺栓固定，此时，楼板下的螺母上须加套 100mm×100mm×10mm 的方形垫板。当楼板强度不够时，应在楼板下用两条长 500～800mm 的 10 号槽钢来固定，安装后孔洞应填补水泥砂浆。图 8.29 所示方式为用地脚螺栓固定底座。

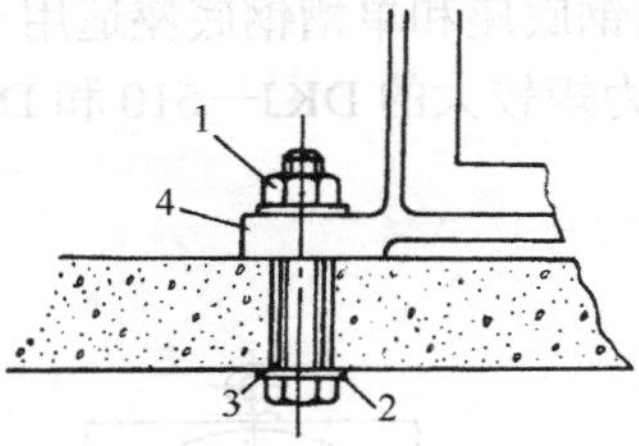

1—螺母；2—方形垫板；3—螺栓；4—底座

图 8.28 用穿墙螺栓固定底座

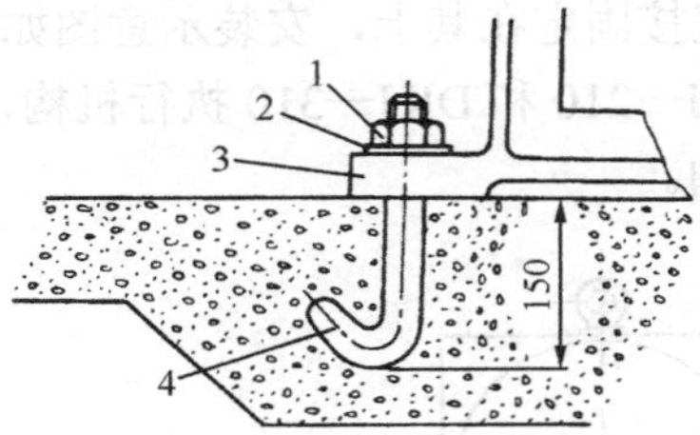

1—螺母；2—垫圈；3—底座；4—地脚螺栓

图 8.29 用地脚螺栓固定底座

8.3 DCS 系统的安装

8.3.1 DCS 系统概述

DCS 是分散控制系统（Distributed Control System）的简称，国内一般习惯称之为集散控制系统。它是一个由过程控制级和过程监控级组成的以通信网络为纽带的多级计算机系统，综合了计算机（Computer）、通信（Communication）、显示（CRT）和控制（Control）4C 技术，其基本思想是分散控制，集中操作，分级管理，配置灵活，组态方便。DCS 系统具有以下特点。

（1）高可靠性。由于 DCS 将系统控制功能分散在各台计算机上实现，系统结构采用容错设计，因此某一台计算机出现故障不会导致系统其他功能丧失。此外，由于系统中各台计算机所承担的任务比较单一，可以针对需要实现的功能采用具有特定结构和软件的专用计算机，从而使系统中每台计算机的可靠性得到提高。

（2）开放性。DCS 采用开放式、标准化、模块化和系列化设计，系统中各台计算机采用局域网方式通信，实现信息传输，当需要改变或扩充系统功能时，可将新增计算机方便地连入系统通信网络或从网络中卸下，几乎不影响系统其他计算机的工作。

（3）灵活性。通过组态软件根据不同的流程应用对象进行软、硬件组态，即确定测量与控制信号及相互间连接关系，从控制算法库选择适用的控制规律，以及从图形库调用基本图形组成所需的各种监控和报警画面，从而方便地构成所需的控制系统。

（4）易于维护。功能单一的小型或微型专用计算机，具有维护简单、方便的特点。当某一局部或某个计算机出现故障时，可以在不影响整个系统运行的情况下在线更换，迅速排除故障。

（5）协调性。各工作站之间通过通信网络传送各种数据，整个系统信息共享，协调工作，以完成控制系统的总体功能和优化处理。

（6）控制功能齐全。控制算法丰富，集连续控制、顺序控制和批处理控制于一体，可实现串级、前馈、解耦、自适应和预测控制等先进控制，并可方便地加入所需的特殊控制算法。

DCS 的构成方式十分灵活，可由专用的管理计算机站、操作员站、工程师站、记录站、现场控制站和数据采集站等组成，也可由通用的服务器、工业控制计算机和可编程控制器构成。处于底层的过程控制级一般由分散的现场控制站、数据采集站等就地实现数据采集和控制，并通过数据通信网络传送到生产监控级计算机。生产监控级对来自过程控制级的数据进行集中操作管理，如各种优化计算、统计报表、故障诊断、显示报警等。随着计算机技术的发展，DCS 可以按照需要与更高性能的计算机设备，通过网络连接来实现更高级的集中管理功能，如计划调度、仓储管理、能源管理等。

DCS 应由两部分组成。第一部分是中心控制室内的集散控制系统软、硬件设备，电源部分和内部电缆，这一部分通常称为集散控制系统；第二部分是现场仪表，只有现场仪表与作为控制的集散控制系统紧密配合，DCS 才能真正发挥作用。图 8.30 和表 8.1 所示分别为 DCS 系统硬件结构图及其对应的设备列表。

现场仪表的安装就是常规仪表安装，在前面章节已经介绍，本节着重介绍集散系统本体的安装。

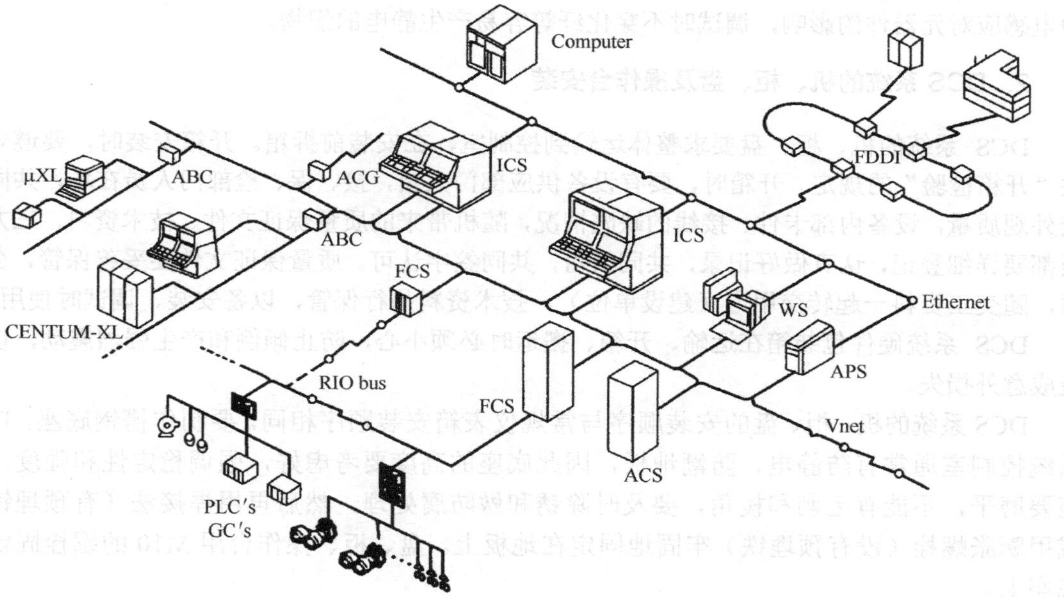

图 8.30　DCS 系统硬件结构图

表 8.1　DCS 系统设备列表

符　号	设 备 名 称	符　号	设 备 名 称	符　号	设 备 名 称
APS	应用站	RIO bus	远程输入/输出总线		
WS	工作站	EIO bus	电气控制用现场输入/输出总线	INV	电动机驱动
FCS	现场控制站	ECS	电气控制站	ACG	通信接口单元
ACS	高级控制站	ICS	人机接口监控站	ABC	总线转换器
MCC	电机控制中心	IO	输入/输出设备	FDDI	光纤分散型数据接口
PLC	可编程逻辑控制器	TCS	离散控制站		

8.3.2 DCS 系统的安装

DCS 系统本体由硬件和软件组成。DCS 系统的硬件安装包括盘、柜、机的安装和它们之间的连线，系统工作接地，电源及基本控制器、多功能控制器的安装，安全接地与隔离。

1. DCS 系统安装的外部条件

DCS 系统安装的外部条件就是控制室和操作室具备使用的条件。对 DCS 系统的控制室和操作室的要求高于常规仪表的中控室，对室内温度、湿度、清洁度都有严格的要求。在安装前，控制室和操作室的土建、安装、电气、装修工程必须全部完工，室内装饰符合设计要求，空调机启用，并配有吸尘器。其环境温度、湿度、照度，以及空气的净化程度必须符合集散系统运行条件，才可开箱安装。

DCS 系统的安装对安装人员也有严格的要求，安装人员必须保持清洁，到控制室或操作室工作必须换上干净的专用拖鞋，以防带灰尘进入集散系统装置内。有条件的话，要尽量避免静电感应对元器件的影响，调试时不穿化纤等容易产生静电的织物。

2. DCS 系统的机、柜、盘及操作台安装

DCS 系统的机、柜、盘要求整体运输到控制室，在安装前拆箱。开箱安装时，要遵守有关“开箱检验”的规定。开箱时，要有设备供应部门人员，接、保、检部门人员在场，共同检查外观质量，设备内部卡件、接线的缺陷情况，随机带来的质量保证文件、技术资料，三方人员都要详细登记，认真做好记录，共同核对，共同签字认可。质量保证文件要妥善保管，交工时，随交工资料一起转交甲方（建设单位），技术资料另行保管，以备安装、调试时使用。

DCS 系统硬件包装箱在运输、开箱、搬运时必须小心，防止倾倒和产生强烈震动，以免造成意外损失。

DCS 系统的机、柜、盘的安装顺序与常规仪表箱安装顺序相同。要制作槽钢底座，DCS 系统控制室通常有防静电、防潮地板，因此底座的高度要考虑好，强调稳定性和强度。底座要磨平，不能有毛刺和棱角，要及时除锈和做防腐处理，然后再用焊接法（有预埋铁）或用膨胀螺栓（没有预埋铁）牢固地固定在地板上。盘、柜、操作台用 M10 的螺栓固定在底座上。

3. 接地及接地系统的安装

DCS 系统对接地的要求要远高于常规仪表。它分为本质安全接地、系统直流工作接地、交流电源的保护接地和安全保护接地等。各类接地系统、各接地母线之间彼此绝缘。各接地系统检查无混线后，方能与各自母线和接地极相连。

系统直流工作接地有时又称为数据高速通路逻辑参考地。不同机型有不同要求，接地电阻一般不能超过 1Ω，因此必须打接地极。在地下水位很高的地方容易做到，但在地下水位不高的地方相对困难，但必须要达到小于 1Ω的要求，因此有时要采取一些特殊的减小电阻损失的措施。其他系统接地要求是接地电阻小于 4Ω。安全保护接地还可以与全厂系统接地网连起来。

组成系统的模件、模块比较娇贵，有的怕静电感应，有的承受不了雷击感应，安装时要注意说明书中对接地的要求。

不同的DCS厂家对其产品的接地要求各有不同，一般要按厂家的安装要求接地。图8.31所示为DCS系统的接地图。

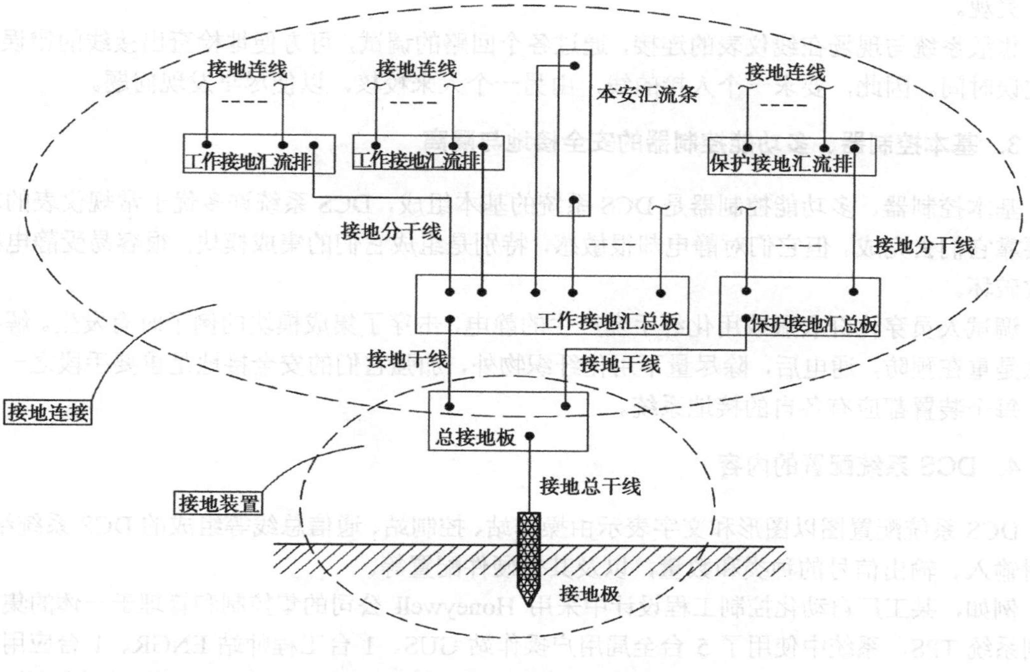

图 8.31 DCS 系统的接地图

8.3.3 DCS 系统的接线

DCS 系统的接线主要有两大部分：第一部分是硬件设备之间的连接，第二部分是集散系统和在线仪表包括执行器的连接。

1. 硬件设备之间的连接

这种连接在控制室内部进行，大多采用多芯（65芯或50芯）屏蔽双绞线或同轴电缆，用已标准化了的插件插接，这些电缆又称为系统电缆。插接件很多，要仔细、谨慎，绝对不能误插、错插。通常情况是由一个人或一个小组主接电缆，主接插接件，另一个人或另一小组按图审核，若审核没问题即算通过。审核有问题，两人或两个小组共同商量，找出错接、误接原因，正确接线后，最好由第三方重新审核（主要是错接部分）。总之，要保证接线准确无误。

2. 集散系统和在线仪表的连接

控制室与现场仪表的连接，量大点多，这种连接有两种基本形式。

第一种形式是一根电缆从头到尾，也就是与现场仪表或现场执行器连接的两芯电缆一直到控制室集散系统相应的模件接线端子上。

第二种形式是从控制室用主电缆（一般为30芯）到现场点集中的地方，通过接线盒，再分别用两芯电缆到每一个一次点上。这两种电缆敷设形式都很常用，通常引进项目以多芯电缆为多。不管采用哪一种接线方法，每组信号都要经过三个接点。一般的集散系统都有上百个回路，它的接点可多达4～5万个，而每一个接点都必须准确无误，牢固可靠，并且要求排列整齐、美观。

集散系统与现场在线仪表的连接，通过各个回路的调试，可方便地检查出接线的错误，但很耽误时间。因此，要求一个人接的线，由另一个人来校核，以便尽早发现问题。

3. 基本控制器、多功能控制器的安全接地与隔离

基本控制器、多功能控制器是DCS系统的基本组成，DCS系统许多优于常规仪表的功能都要靠它们去完成。但它们对静电却很敏感，特别是组成它们的集成模块，很容易受静电感应而被破坏。

调试人员穿化纤衣服或用化纤手套产生的静电，击穿了集成模块的例子时有发生。解决的办法是重在预防，通电后，除尽量不用化纤织物外，加强它们的安全接地是重要手段之一，因此，每个装置都应有各自的接地系统。

4. DCS系统配置的内容

DCS系统配置图以图形和文字表示由操作站、控制站、通信总线等组成的DCS系统结构，并附输入、输出信号的种类和数量，以及其他硬件配置等。

例如，某工厂自动化控制工程设计中采用Honeywell公司的集控制和管理于一体的集散型控制系统TPS，系统中使用了5台全局用户操作站GUS、1台工程师站ENGR、1台应用模件AM和1台历史模件HM。网络接口模件NIM、高性能过程管理站HPM、局部控制网络LCN和万能控制网络UCN都是双重化冗余配置。DCS系统配置如图8.32所示，图中的设备如表8.2所示。

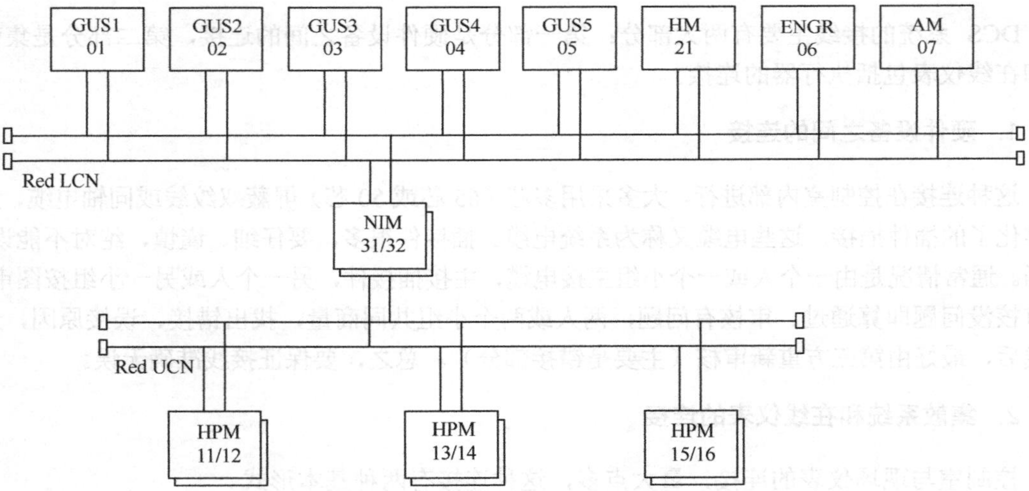

图8.32　DCS系统配置

表 8.2　DCS 系统硬件配置

序　号	位号或符号	名　称	数　量
1	GUS	全局用户操作站	5
2	HM	历史模件	1
3	ENGR	工程师站	1
4	AM	应用模件	1
5	LCN	局部控制网络	2
6	NIM	网络接口模件	2
7	UCN	万能控制网络	2
8	HPM	高性能过程管理站	6

8.4　现场总线系统

8.4.1　现场总线系统概述

由现场总线组成的网络集成式全分布控制系统，称为现场总线控制系统（FCS）。这是继基地式仪表控制系统、单元组合式模拟仪表控制系统、数字仪表控制系统、DCS 系统后的新一代控制系统。

DCS 系统中，过程控制用计算机是数字系统，但测量变送仪表一般是模拟仪表，所以整个系统是一种模拟/数字混合系统，可以实现装置级、车间级的集散控制和优化控制。但 DCS 系统由于生产厂商不是采用统一标准，各厂家产品自成系统，不同厂商产品不能互连在一起，故难以实现互换和互操作，更难达到信息共享。

现场总线系统突破了 DCS 系统中通信由专用网络的封闭系统来实现所造成的缺陷，把基于封闭、专用的解决方案变成了基于公开化、标准化的解决方案，即可以把来自不同厂商而遵守同一协议规范的自动化设备通过现场总线网络连成系统，实现综合自动化的各种功能。同时把 DCS 集中与分散相结合的集散系统结构，变成了新型全分布式结构，把控制功能彻底下放到现场，依靠现场智能设备本身便可以实现基本控制功能。

伴随着控制系统结构与测控仪表的更新换代，系统的功能、性能也在不断完善与发展。现场总线系统得益于仪表微机化及设备的通信功能，把微处理器置入现场自动化控制设备，使设备具有数字计算和数字通信能力，一方面提高了信号的测量、控制和传输精度，另一方面丰富了控制信息的内容，为实现其远程传送创造了条件。在现场总线系统中，借助设备的计算、通信能力，在现场就可以进行许多复杂计算，形成真正分散在现场的完整控制系统，提高控制系统运行的可靠性。还可以借助现场总线网段，以及与之有通信关系的网段，实现异地远程自动控制。现场总线设备提供传统仪表所不能提供的如阀门开关动作次数、故障诊断等信息，便于操作人员更好更深入地了解生产现场和自动化控制设备的运行状况。

1. 现场总线实现了彻底的分散控制

传统的模拟控制系统采用一对一的设备连接，按控制回路、检测回路分别进行连接。也就是说，位于现场的各类变送器、检测仪表、各类执行机构、调节阀、开关、电机等，和位于控制室内的盘装仪表或DCS系统中监控站内的输入/输出接口之间，均为一对一的物理连接。

现场总线系统采用了智能现场设备，能够把原先DCS系统中处于控制室的控制模块，各类输入/输出模块置入现场设备，再加上现场设备具有通信能力，现场的测量变送仪表可以与调节阀等执行机构直接传送信号，因而FCS的控制系统能够不依赖控制室的计算机或控制仪表而直接在现场完成，实现了彻底的分散控制。

2. 现场总线简化了系统结构

由于采用数字信号替代模拟信号，因而可实现一对电线上传输多个信号，如图8.33所示。现场总线同时又为多个设备提供电源，现场设备不再需要模拟/数字、数字/模拟转换部件，简化了系统结构，节省了连接电缆和安装费用。

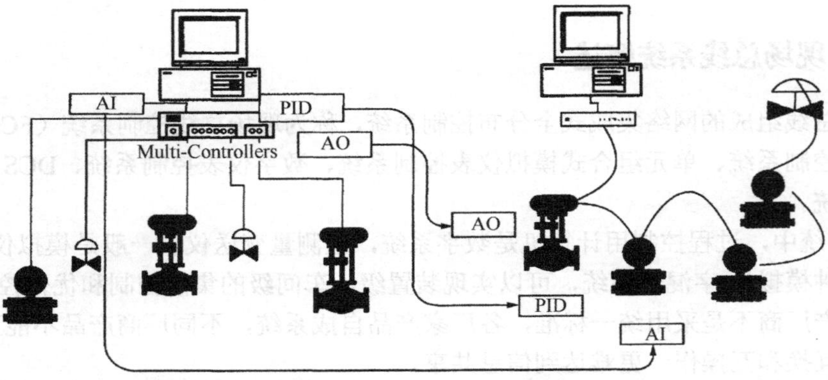

图8.33 现场总线控制系统与传统控制系统结构的比较

8.4.2 现场总线系统安装

由于现场总线系统具有数字化通信特征，所以现场总线系统布线和安装与传统的模拟控制系统有很大的分别。

如图8.34所示是一个典型的基金会现场总线网段，其中有作为链路主管、组态器和人机界面的PC，符合FF通信规范要求的PC接口插卡，网段上挂接的现场设备，总线供电电源，连接在网段两端的终端器，电缆式双绞线及连接端子。

如果现场设备间距离较长，超出规范要求的1900m时，可采用中断器延长网段长度，增加网段上的连接设备数；还可采用网桥或网关与不同速度、不同协议的网段连接。在有本质安全防爆要求的危险场所，现场总线网段还应配有本质安全防爆栅，如图8.35所示为现场总线的本安网段示例。

网段上连接的现场设备有两种：一种是总线供电式现场设备，需要从总线上获取工作电源，总线供电电源就是为这种设备准备的；另一种是单纯供电的现场设备，不需要从总线上获取工作电源。

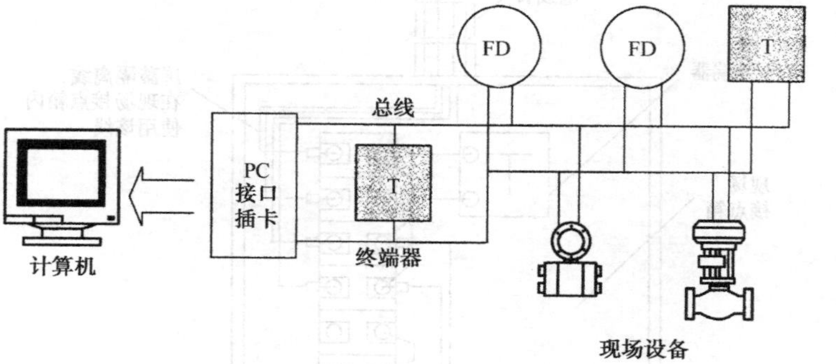

图 8.34　现场总线网段的基本构成

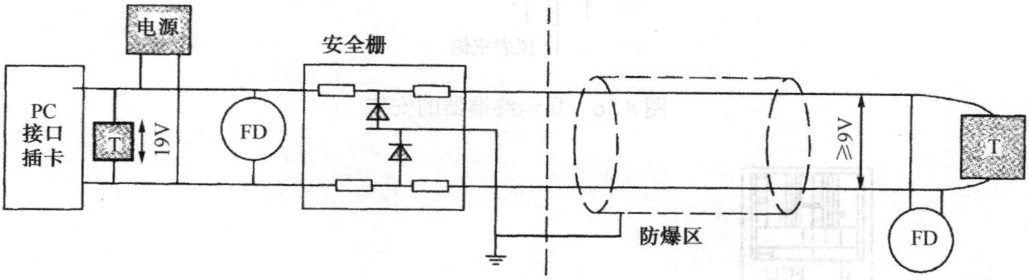

图 8.35　现场总线的本安网段

终端器是连接在总线末端或末端附近的阻抗匹配元件。每个总线段上需要两个，而且只能有两个终端器。在安装前要了解清楚是否某个设备已有终端器，避免重复使用，影响总线的数据传输。终端器采用反射波原理使信号变形最小，它所起到的作用是保护信号，使信号少受衰减与畸变。有封装好的终端器商品供选购、安装。有时也将终端器电路内置在电源、安全栅、PC 接口下或端子排内。

为了提高耐环境性，免受机械性冲击，将终端器设置在分线箱或现场接点箱内，也可将终端器配置在现场仪表内。如图 8.36 所示为显示终端器的安装。

具有代表性的现场总线控制系统的布线有两种：总线型和树状。

（1）总线型布线。总线型布线将电源和系统设备设置在控制室内。从连接在系统设备上的总线通信模块（ACF11）向现场各部配线，这种现场总线可以连接各种现场设备，并且可以在现场总线两端连接终端器。根据需要也可将终端器放入现场接点箱内。总线型布线图如图 8.37 所示。

（2）树状布线。树状布线时，各种现场仪表通过现场接点箱连接在现场总线上，把现场仪表集中设置在一定区域，在区域中心设置一台终端器，可以缩短各连接现场仪表分支电缆的长度。树状布线时，电缆最大长度和总线型布线相同。树状布线图如图 8.38 所示。

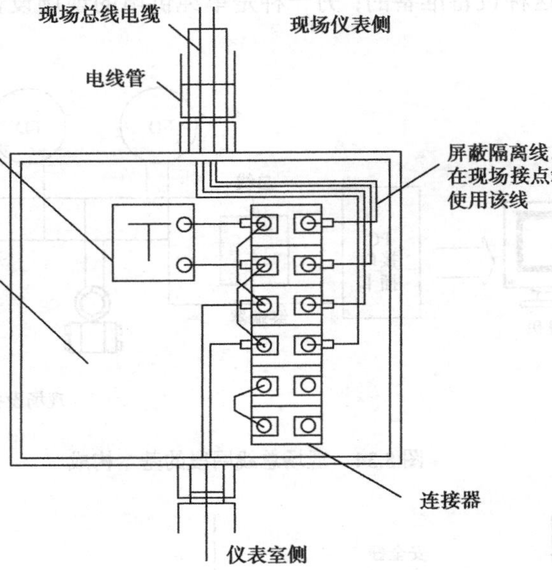

图 8.36　显示终端器的安装

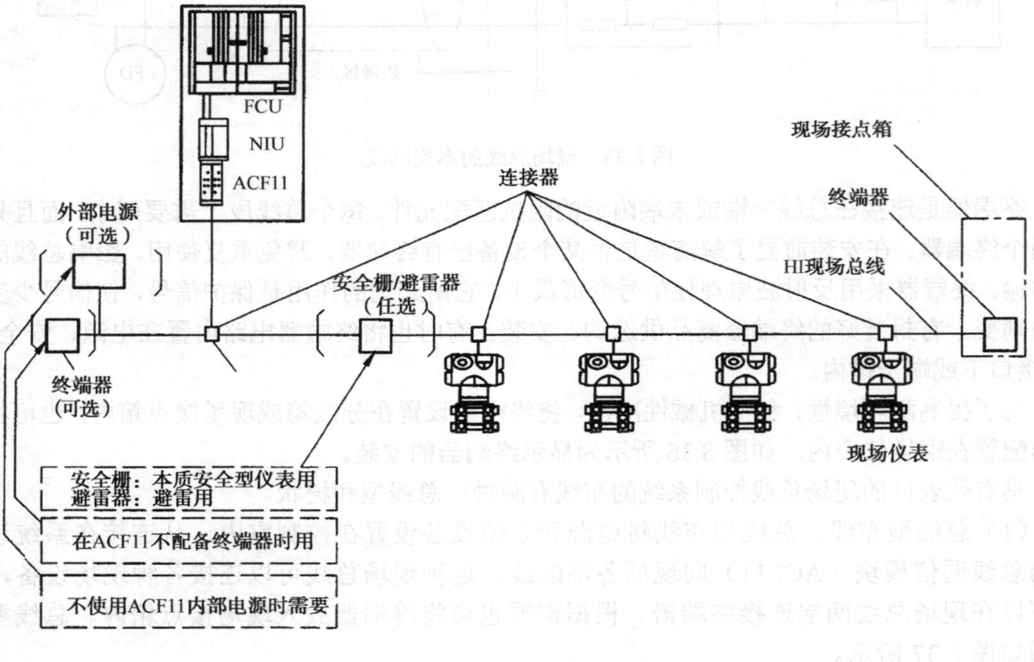

图 8.37　总线型布线图

现场总线中可使用多种型号的电缆，在表 8.3 中列出了 A、B、C、D 4 种电缆可供选用，其中 A 型为新安装系统中推荐使用的电缆。当工厂中同一地区有多条现场总线时，或者在改造安装工程中，多采用 B 型，即屏蔽多股双绞线。C、D 两种型号电缆主要应用于改造工程中，相对 A、B 而言，C、D 在使用长度上要短。

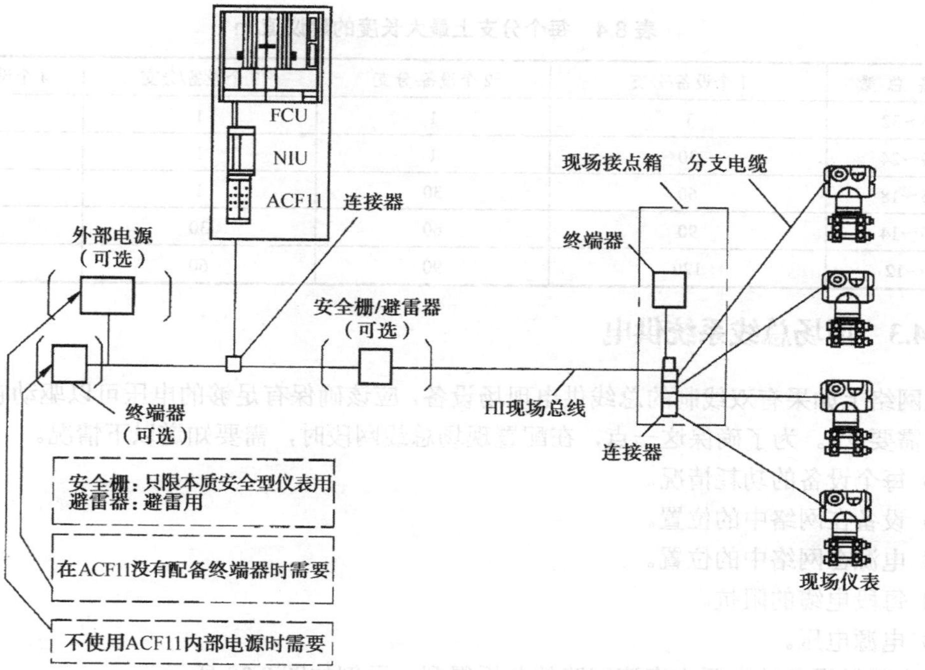

图 8.38　树状布线图

表 8.3　现场总线电缆规格

型　号	特　征	规格/mm²	最大长度/m	型　号	特　征	规格/mm²	最大长度/m
A	屏蔽双绞线	0.8	1200	C	无屏蔽多股双绞线	0.13	400
B	屏蔽多股双绞线	0.32	1200	D	外层屏蔽、多芯非双绞线	0.125	200

中继器是总线供电或非总线供电的设备，用来扩展现场总线网络。在现场总线网络任何两个设备之间最多可以使用 4 个中继器。使用 4 个中继器时，网络中两个设备间的最大距离可达 9500m。

网桥是总线供电或非总线供电的设备，用于连接不同速度或不同物理层（如金属线、光导纤维等）的现场总线网段，而组成一个大网络。

网关是总线供电或非总线供电的设备，用于将某一现场总线的网段连向遵循其他通信协议的网段，如以太网、RS485 等。

现场总线的网段由主干及其分支构成。主干是指总线段上挂接设备的最长电缆路径，其他与之相连的线缆通道都叫作分支线。网络扩充是指在主干的任何一点分接或者延伸，并添加网络设备。网络扩充应遵循一定的规则，或者说应受到某些限制，如网段上的主干长度和分支线长度的总和是受到限制的。不同类型的电缆对应不同的最大长度，长度应包括主干线缆和分支线的总和，其最大长度如表 8.4 所示。

表 8.4　每个分支上最大长度的建议值/m

设备总数	1个设备/分支	2个设备/分支	3个设备/分支	4个设备/分支
25～32	1	1	1	1
19～24	30	1	1	1
15～18	60	30	1	1
13～14	90	60	30	1
1～12	120	90	60	30

8.4.3　现场总线系统供电

在网络上如果有双线制的总线供电现场设备，应该确保有足够的电压可以驱动它，每个设备至少需要9V。为了确保这一点，在配置现场总线网段时，需要知道以下情况。

① 每个设备的功耗情况。

② 设备在网络中的位置。

③ 电源在网络中的位置。

④ 每段电缆的阻抗。

⑤ 电源电压。

每个现场设备的电压由直流回路的分析得到，示例如图 8.39 所示。

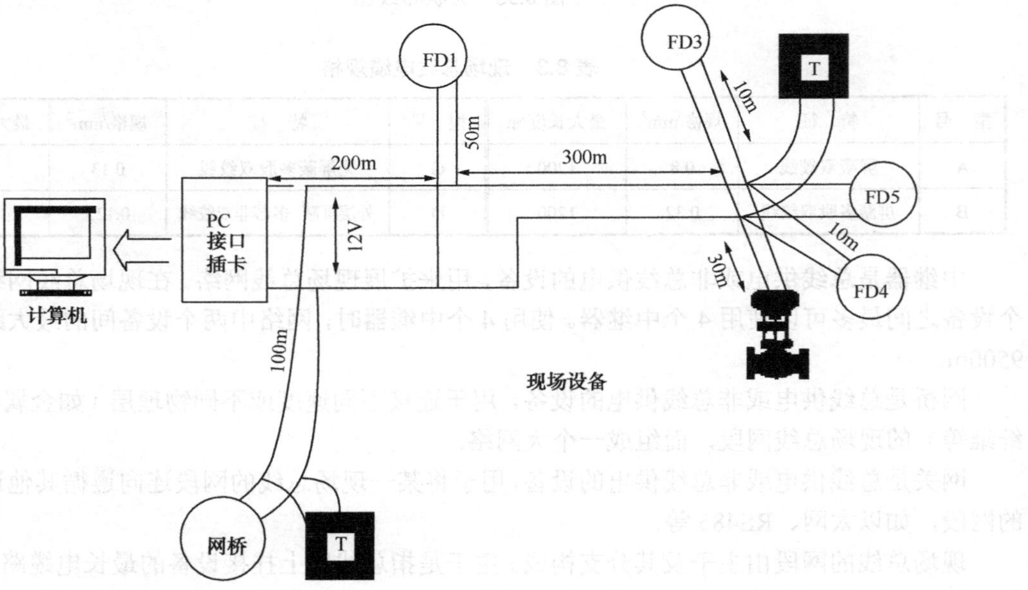

图 8.39　电源与网段配线示例

图中，假设在接口板处设置一个12V的电源，而且在网络中全部使用B型电缆。在10m的分支线处，一个现场设备FD5采用单独供电方式（是一双线制现场设备）；在10m分支线处，有一个现场设备FD3，耗电流为20mA；其他设备各自耗能为10mA；网桥为单独供电方式，它不消耗任何网络电流。忽略温度影响，每米导线电阻为0.1Ω。表8.5所示为每段电缆的电阻、流经此段的电流及压降。

表 8.5　图 8.39 中各段的电路参数

网段长度/m	电阻/Ω	电流/A	压降/V	网段长度/m	电阻/Ω	电流/A	压降/V
200	20	0.05	1.0	10	1	0.02	0.02
50	5	0.01	0.05	30	3	0.01	0.03
300	30	0.04	1.2				

某些情况下，网络可能负荷过重，以至于不得不考虑重新摆放电源的位置，使每个设备的供电电压得到满足。当进行这些计算时，还要考虑高温状态下电缆的电阻会增加的因素。

现场总线规定了几种型号的总线供电电源，其中 131 型为给安全栅供电的非本安电源；133 型为推荐使用的本安型电源；132 型为普通非本安电源，输出电压最大值为直流 32V。按照规范要求，现场设备从总线上得到的电源不能低于直流 9V，以保证现场设备的正常工作。

现场总线上的供电电源需要有一个电阻/电感式阻抗匹配网络。阻抗匹配可在网络一侧实现，也可将它嵌入到总线电源中。可以按照 IEC/ISA 物理层标准要求，组成电源的冗余式结构。

实 训 课 题

1. 现场仪表安装。
2. 压力表的几种安装方式。
3. 差压式流量计的安装方式。
4. 冷凝器和隔离器的安装。
5. 变送器、导压管、三阀组的连接安装。
6. 气动薄膜控制阀的安装。
7. 阀门定位器的安装。
8. 电磁阀的安装。

思 考 题

1. 什么是现场仪表？什么是一次仪表？什么是二次仪表？现场仪表安装的一般要求是什么？
2. 安装压力表时，什么情况下要加装冷凝管？什么情况下要采用隔离法安装？
3. 在什么情况下差压式流量计要加装冷凝器和隔离器？
4. 差压式流量计测量气体流量时，为什么优先选用差压仪表高于节流装置？差压式流量计测量液体或蒸汽流量时，为什么优先选用差压仪表低于节流装置？
5. 什么安装情况下差压液位计会出现正、负迁移？
6. 浮筒式液位计有哪几种安装方式？什么情况下，需采用外浮筒式？
7. 安装辐射式液位计时应注意什么？
8. 气动执行器安装的一般要求是什么？

9．画出调节阀阀组组合的几种使用方案。流体比较脏时，最好采用什么方式？
10．气动薄膜控制阀除遵循气动执行器安装的一般要求外，还要注意什么问题？
11．什么情况下需采用阀门定位器？
12．电磁阀安装时应注意什么问题？
13．集散系统本体由哪些硬件和软件组成？
14．画出现场总线的本安网段图。
15．DCS 系统安装的外部条件是什么？

第 9 章

生产过程自动化仪表安全防护

【知识目标】

1．了解易燃易爆场所对防爆仪表电气设备的安全要求。

2．熟悉气体爆炸危险场所防爆电气设备的选型。

3．熟悉仪表保温材料的基本要求。

【技能目标】

1．掌握易燃易爆场所对防爆仪表电气设备的安装。

2．会对仪表、电气设备、屏蔽层等用接地线与接地体连接。

3．会仪表接地线的选择及安装。

【素质目标】

在以安装为主线的一体化教学过程中，培训学员的团队合作能力；专业技术交流的表达能力；制订工作计划的方法能力；获取新知识、新技能的学习能力；解决实际问题的工作能力。

9.1 防爆和接地

9.1.1 安全防爆

爆炸是由于氧化或其他放热反应引起温度和压力升高的化学现象，具有极大的破坏力。许多工厂里的介质具有爆炸性和易燃性，由于设备或管道密封不良，引起易爆或易燃物质外溢，当其与空气中氧气混合到一定比例时，如果遇到火种，就会引起爆炸或失火燃烧等严重事故，对人身和设备将造成各种严重损害。各种仪表、信号和电气接点工作时引起的火花，电气设备短路时形成的火花、电弧都可以构成事故的导火线。

工厂企业常用的防火、防爆措施，一是根据设备装设场所的爆炸危险程度与场所内爆炸性混合物的爆炸性能选择合适的防爆仪表设备；二是设备仪表的安装布置应符合防爆要求；三是仪表的操作、维护和故障处理，必须符合安全防爆规范，做到安全第一。

1．爆炸性物质和爆炸危险场所等级划分

（1）爆炸性物质分类。根据《中华人民共和国爆炸危险场所电气安全规程》，对爆炸性物质进行分类。爆炸性物质可分为如下 3 类。

Ⅰ类：矿井甲烷。

Ⅱ类：爆炸性气体、蒸汽。

Ⅲ类：爆炸性粉尘、纤维。

对工厂企业，爆炸物质主要是Ⅱ类和Ⅲ类。

Ⅱ类爆炸性气体（含蒸汽和薄雾）按最大试验安全间隙和最小点燃电流比分 A、B、C 三级。

最大实验安全间隙（MESG）是指在标准规定试验条件下，壳内所有浓度的被试验气体或蒸汽与空气的混合物点燃后，通过 25mm 长的接合面均不能点燃壳外爆炸性气体混合物。

最小点燃电流（MIC）是指在规定的试验条件下，能点燃最易点燃混合物的最小电流。

最小点燃电流比（MICR）是指在规定的试验条件下，对直流 24V、95mH 的电感电路，用火花试验装置进行点燃试验，各种气体或蒸汽与空气混合物的最小点燃电流对甲烷与空气的混合物的最小点燃电流之比。

按引燃温度可以分为 T1、T2、T3、T4、T5、T6 六组。

爆炸性气体分类、分级及分组标准如表 9.1 所示。

表 9.1　爆炸性气体分类、分级及分组标准

分类和分级	MESG/mm	MICR	引燃温度与组别					
			T1	T2	T3	T4	T5	T6
			T>450℃	450℃≥T>300℃	300℃≥T>200℃	200℃≥T>135℃	135℃≥T>100℃	100℃≥T>85℃
Ⅰ	MESG=1.14	MICR=1.0	甲烷					
ⅡA	0.9<MESG<1.14	0.8<MICR<1.0	乙烷、丙烷、丙酮、苯乙烯、氯乙烯、氨苯、甲苯、苯胺、甲醇、一氧化碳、乙酸乙酯、乙酸、丙烯酯	丁烷、乙醇、丙烯、丁醇、乙酸丁酯、乙酸戊酯、乙酸酐	戊烷、己烷、庚烷、癸烷、辛烷、汽油、硫化氢、环己烷	乙醚、乙醛		亚硝酸乙酯
ⅡB	0.5<MESG≤0.9	0.45<MICR≤0.8	二甲醚、民用煤气、环丙烷	环氧乙烷、环氧丙烷、丁二烯、乙烯	异戊二烯			
ⅡC	MESG≤0.5	MICR≤0.45	水煤气、氢焦炉煤气	乙炔			二硫化碳	硝酸乙酯

Ⅲ类爆炸性粉尘按其物理性质分 A、B 两级。按引燃温度分 T1—1、T1—2、T1—3 三组。

引燃温度是指按标准试验方法试验时，引燃爆炸性混合物的最低温度。

爆炸性粉尘分级、分组标准如表 9.2 所示。

表 9.2　爆炸性粉尘分级、分组标准

类别和级别	粉尘物质	引燃温度与组别		
		TI—1	TI—2	TI—3
		T>270℃	270℃≥T>200℃	200℃≥T>140℃
ⅢA	非导电性可燃纤维	木棉纤维、烟草纤维、纸纤维、亚硫酸盐纤维、人造毛短纤维、亚麻	木质纤维	
	非导电性爆炸性粉尘	小麦、玉米、砂糖、橡胶、染料、聚乙烯、苯酚树脂	可可、米糖	

续表

类别和级别	粉尘物质	引燃温度与组别		
		TI—1	TI—2	TI—3
		T>270℃	270℃≥T>200℃	200℃≥T>140℃
IIIB	导电性爆炸性粉尘	镁、铝、铝青铜、锌、钛、焦炭、炭黑	铝（含油）、铁、煤	
	火炸药粉尘		黑火药、TNT	硝化棉、吸收药、黑索金、特屈儿、泰安

（2）爆炸危险场所分类。爆炸危险场所按爆炸性物质的物态可以分为两类，即气体爆炸危险场所和粉尘爆炸危险场所。按爆炸性物质出现的频度、持续时间和危险程度进行划分，气体爆炸危险场所可分为 0 级、1 级和 2 级，如表 9.3 所示；粉尘爆炸危险场所可分为 10 级、11 级，如表 9.4 所示。

表 9.3　气体爆炸危险场所等级

等　级	场　所
0 级	正常情况下，爆炸性气体混合物连续短时间频繁出现或长时间存放的场所
1 级	正常情况下，爆炸性气体混合物有可能出现的场所
2 级	正常情况下，爆炸性气体混合物不能出现，仅在不正常情况下偶尔短时间出现的场所

表 9.4　粉尘爆炸危险场所等级

等　级	场　所
10 级	正常情况下，爆炸性粉尘或可燃纤维与空气的混合物可能连续短时间频繁出现或长时间出现的区域
11 级	正常情况下，上述混合物不能出现，仅在不正常情况下偶尔短时间出现的区域

工厂一般都在较明显处标明某车间或区域属于哪一种防爆等级或防爆区域。对安全防爆等级要求高的区域，进出该区的人员着装都要从安全角度出发考虑，如必须穿防静电的工作服等。初学者进入工厂时，一定要注意区分并按规定统一着装。在防爆等级高的场所，为安全起见，须绝对禁止烟火。

2. 易燃易爆场所对防爆仪表电气设备的安全要求

一般规定，爆炸危险场所使用的防爆仪表电气设备，需经劳动人事部指定的鉴定单位检验合格。在运行过程中，防爆电气设备必须具有不引燃周围爆炸性混合物的性能。

防爆仪表电气设备形式很多，有隔爆型、增安型、本质安全型、正压型、充油型、充砂型、无火花型、防爆特殊型和粉尘防爆型等。对于电动防爆仪表，通常采用隔爆型、增安型和本质安全型 3 种。

防爆仪表电气设备的分类、分级和分组与爆炸性物质的分类、分级和分组方法相同，其等级参数及符号也相同。所不同的是爆炸物质分组按引燃温度分为 6 组，而仪表电气设备按表面温度（对爆炸物质为引燃温度）分为 6 组，其中指标均相同。

（1）仪表电气设备的基本要求。

① 隔爆型仪表电气设备是指把能点燃爆炸性混合物的部件封闭在一个外壳内，该外壳能

承受内部爆炸性混合物的爆炸压力，并阻止其向周围的爆炸性混合物传爆的仪表电气设备。

② 增安型仪表电气设备是指在正常运行条件下不会产生点燃爆炸性混合物的火花或危险温度，并在结构上采取措施，提高其安全程度，以免在正常和规定过载条件下，出现点燃现象的仪表电气设备。

③ 本质安全型仪表电气设备是指在正常运行或在标准试验条件下所产生的火花或热效应均不能点燃爆炸性混合物的仪表电气设备。本质安全型（简称本安型）仪表电气设备有两种形式：一种是由电池、蓄电池供电的独立的本安仪表电气系统；另一种是由电网供电的包括本安和非本安电路混合的电气系统。本安电气系统一般由本安设备、本安关联设备和外部配线 3 部分组成。本安仪表电气系统有几种组成形式，如图 9.1 所示。图中本表示本安设备，关表示本安关联设备。在 B、C 中危险场所的关，必须符合本安防爆结构，兼具有与其场所相应的防爆结构，如采用隔爆外壳。D 表示有通信设备。

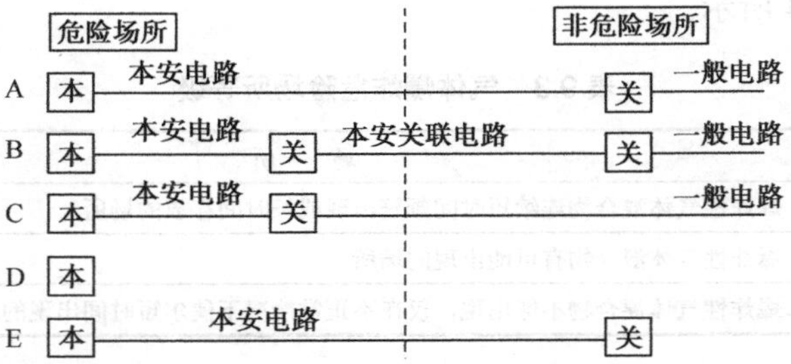

图 9.1 本安电气系统组成示意图

本安关联设备是指与本安设备有电气连接，并可能影响其本安性能的有关设备，如齐纳式安全栅、电阻式安全栅、变压器隔离式安全栅及其他具有限流、限压功能的保护装置等。

本安型仪表电气设备按安全程度和使用场所不同，分为 ia 和 ib 两个等级，ia 等级安全程度高于 ib 等级。用于 0 区场所的本安型仪表电气设备应采用 ia 级，煤矿井下用本安电气设备可采用 ib 级。

（2）防爆仪表电气设备的选型。防爆仪表电气设备应根据爆炸危险区域等级和爆炸危险物质的类别、级别、组别进行选型，如表 9.1～表 9.4 所示。

在 0 级区域只准许选用 ia 级本质安全型设备和其他特别为 0 级区域设计的电气设备。气体爆炸危险场所防爆电气设备的选型如表 9.5 所示。

表 9.5 气体爆炸危险场所防爆电气设备的选型

爆炸危险区域	适用的防护形式	
	电气设备类型	符　号
0 区	1．本质安全型（ia 级）	ia
	2．其他特别为 0 区设计的电气设备（特殊型）	s
1 区	1．适用于 0 区的保护类型	
	2．隔爆型	d
	3．增安型	e
	4．本质安全型（ib 级）	ib

续表

爆炸危险区域	适用的防护形式	
	电气设备类型	符号
1 区	5. 充油型	o
	6. 正压型	p
	7. 充砂型	q
	8. 其他特别为 1 区设计的电气设备（特殊型）	s
2 区	1. 适用于 0 区或 1 区的防护类型	
	2. 无火花型	n

根据工艺条件，选用相应的防爆等级仪表，国内外仪表制造企业生产的过程检测与控制仪表，其中在线安装的仪表均标有防爆等级。例如 LWGY 型高压涡轮流量传感器，其防爆等级为 dⅡBT3，其中符号含义如下：d 表示隔爆型，ⅡB 表示爆炸物质类别和级别，T3 表示爆炸物质组别。dⅡBT3 说明仪表采用隔爆形式，爆炸性物质属于ⅡA、ⅡB，其中引燃温度属于 T1、T2、T3 的工艺介质，或者说除了ⅡC 等级的工艺介质，如乙炔、氢、二硫化碳、水煤气、硝酸乙酯，以及ⅡB 中引燃温度属 T4、T5、T6 的工艺介质，如乙苯甲基醚等之外，其他工艺介质使用这类防爆型仪表均符合防爆要求。当然在具体选用仪表时，防爆等级要选得稍高一些，要有一定的裕度。

3. 易燃易爆场所仪表安装、操作、维修注意事项

（1）在工厂中，有爆炸危险的场所一般都设有控制室，使之与爆炸危险场所隔离，并且在控制室内安装安全栅，一方面起信号传输的作用，另一方面用于限制流入危险场所的能量。这样，控制室内的仪表和电气设备就不必考虑防爆问题了。在安装时，凡穿入控制室的有关电缆沟道孔洞，均应采用非燃性材料严密堵塞。

（2）在爆炸危险场所内，仪表和电气设备应尽量布置在危险性小的地点，如可将非防爆型电动执行器置于相邻的无爆炸危险房间内做隔墙传动（隔墙处的拉杆应用非燃性材料密封）。

（3）安装在爆炸危险场所内的防爆仪表电气设备，应有可靠的接地线，以防某些部件绝缘损坏时，外壳带有危险电压，产生漏电火花。仪表电气设备和接线盒安装接线后，其端盖、盒盖、进线孔及多余的孔洞等应堵严，如需浇灌时，可使用石蜡、泡沫混凝土合剂或环氧树脂等。

（4）在爆炸危险场所内，严禁采用绝缘导线明线敷设的方式，导线应敷设在钢管内，且电线保护管和电缆的敷设应选择合适的走向，尽量远离输送爆炸危险物质的管道，若必须敷设在其附近时，对于输送密度大于空气的可燃气体或易燃液体的管道，应敷设在其上方；对于输送密度小于空气的可燃气体或易燃液体的管道，应敷设在其下方，但尽量不敷设在管道的正下方。敷设电气线路的沟道和管线，在不同的场所之间，以及钢管穿过墙或楼板的孔洞处，应采用非燃性材料严密堵塞。

（5）当有爆炸和火灾危险的场所的设备已投入运行（包括试运行）即为有爆炸和火灾危险的施工区域（简称易燃易爆区）。在易燃易爆区内，严禁带电作业和用明火作业；严禁穿带大钉子的鞋；必须敲击时，应用不会产生火花的工具，或采用不产生火花的措施；具体操作时，必须由两人以上作业；当要进行动火作业时，必须办理动火证，经企业安全部门同意后，才能进行；动火时，要派人监护，一旦发生火情，及时扑灭，时刻注意安全。

9.1.2 仪表接地系统

接地是指用电仪表、电气设备、屏蔽层等用接地线与接地体连接，以保护电气设备及人身安全，抑制干扰对仪表系统正常工作的影响。

接地原理图中有以下三种符号，不应当混淆。

（1）⏚指接地线，是指通过低阻抗金属接到正常设计的大地接地网上。稳定的低阻抗的电位，有利于消除共变信号。

（2）⊥指系统与设备外壳、机架、框架等相连的线。

（3）⊥指系统电子测量系统中的零线（如系统公用线、信号返回公用线、电源公用线等）。零线是低电平测量信号回路系统内的稳定的电气零位参考点，当存在电磁干扰时，低电平测量系统及机架外壳仍能保持零位。

1. 保护接地与工作接地

按接地的设置情况和接地的作用不同，接地可分为保护接地和工作接地。

保护接地是指电气设备、用电仪表在正常情况下，将不带电的金属部分与接地体之间做良好的金属连接，以防止不带电的金属导体由于绝缘损坏等意外事故可能带上危险电压，保证人身和设备安全。要求做保护接地的用电设备有：仪表盘（框、箱、架）及底座、用电仪表外壳、配电盘（箱）、接线盒（箱）、汇线槽、铠装电缆的铠装保护层等。

工作接地是指仪表系统的工作接地，而不是电力系统的工作接地，是为了保证仪表精确度和可靠正常工作而设置的接地。它包括信号回路接地、屏蔽接地和本安仪表接地。

2. 接地系统

仪表的接地系统一般由接地线、接地汇流排、公用连接板、接地体等几部分组成，如图9.2所示。接地体是埋入大地中和大地接触的金属导体，接地线是用电仪表、电气设备接地部分与接地体连接的金属导体，接地装置就是接地线和接地体的总称。

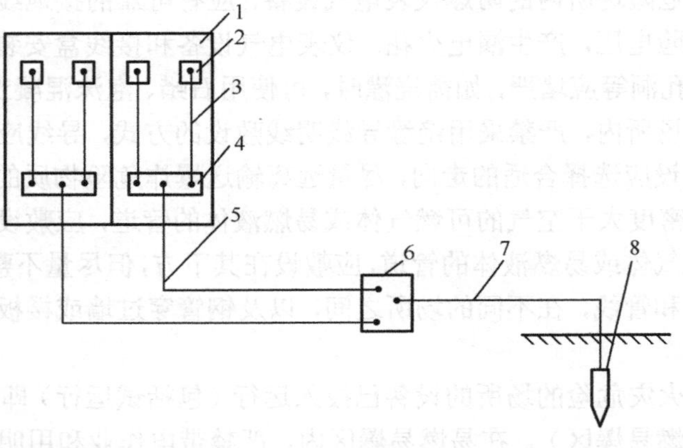

1—表盘；2—仪表；3—接地支线；4—接地汇流排；5—接地分干线；6—公用连接板；7—接地总干线；8—接地体

图9.2 接地系统示例图

工作接地必须按单点接地的原则进行设计，即对同一个信号回路，或同一屏蔽层及排扰线不能有一个以上的接地点。由于地电位差的存在，如果出现一个以上的接地点，就会形成地回路，这将给仪表引入干扰。因此，同一信号回路、同一屏蔽层或排扰线，只能在一处接地。如果控制室仪表和现场仪表各自分别接地，则必须用接地线将这两个接地点连接起来构成等电位。

仪表工作接地的方法是，首先将盘装每台仪表的接地端子通过接地支线引向接地汇流排，再将每块表盘的接地汇流排通过接地分干线与公用接地板相连，最后再用接地总干线将接地板与埋入地下的接地体相连，构成一个完整的仪表工作接地系统。

在实际工程设计中，电气专业往往把全厂的地下管道、地下结构、接地体连成一个统一的接地网，其接地电阻可达到很小的数值。在这种情况下，仪表系统的保护接地可与电力系统的接地体共用，不必单独设置接地体。仪表系统工作接地体的设置有三种处理方式：单独设置接地体；单独设置接地体或与电力系统接地体相连；不单独设置接地体，与电力系统接地体相连。通常为了安装和维护方便，减少麻烦，采用与电力系统共用接地体的方法。

接地设计时还要注意接地电阻值问题。接地电阻值是指接地体的对地电阻和接地线电阻的总和。仪表系统的保护接地电阻值，一般为 4Ω，最高不宜超过 10Ω；当设置有高灵敏度接地自动报警装置时，接地电阻值可略大于 10Ω。

仪表系统工作接地电阻值应根据仪表类型及制造厂的要求决定。例如，I 系列和 EK 系列仪表规定为 10Ω。若制造厂无明确要求，则采用和保护接地电阻值相同的数值，以便施工。

3. 接地线的选择

（1）保护接地线。保护接地支线的截面积不应小于表 9.6 中所列的数值，接地分干线的最小规格不应小于表 9.6 中所列的数值，接地总干线按表 9.7 中地上室外一栏所列数值选取。接地汇流排采用 25mm×3mm 的铜条。

表 9.6　保护接地支线的最小截面（mm^2）

种　类	铜	铝	种　类	铜	铝
明设的裸导体	4	6	电缆接地芯线	1.0	1.5
绝缘导体	1.5	2.5			

表 9.7　保护接地分干线的最小规格

种　类	规　格	地　上		地　下
		室外	室内	
圆钢	直径/mm	5	6	8
扁钢	截面积/mm^2	24	48	48
	厚度/mm	3	4	4
铜芯绞合线	截面积/mm^2	20	25×2	25×2

（2）工作接地线。工作接地支线为绝缘铜导线，截面积为 1～2.5mm^2；接地分干线为绝缘铜绞线，截面积为 2.5mm^2；接地总干线为绝缘铜绞线，截面积为 2mm×2.5mm。接地汇流排宜采用铜条或铝条，安装在仪表盘上的宜采用截面积为 25mm×3mm 的铜条，用绝缘支架支撑。公用连接板供汇总连接分干线用，一般采用铜板。接地线常用绿/黄色标记。

对仪表及自动化控制设备、用电设备除了采取上述四种防护措施外，有时还要考虑防腐、防尘、防震、防其他意外损伤等问题，需要时可参考有关资料。

9.2 仪表保温与伴热

敷设在室外的仪表管路（包括取源装置至一次阀门段），除设有伴热管路外还需要根据气候条件进行保温，以免冻堵管路或冻坏管路，影响测量。当介质的黏度较大时（如重油等），即使在室内，对仪表测量管路及附件（如隔离容器等），也需要进行保温，否则介质凝固，无法准确测量。室外就地安装的压力表，如介质为水，也应进行保温，而仅将表面露出供读数。伴热管路单独敷设（引接热源）时，也应进行保温，以免散热过多，影响对仪表管路伴热效果。

9.2.1 保温

保温是指将设备或管路用保温材料缠绕，以使介质和大气绝热。

1. 保温材料的基本要求

保温材料应具有密度小，机械强度大，化学性能稳定，热导率低，能长期在工作温度下运行等特点。国家标准 GB 4277－84 对保温材料及其制品的基本性能做出下列具体规定。

（1）热导率要低，在平均温度等于或小于 350℃时，热导率不得大于 0.12kcal/（mh℃）（1cal＝4.18J）。

（2）密度小，不大于 500kg/m^3。

（3）耐震动，具有一定的抗震强度。硬质成型制品的抗压强度应小于 0.3MPa。

（4）保温材料及其制品允许使用的最高或最低温度要高于或低于流体温度。

（5）化学性能稳定，对被保温金属表面无腐蚀作用。

（6）吸水率要小，特别是保冷材料，吸水率要严格控制。

（7）耐火性能良好，保温材料中的可燃物质含量要小，采用塑料及其制品为保温材料时，必须选用能自熄的塑料。

（8）具有线胀系数和体积膨胀系数的保温材料，施工时应根据保温材料膨胀系数的大小，预留一定的膨胀缝，如线胀系数不大，则体积膨胀系数约为线胀系数的 3 倍。

常用保温材料的主要性能如表 9.8 所示。目前新的保温材料还在不断出现，使用时，要尽量顾及对保温材料的基本要求。

表 9.8　常用保温材料的主要性能

保温材料名称	密度/（kg/m^3）	导热系数/｛W/（m·K）｝	抗压强度/Pa	使用温度/℃	用　途
水泥珍珠岩制品	350～400	0.084～0.093	≥39.22×10^4	≤500	管道主保温
水玻璃珍珠岩制品	250～300	0.074～0.08	≥58.8×10^4	≤600	管道主保温
A 级焙烧硅藻土制品	400～500		≥49.23×10^4	80～900	管道主保温
岩棉保温板	80～200	0.047～0.052	≥24.52×10^4（抗弯）	≤350	管道主保温
岩棉保温管壳、管筒	100～200	0.047～0.052	≥29.4×10^4（抗弯）	≤350	管道主保温

续表

保温材料名称	密度/（kg/m³）	导热系数/｛W/（m·K）｝	抗压强度/Pa	使用温度/℃	用　途
微孔硅酸钙制品	＜250	≤0.058	49.0×10^4	≤600	管道主保温
硅酸铝耐火纤维	70～100	≤0.093　（700℃）		1000	松软保温填料
石棉绳	＜1000	≤0.21		200～550	单根管保温
石棉绒	200～300	≤0.076		550	抹面层的增强材料
一级石棉粉	≤450	0.076		550	保温抹面层材料
一级碳酸钙石棉粉	≤600	0.081		450	保温抹面层材料
一级硅藻土石棉粉	≤500	≤0.093		900	保温抹面层材料

2. 保温方法

仪表专业保温施工有其特殊性。孔板、电磁流量计、控制阀等安装在工艺管道上的仪表，保温由工艺管道专业统一考虑并施工，但仪表专业要提出具体要求。导压管及保温箱等保温由仪表专业负责。一般情况下，可用石棉绳包扎，然后用玻璃布缠起来，再刷上油漆。保温箱内多用泡沫塑料板；单根仪表管可用石棉绳或保温瓦进行保温；成排仪表管可将珍珠岩板或硅藻土板用铁丝网捆扎，外用石棉灰浆抹面保温。

9.2.2　伴热

伴热是指用热源来加热介质的管线，常用的有蒸汽伴热和电伴热两种方式。

1. 蒸汽伴热

伴热蒸汽一般采用饱和蒸汽。蒸汽压力视伴热介质所要求的温度而定，并应使蒸汽温度大于被伴热介质所要求的温度。蒸汽伴热的汽量的理论计算公式为

$$G=\frac{Q}{t}$$

式中：Q——仪表导压管线和仪表箱总的散热量，单位为 kcal/h；

t——蒸汽的汽化潜热，单位为 kcal/kg；

G——蒸汽用量，单位为 kg/h。

伴热蒸汽除了用来补偿导压管线的热损失外，还有一部分从疏水器中漏掉。疏水器的漏汽量视疏水器结构和维护管理情况而定，一般建议按最大计算用汽量的 0%～5%考虑。必须指出，从现场实际情况看，考虑了必要的安全系数之后，建议蒸汽耗量按最大用汽量的 2 倍来考虑。实际使用中，应根据气温变化调节伴热蒸汽流量。蒸汽流量大小可通过观察伴热蒸汽管疏水器排汽状况决定，疏水器连续排汽说明蒸汽流量过大，很长时间不排汽说明蒸汽流量太小。蒸汽流量调节裕度是很大的。

蒸汽伴热是为了保证导压管内物料不冻。要注意的是，伴热蒸汽量不是越大越好，过大的伴热蒸汽量会造成不必要的能源浪费，增加消耗，有时反而造成测量故障。因为化工物料冰点和沸点各不相同，对于沸点比较低的物料保温伴热过高，会出现汽化现象，导压管内出现汽液两相，引起输出震荡，所以根据冬天天气变化及时调整伴热蒸汽量是十分必要的。

关于伴热蒸汽管的直径选择，从方便的角度出发选择与导压管直径相同的伴热蒸汽管，对

一个伴热回路而言，管径选用$\phi 14\times 2$ 就足够了，但对于伴热蒸汽总管的支管，其所需的管径应根据蒸汽压力、过热温度、伴热对象等因素具体决定。

2. 电伴热

电伴热是指用电阻丝发出的热作为热源来加热介质的管线。一般仪表管线的电伴热采用电热带，露天仪表箱的电伴热可用电热管。电热带安装时采用缠绕的方式，电热管是以无缝钢管为外壳，内装电阻体，中间加氧化镁粉填充绝缘。

电伴热的一次投资费用与蒸汽伴热差不多，而日常的生产费用要省得多。电伴热施工比较简单，不需动火焊接，正常生产时也可施工，平时维护工作量也不大。使用电伴热，要防止绝缘破坏或浸水后电热带烧坏的现象。为了保证安全生产，要求根据具体条件，采用防爆或密封开关，以防产生火花。另外电热带有易受机械碰撞而损坏的缺点，因此适用于带仪表箱的压力引线和差压引线，对于外浮筒和调节阀最好不要采用。

3. 保温箱伴热管的安装

保温箱内的伴热管通常是蒸汽伴热，用$\phi 8\times 1$ 的紫铜管弯成盘管状。一般要视安装地的气温而定，通常有4个弯已足够。

盘管要牢固地固定在保温箱内壁上，保温箱低压蒸汽的进入与冷凝水的排出要有统一安排。低压蒸汽排出，也即保温箱内盘管的出口要通过疏水器统一排入地沟。

4. 蒸汽伴热安装要求

（1）蒸汽伴热保温一般是将蒸汽的伴热管与仪表管路敷设在一起，然后外加保温。对于单根或两根仪表管路，可以将伴热管敷设在仪表管路的旁边或中间。对于成组敷设的仪表管路，可以按如图9.3所示敷设“之”字形伴热管，也可以采取如图9.4所示的箱形组合管架。

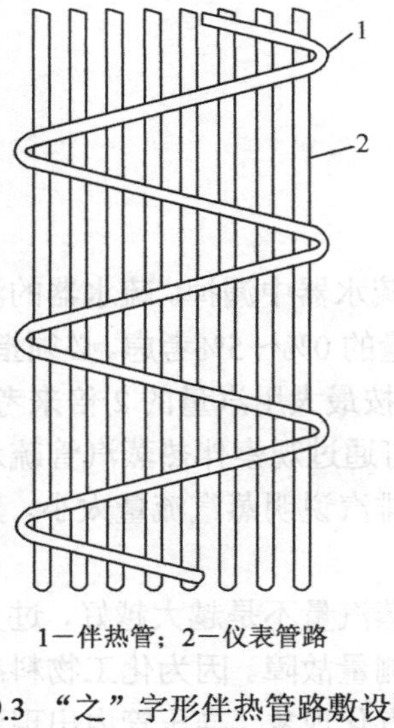

1—伴热管；2—仪表管路

图9.3 “之”字形伴热管路敷设图

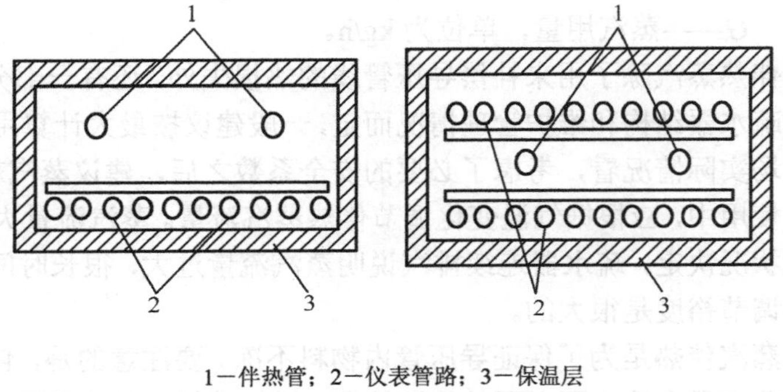

1—伴热管；2—仪表管路；3—保温层

图9.4 箱形组合管架

（2）敷设伴热管时，注意使流量、水位等差压仪表的正、负压测量仪表管路受热尽可能均匀一致，以免引起测量误差。对差压量程较低的汽包水位正负压仪表管，尤其应该注意这一点。

为此，差压仪表的正、负压测量管路离伴热管不应太近，受热程度应基本相等；成排敷设的管路布置时，应尽量将差压测量管路布置在中间。

（3）有伴热管的仪表管路从室外进入室内的穿墙（或墙板）处，应加强保温，孔洞要堵严，进入室内后，继续伴热一段距离，防止穿墙处冻结。

（4）伴热气源应可靠，每台机组可安装一根伴热母管，其压力的选择应能使蒸汽输送到各分支管路的末端。各伴热分支管路上，均应装设一次阀门和二次阀门。一次阀门作为开关气源用，装在分支管从母管引出的地方；二次阀门作为调整伴热蒸汽量和调节伴热温度用，装在各分支的末端。各分支管的疏水，可根据情况，接到疏水母管或直接排入地沟。伴热温度不得使测量管内介质汽化。安装示例如图 9.5 所示。

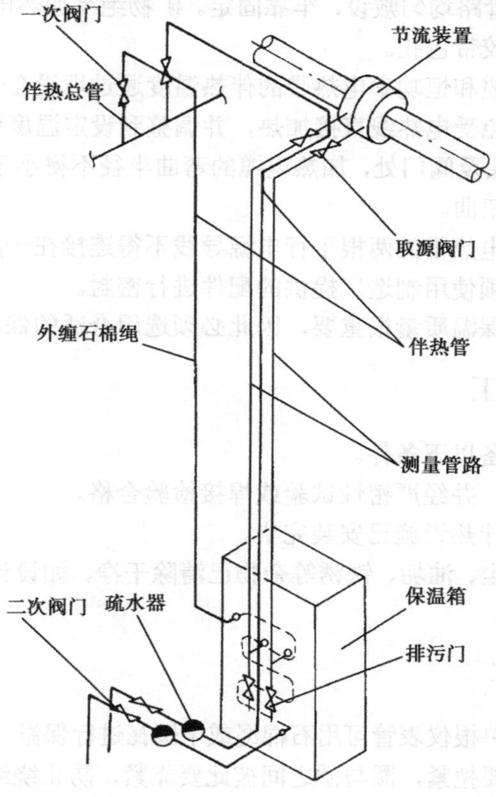

图 9.5 差压测量管路及保温箱蒸汽伴热安装示例

（5）除采取上述防冻措施外，机组在冬季试运期间，必须加强维护，特别是机组停下后，应及时将管路和仪表中的水放净，以防冻结。为此，在测量管路敷设时，应尽量避免有 U 形弯，以免积水，如不能避免，可在管路弯头的最低处装设疏水门。

5. 电伴热安装要求

电伴热安装施工时应注意以下几点。

（1）电热线在敷设前应进行外观和绝缘检查，绝缘电阻值应符合产品说明书的规定。

（2）选择电热线最高耐热温度时，应考虑冲管时管路表面温度。恒功率和自限温电热带一般用于汽轮机补给水、化学水处理系统、重油等低温管道的测量管路的伴热。若用于被测介质为高温、高压蒸汽的仪表管作为防冻伴热时，由于冲洗管路仪表管表面温度将超过电热带的最高承受温度（尽管是短时的），因此，安装时需采取防止电热带表面过热的措施。例如，采用先在仪表管表面包覆一层石棉布（或其他耐温材料），或在安装电热带时使之与仪表管表面保持一定距离等施工方法，防止冲管时高温直接传导到电热带。

（3）恒功率电热带的发热节长为1m左右不等，在电热带通电工作时，两端各有一小段冷端（无电流通过）。接线时，此段长度在 100～150mm 为宜，以备检修用，不能太长，以免误作发热部分安装在需加热的管道部位。

（4）电热线接入电压应与其工作电压相符。

（5）电热线一般紧贴管路均匀敷设，牢靠固定。矿物绝缘加热电缆可用铁丝捆扎，恒功率和自限温电热带可用铝箔胶带包扎。

（6）矿物绝缘加热电缆和恒功率电热带的伴热温度通过埋设在保温层内的温度开关控制，温度开关的安装位置应避免受电热线直接加热，并调整到设定温度值上。

（7）电热线敷设在弯头及阀门处，加热电缆的弯曲半径不得小于其直径的4倍。敷设电热带时，要尽量避免打结和扭曲。

（8）恒功率和自限温电热带的两根平行电源导线不得连接在一起，严禁短路。

（9）电热线的终端等须使用制造厂提供的配件进行密封。

伴热效果是否良好，保温质量很重要，因此必须选用合适的保温材料和提高保温工艺。

9.2.3 保温安装施工

管道保温安装前应具备以下条件。

（1）管路已安装完毕，并经严密性试验或焊接检验合格。

（2）有伴热的管路，伴热设施已安装完毕。

（3）管道表面上的灰尘、油垢、铁锈等杂物已清除干净，如设计规定涂刷防腐剂时，在防腐剂完全干燥后方可安装。

1. 主保温层安装施工

（1）单根管的保温。单根仪表管可用石棉绳或半圆瓦进行保温。如图 9.6 所示是单根管双层缠绕保温的结构，绕绳要拉紧，圈与圈之间彼此要靠紧，防止绕绳松动或包缠不严，第二层缠绕时要压缝，并与第一道反向进行，绳的两端头应用镀锌铁丝扎紧在管道上。半圆瓦的保温如图9.7所示，水平管道采用半圆瓦保温时，其圆周方向对缝应布置在与管道中分面相平行的两侧，不宜布置在管道的底部和顶部，以防止形成热量由下而上的溢流通道。半圆瓦面用镀锌铁丝绑扎。

（2）成排仪表管的保温。成排仪表管的主保温，可采用保温板制品，外表用铅丝网捆扎，紧固时不宜太松，也不应太紧，以紧贴主保温层为度。

2. 保护层安装施工

（1）抹面层施工。抹面层是保温结构保护层的一种。它保护主保温层不受外力损伤，从而改善绝热效果，防止雨水和蒸汽侵入，使保温体外表面光滑平整。

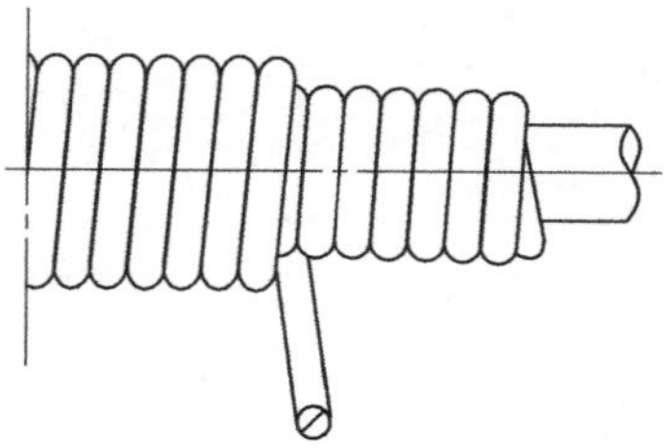

图 9.6 仪表管用石棉绳双层缠绕保温

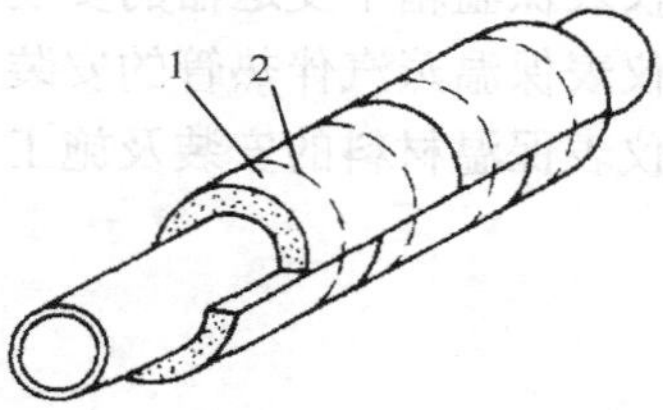

1—半圆瓦；2—绑扎铁丝

图 9.7 管道半圆瓦保温

抹面层应分两次进行施工：第一次将灰浆抹到铅丝网里紧贴主保温层，厚度达到抹面层设计厚度的 2/3；第二次最后找平压光，直至无麻面为止。

（2）金属护壳施工。在有条件时，重要部位保温结构的保护层可用金属护壳，一般可采用镀锌铁皮或铝合金皮，厚度为 0.3～0.75mm。

金属护壳施工应特别注意工艺，做到成品外表整齐美观，尺寸准确。管道外壳的环向搭缝，一端在摇线机上压出圆线凸筋，另一端为直边，搭接尺寸一般为 20～50mm。轴向搭缝可采用插接并用自攻螺丝固定，螺丝一般用 M4×12，间距为 200～250mm。若保温层为软质矿纤制品时，金属护壳应采用插接头，每段接头加装三只自攻螺丝或抽芯铝铆钉。露天管道的阀门等附件，金属护壳应采用扳边咬口，咬口应严密，以防雨水侵入。

3. 保温箱安装

保温箱国内生产厂家很多，施工单位制作很少，只要查阅样本订货即可。保温箱及其盘管如图 9.8 所示。

保温箱的安装，出于配导压管的需要，有时要将多个保温箱安装在一起，这就提出了较高的要求，如垂直度允许偏差 3mm，倾斜度允许偏差 3mm，5 个以上允许偏差 5mm。这种偏差要求实际上很难达到。有些制造厂对保温箱的质量要求不太严格，其固有的偏差可能就大于 5mm，这样的箱体安装在一起肯定就有很大问题。因此，在安装前应先挑选一下，把质量符合要求的保温箱安装在一起或安装在重要位置，把质量较差的保温箱安装在位置不重要的地方。

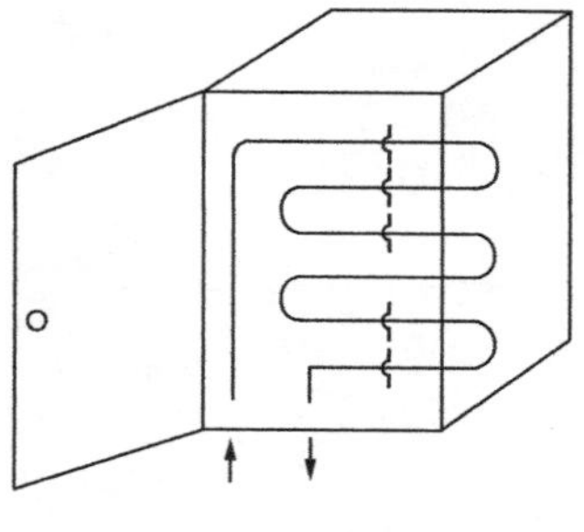

图 9.8 保温箱及其盘管

集中安装保温箱也要选择保温箱的底座。底座在制作过程中不可能完全一致，因此要进行选择。几个基本尺寸相同的保温箱底座安装在一起，能较好地保证保温箱的安装质量。保温箱内的仪表安装多采用立柱式支架，采用直径为 2 英寸、长为 300～400mm 的立柱，固定在保温箱合适位置，然后用仪表带来的 U 形卡，把仪表固定在立柱上。需要注意的是，不管是变送器还是其他仪表，其指示部分要处于易于观察的地方。

实 训 课 题

1．仪表保温箱的安装。

2．仪表保温箱中变送器的安装。

3．仪表保温蒸汽伴热管的安装。

4．仪表保温材料的安装及施工。

思　考　题

1．仪表的防爆措施有何意义？

2．简述仪表的防爆措施。

3．简述仪表接地的方式及意义。

4．简述对仪表常用保温材料的要求，常用的仪表保温材料有哪些？

5．蒸汽伴热时要注意什么问题？

6．在有氧气介质环境中安装仪表有何特殊的要求？为什么？

7．仪表启动前，对汽水管路应进行几次冲洗？

8．当被测介质为液体或蒸汽时，如何进行管路严密性实验？

第 10 章

仪表辅助设备的制作、安装与工程验收

【知识目标】

1. 熟悉仪表供电、供气、供液系统的安装方法。

2. 熟悉仪表管路支架的制作方法。

3. 了解自动化控制仪表的系统调校方法。

【技能目标】

1. 会仪表管道支架的制作与安装。

2. 会仪表供电、供气、供液系统的安装。

3. 掌握仪表控制系统“三查四定”与“中间交接”的验收。

【素质目标】

在以安装为主线的一体化教学过程中，培训学员的团队合作能力；专业技术交流的表达能力；制订工作计划的方法能力；获取新知识、新技能的学习能力；解决实际问题的工作能力。

10.1 仪表供电、供气、供液系统的安装

仪表控制系统对电源的要求很高，供电电源必须绝对可靠。通常都采用双回路供电，自动切换。万一两个供电回路同时停电，还需安装有不间断电源，能瞬时接上，以保证控制系统运行在安全状态。

1. 仪表供电设备的安装

安装前要检查设备的外观和技术性能，并符合下列要求。

(1) 继电器、接触器及各类开关的触点的接触应紧密可靠，分断时应坚决断开，动作灵活，触点无锈蚀与损坏。

(2) 固定和接线用的紧固件、接线端子应完好无损，且无污物和锈蚀。

(3) 防爆设备、密封设备的密封垫、填料函应完整、密封。

(4) 设备的电气绝缘、输出电压值、熔断器的容量，以及备用供电设备的切换时间，应符合设计或安装使用说明书的规定。

(5) 设备的附件齐全，不应缺损。

供电设备的安装应符合下列要求。

(1) 供电设备的安装应牢固、整齐、美观。设备位号、端子编号、用途标牌、操作标志及

其他标记，应完整无缺，书写正确清楚。

（2）检查、清洗或安装供电设备时，要注意保护供电设备的绝缘、内部接线和触点、接点部分。没有特殊原因时，不要将设备上已经密封的可调装置（电阻、电感或电容）及密封罩启封。当必须启封时，启封后，检查通过时要重新密封，并做好记录。

（3）仪表盘上安装供电设备时，其裸露带电体相互间或与其他裸露导电体之间的距离不能小于4mm。不能保证4mm的间距时，相互间就必须要有可靠的绝缘。

（4）供电箱、照明箱安装高度通常为箱体中心距地面1.3～1.5m。成排安装的供电箱、照明箱应排列整齐、美观。

（5）金属供电箱要有明显的接地标记。接地线连接要牢固、可靠，可以与电气接地网连起来。

（6）稳压器在使用前要测试其稳压特性，其输出电压波动值要符合设计要求，或符合安装使用说明书的规定。

（7）不间断电源系统安装完毕，要检查其自动切换装置的可靠性，切换时间及切换电压值应符合设计规定。

（8）供电系统送电前，系统内所有的开关位置均应该置于“断”（OFF）的位置，并检查熔断器的容量。

（9）供电设备送电前要做绝缘测试。金属外壳与供电设备的每一带电部分的绝缘电阻应不小于5MΩ。

2. 仪表配电盘的制作与安装

仪表用配电盘有时需在现场制作，制作的步骤如下。

（1）按仪表用电的总容量选择符合要求的空气开关或闸刀开关（含熔断丝）。

（2）按仪表供电回路选择好各自的开关（含熔断丝）。

（3）设计供电盘（板）的正面布置图和背面接线图，还要考虑进、出供电盘的接线端子。

（4）按照元件的多少，选择大小合适的胶木板或塑料板。胶木板厚为10～15mm，塑料板一般选聚氯乙烯塑料板，厚为8～10mm。

（5）用电钻钻孔，固定电气元件于胶木板上。

（6）用∠40～∠50 的角钢做成两个Π形架子，用螺栓把两个Π形架固定在仪表盘侧面或后面的盘上，或用膨胀螺栓把两个Π形架固定在仪表盘侧面或背面的墙上。

（7）把装有电气元件的胶木板牢固地固定在两个Π形架上。

（8）从外面引入的电源线和到各仪表用的供电线，统一由配电盘下面部分的端子板出入。继电器盘也可按此方法制作和安装。

3. 供气系统安装

供气系统安装主要是对气动仪表来说的，安装时要注意以下几点。

（1）控制室内配管一律采用镀锌水煤气管。

（2）控制室内的供气总管应有不小于1∶50的坡度，并在某集液处安装排污阀。

（3）控制室内气源总管要双路供气，以防其中一个过滤器（含减压阀）修理时停气。减压过滤器前、后均要装压力表。为便于维修，每一路供气管至少要装一个活接头。

（4）排污阀或泄压阀的管口要尽可能地离开仪表、电气设备和接线端子。安装在过滤器下面的排污阀与地面间要留有便于操作的空间。

（5）供气系统内的安全阀的动作压力要按规定值整定。

4. 供液系统安装

供液系统的安装适用于液动单元组合仪表及液压仪表。供液系统的安装要注意以下几点。

（1）液压泵的安装要考虑自然流动回液管的坡度不小于 1∶10，否则要加大回液管的管径。当回液落差较大时，为减少油所产生的泡沫，在集液箱之前要安装一个水平段或 U 形弯管。

（2）储液箱的安装位置应低于回液集管，回液集管与储液箱上回液管接头间的最小高差为 0.3～0.5m。

（3）油压管路不应平行敷设在高温工艺设备、工艺管道上方，与热表面绝热层间的距离要大于 150mm。

（4）回液管路的各分支管与总管连接时，支管要顺介质流动方向与总管成锐角连接。

（5）储液箱及液压管路的集气处应有放空阀，放空管的小端应向下弯 180°。

（6）供液系统用的过滤器，安装前要检查其滤网是否符合产品规定的标准，并应清洗干净。进口与出口方向不能装错。排污阀与地面间应留有便于操作的距离。

（7）接至液压调节器的液压流体管路不能有环形弯或曲折弯。

（8）液压调节器与供液管和回液管的连接要采用金属耐压软管。

（9）供液系统内逆止阀与闭锁阀在安装前应清洗、检查和试验。

供液系统安装完后，要进行压力试验，按设计压力的 1.25 倍进行强度试验。

10.2　仪表辅助设备的制作

仪表管道敷设需用支架。实际施工中，导压管、气动管路、电气保护管的支架可统一考虑，并且同一方向的可以在同一支架上固定。伴热管是随导压管敷设的，其支架完全同导压管的支架。

10.2.1　仪表管道支架的制作

做支架的材料一般是∠30～∠45 的角钢和 30～50mm 的扁钢，有时也用 10#的槽钢。

支架安装分有预埋件和没有预埋件两种情况。有预埋件的安装件直接焊上即可，管架安装中在管廊上安装属于这种情况。没有预埋件的，就要用膨胀螺栓固定在墙、柱或地坪上，然后再焊上支架，支架安装稍复杂些，多了一道工序，支架的形式没有本质区别。

1. 吊装

吊装是安装在天花板下，通常有预埋件。预埋件分两类：一类是预埋钢板，可把支架直接焊上去；另一类是预埋钢丝，通常是$\phi8$～$\phi10$ 的钢丝，支架就焊在钢丝上。若预留钢丝位置不正确，则调整支架的位置会比较困难，而预留钢板调整比较容易些。

吊架又分单杆吊架与双杆吊架两种，单杆吊架又分为单层、双层、三层 3 种，如图 10.1 所示。

吊架的宽度为 200～1000mm，可由实际管子的多少而定，其高度 L_1、L_2、L_3 由实际安装位置决定，以不影响工艺配管和方便工作为准。

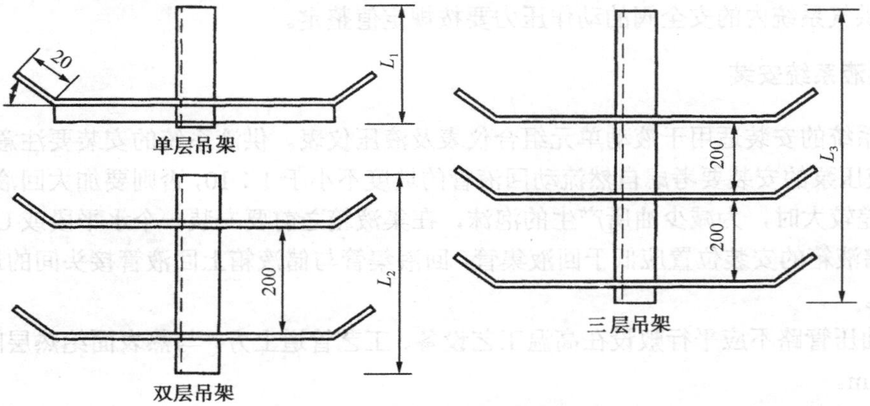

图 10.1　仪表用单杆吊架示意图

双杆吊架如图 10.2 所示。双杆吊架通常有预埋钢筋（圆钢），一般采用焊接方法固定吊架。双杆吊架可以用来敷设钢管、铜管、电缆（保护管），也可以用来固定桥架。预留的圆钢要视负荷大小来确定规格。L_1、L_2 吊架高度可随现场情况而定。吊装宽度为 1500mm 以内。

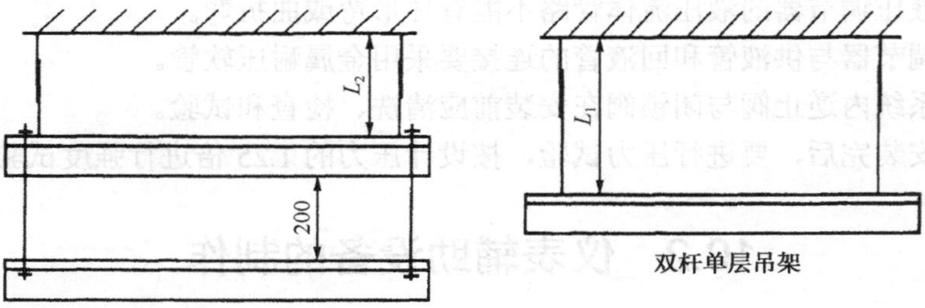

图 10.2　双杆吊架示意图

2. 悬臂式支架

悬臂式支架是仪表安装最常用的支架之一。它可安装在混凝土墙、柱上，砖墙、砖柱上，也可以安装在管架、管托上。

悬臂的材料一般是∠45 或∠50 角钢，有时也用∠40×4 角钢。

悬臂支架有三种基本情况：第一种情况是有预埋件，可用角钢直接焊上，如图 10.3（a）所示；第二种情况是没有预埋件，采用打眼把角钢埋进去，这样强度较大，可支撑较多的管道敷设，如图 10.3（b）所示。第三种情况是用得最多的，没有预埋件，用膨胀螺栓固定一块铁板，然后再把角钢焊上去，如图 10.3（c）所示。

有时悬臂支架支撑强度较大，可以用加斜撑方法予以加强，如图 10.4 所示是有预埋铁的，其他形式也一样。悬臂支架用∠50×5 角铁，斜撑可用∠30×3 角钢。

3. 槽形支架

槽形支架又称Π形支架，也是仪表最常用的一种支架形式，基本形式如图 10.5 所示。它的制作方法有两种：第一种方法是分三段焊接；第二种方法是量好尺寸，用锯切开 90°，然后弯成直角，焊接而成，如图 10.6 所示。

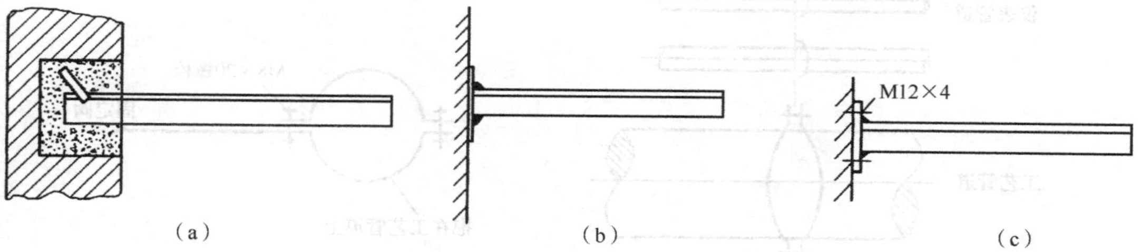

图 10.3 悬臂支架的基本形式

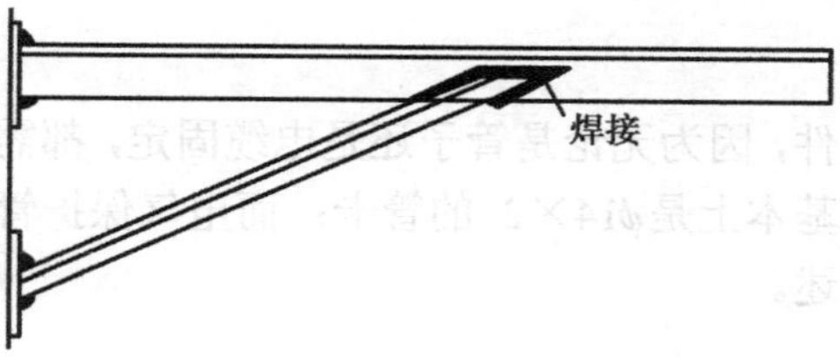

图 10.4 带支撑悬臂支架

图 10.5 槽形支架的基本形式

图 10.6 槽形支架制作

槽形支架和悬臂支架一样，可以在混凝土墙、柱、砖墙、砖柱和管架上安装。安装形式与悬臂支架一样，可以埋入墙内；也可以利用预埋件，采用焊接方法；还可以用膨胀螺栓先把铁板固定在墙上，然后再把槽形支架焊上去。

4. L 形支架

L 形支架适用于一二根管的敷设，它结构简单，安装、制作都很方便，在自动化控制专业安装中使用最广。

L 形支架由两根长 200～300mm（按需要）的角钢焊接而成，负荷较小，角钢也用小型号的，如∠30×3、∠25×3 等，基本形式如图 10.7 所示。L_1 的长度由安装位置而定，L_2 的长度由敷设管道的数目而定。角钢端面 A 可以焊在管架或管托上，也可焊在拱顶罐的罐壁上。在其另一直角边上就可以敷设管道。

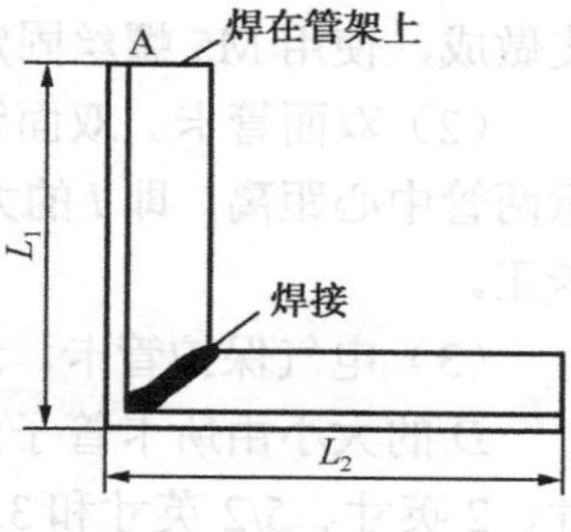

图 10.7 L 形支架制作

5. 抱卡

抱卡是在仪表管道需要中间有支架，但又没有办法固定支架的情况下，把支架抱在工艺管道上的一种支架。抱卡由扁钢或圆钢做成，也可以用废管头割开使用，其基本形式如图 10.8 所示。

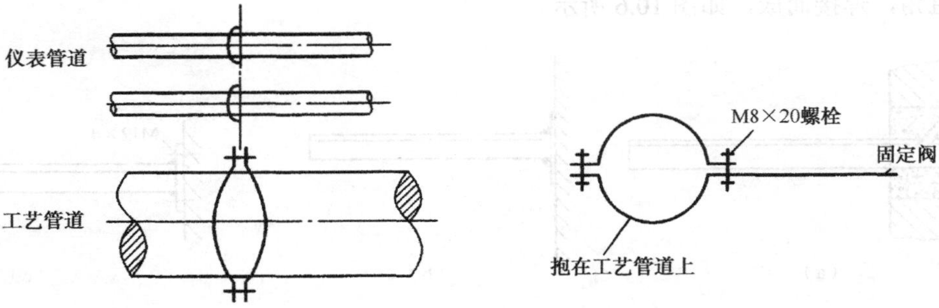

图 10.8 抱卡示意图

10.2.2 管卡制作

管卡是仪表安装中使用最为普遍的一种辅助部件，因为无论是管子还是电缆固定，都需要管卡（电缆卡）。管子中导压管的管卡较为简单，基本上是ϕ14×2 的管卡；而电气保护管规格较多，管卡的规格也就很多。常用的管卡如下所述。

1. U 形卡

U 形卡是使用最为普遍的管卡，如图 10.9 所示。它适用于各种电气管，也适用于各种镀锌水煤气管。

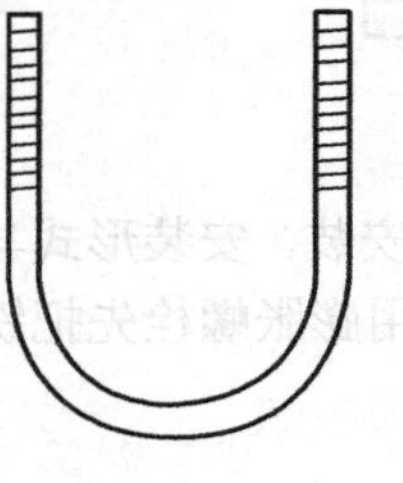

图 10.9 U 形卡

U 形卡由ϕ5 圆钢弯制、镀锌制成，两端的螺纹是 M5，它的规格有 1/2 英寸、3/4 英寸、1 英寸、5/4 英寸、3/2 英寸和 2 英寸，超过 2 英寸的 U 形卡制作的圆钢要粗一些。

U 形卡适用于卡单根管，使用灵活、方便。

2. 导压管管卡（ϕ8 ~ ϕ22）

（1）单面管卡。单面管卡如图 10.10 所示，管卡可用 1～2mm 厚的铁皮做成，使用 M5 螺丝固定。单面管卡可用来固定导压管和电缆。

（2）双面管卡。双面管卡如图 10.11 所示，双面管卡特别适合做导压管管卡。安装时要注意两管中心距离，即 l 的大小。对差压变送器配管，两条管子平行出来最合适，以免管子不能卡正。

（3）电气保护管卡。这种管卡用厚 1.5～2mm 铁板制成，有的镀锌，如图 10.12 所示。D 的大小由所卡管子而定，一般的规格是：1/2 英寸、3/4 英寸、1 英寸、5/4 英寸、3/2 英寸、2 英寸、5/2 英寸和 3 英寸。超过 3 英寸时，很少用这种管卡。

（4）铜管管卡。当一排铜管紧凑排列安装时，可以采用这种管卡，如图 10.13 所示。

这种管卡适用于ϕ6、ϕ7、ϕ8、ϕ10 等铜管 2～10 根排列，其管卡的具体尺寸如图 10.13 所示。

（5）电缆卡。电缆卡的形状同单面管卡和双面管卡。现在电缆大多放在槽板（桥架）内，这种卡用得相对要少一些。

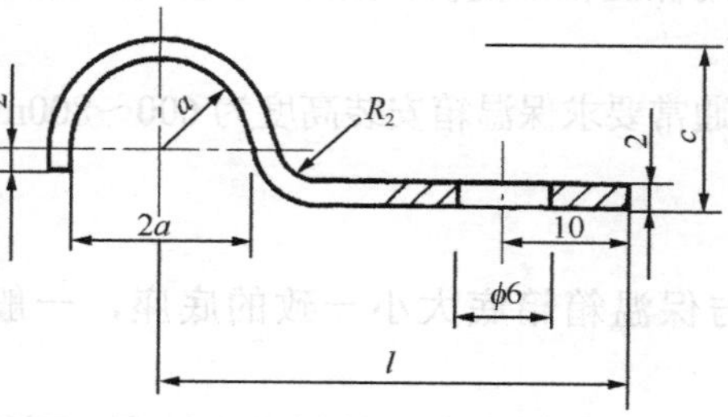

图 10.10　单面管卡

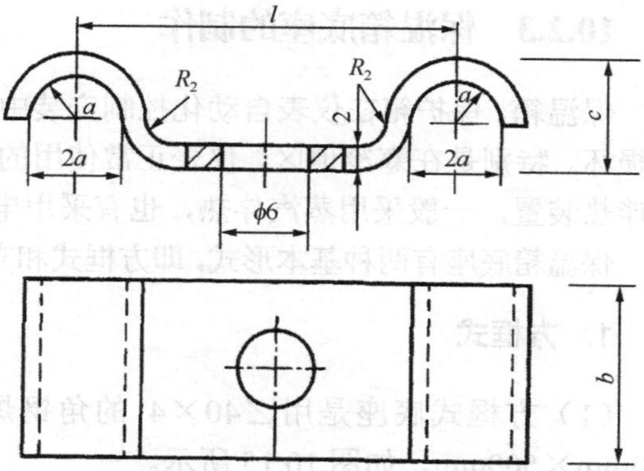

图 10.11　双面管卡

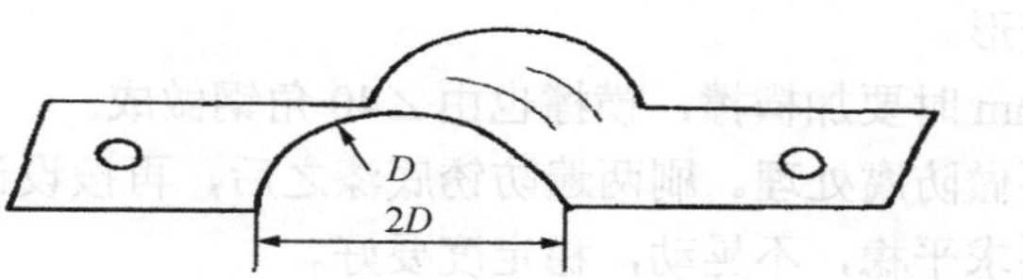

图 10.12　电气保护管卡

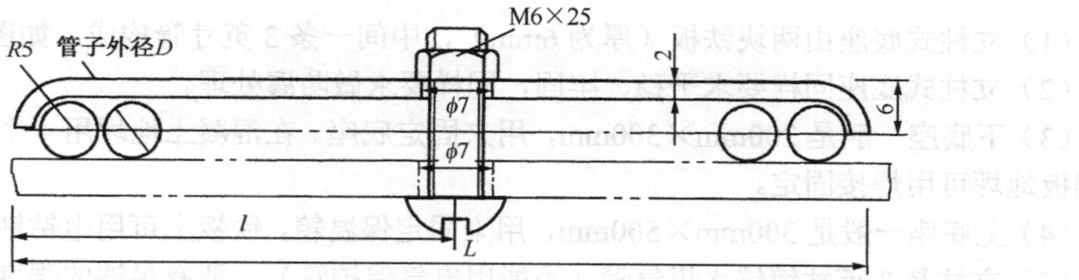

图 10.13　铜管管卡

随着引进装置的增多，电缆绑扎卡逐渐应用于施工中。它是一种塑料制品，绑扎卡头上带一个小舌头，绑扎卡是一条带有多道小平齿的塑料带。当小平齿通过小舌头时，塑料带只能紧不能松，越拉越紧，除非抬起小舌头，如图 10.14 所示。这种绑扎卡实用又经济，很受施工单位欢迎。

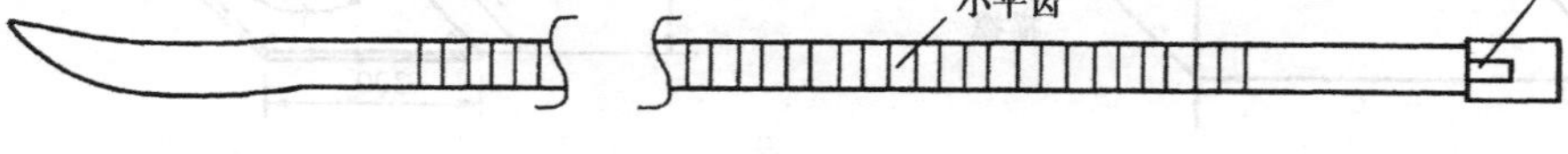

图 10.14　电缆绑扎卡

10.2.3 保温箱底座的制作

保温箱、保护箱在仪表自动化控制安装中使用得极为普遍，其主要作用是保护仪表免受机械损坏。特别是在寒冷地区，仪表正常使用的温度要用保温箱来提供，因此，大多数保温箱还有伴热装置，一般采用蒸汽伴热，也有采用电伴热的。

保温箱底座有两种基本形式，即方框式和立柱式。通常要求保温箱安装高度为 600～800mm。

1. 方框式

（1）方框式底座是用∠40×4 的角钢焊制成与保温箱箱底大小一致的底座，一般是 600mm×500mm，如图 10.15 所示。

（2）对保温箱的垂直度、水平度都有较高的要求，因此，制作底座的要求也较多。不能用气焊切割角钢，而应当用砂轮切割机切割；尺寸要求准确；焊接完后，要用砂轮打平；在焊接过程中，要注意焊接变形。

（3）高度 h>800mm 时要加横撑，横撑也由∠40 角钢做成。

（4）做好的底座要做防腐处理。刷两遍防锈底漆之后，再按设计要求刷两遍防锈漆。

（5）做成的底座要求平稳，不晃动，稳定度要好。

底座固定在楼板和地面上，可用膨胀螺栓固定，在框架上可用焊接，要求牢固、平稳。

2. 立柱式底座

（1）立柱式底座由两块铁板（厚为 6mm），中间一条 3 英寸管构成，如图 10.16 所示。

（2）立柱式底座同样要求平稳、牢固，同样要求做防腐处理。

（3）下底座一般是 200mm×300mm，用来固定底座。在混凝土地坪用 4 个膨胀螺栓固定，在钢板地坪可用焊接固定。

（4）上底座一般是 300mm×500mm，用来固定保温箱，铁板上可用电钻钻孔固定保温箱。

（5）立柱是 3 英寸镀锌水煤气管（不能用电气保护管），要有足够的强度。

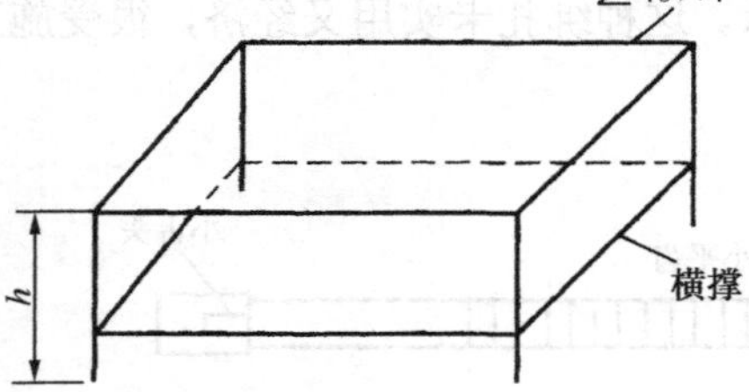

图 10.15　方框式保温箱底座

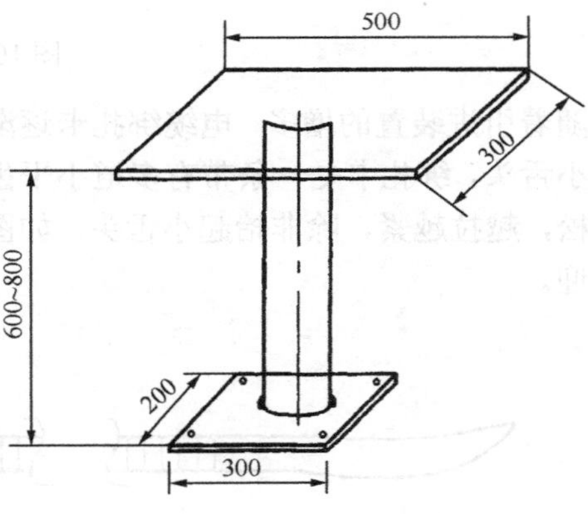

图 10.16　立柱式保温箱底座

10.2.4　辅助容器的制作与安装

仪表安装辅助容器很多，在很多情况下需现场制作，如冷凝器、隔离器、除尘器、分离器、平衡容器、冷却罐、冷却器、汽化罐、水封容器、洗涤稳压器、重度测定槽等，种类很多，作用各异，安装也各有特色。本节只介绍使用最多的冷凝器与测温扩大管。

1. 冷凝器的制作与安装

冷凝器的制作图如图 10.17 所示，材料选用 20 号钢。冷凝器的制作数据如表 10.1 所示。

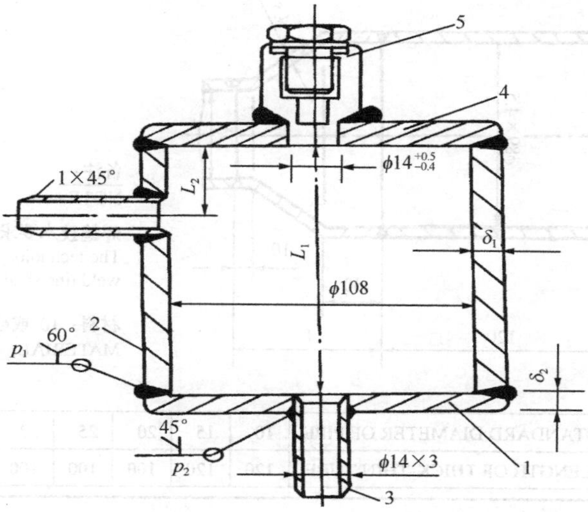

1—底板，δ_2；2—筒体，$\phi108\times6$，L_1=150；3—接管，$\phi14\times3$，L_2=55；

4—底板，δ_2；5—M18×1.5 或 M20×1.5 丝堵

图 10.17　冷凝器的制作图

表 10.1　冷凝器的制作数据

公称压力/MPa	尺　寸						试压/MPa
	δ_1/mm	D_1/mm	δ_2/mm	p_1/mm	p_2/mm		
6.4	6	86	15	1	11		9.6
16	10	78	15	2	9		24

（1）技术要求。

① 按钢制焊接容器技术条件进行制造、试验和验收。

② 焊接采用电焊，焊条型号为 J422。

③ 容器制成后进行水压试验。

④ 制成的容器表面涂漆，漆的规格由设计确定。

（2）冷凝器的安装注意事项。

① 检测流量时，必须保持冷凝器水平。不能因冷凝液的人为误差，造成检测误差。

② 必须保持冷凝器水平面有一定高度。水平面降低，应立即加水保证平面高度。

2. 测温扩大管的制作

测温用的扩大管是检测小管道温度的必备辅助设施，通常在现场制作。制作方法有两种：一种是找一段长为200mm的 $\phi108\times4$ 钢管，两头各留50mm，用做大小头的方法缩成；另一种方法是按标准图做成，具体数据如图10.18所示，材料是10号钢、耐酸钢或同工艺管道。

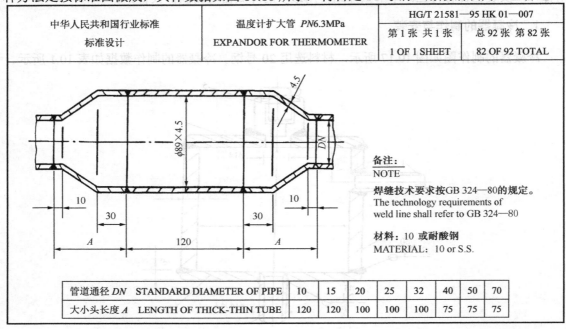

中华人民共和国行业标准 标准设计	温度计扩大管 *PN*6.3MPa EXPANDOR FOR THERMOMETER	HG/T 21581—95 HK 01—007 第1张 共1张 / 总92张 第82张 1 OF 1 SHEET / 82 OF 92 TOTAL

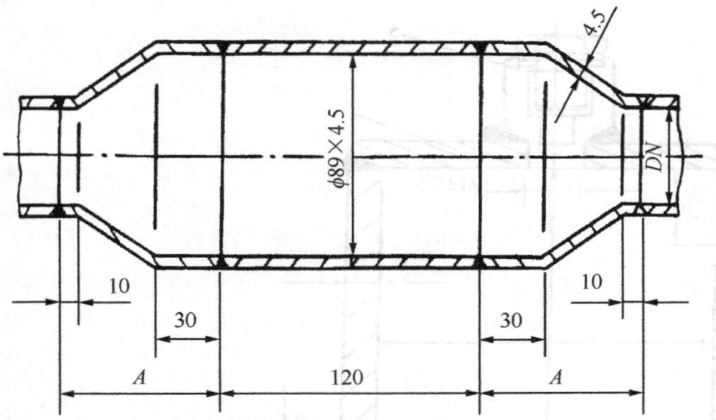

备注：
NOTE
焊缝技术要求按GB 324—80的规定。
The technology requirements of weld line shall refer to GB 324—80

材料：10 或耐酸钢
MATERIAL：10 or S.S.

管道通径 *DN* STANDARD DIAMETER OF PIPE	10	15	20	25	32	40	50	70
大小头长度 *A* LENGTH OF THICK-THIN TUBE	120	120	100	100	100	75	75	75

图10.18 温度扩大管标准图

10.3 试车、交工与验收

10.3.1 仪表的单体调校

原则上，仪表的单体校验安排在安装前，但校验过早，超过半年又得重校，安排过迟会影响安装进度。一般是积极创造条件，修建简易但合格的现场调整室（或施工单位准备集装箱，可按正规调整室装备），一般在仪表安装前3～4个月进行。

1. 仪表单体调校的必要性

国家标准《自动化仪表工程施工及质量验收规范》（GB 50093—2013）中规定：“仪表单体调校宜在安装前进行”。在 “交工时应交验下列文件”中明确指出包括“仪表调校记录”，这就要求仪表不仅要调校而且要如实记录。

仪表在出厂前，虽经过制造厂的校验，但受到长途运输、装卸、颠簸、保管等条件的影响，可能会使仪表的零位、量程及精度有所变动。施工单位应掌握第一手资料，保证安装上去的自动化控制仪表符合设计要求。只有通过单体调校，才能达到这一目的。

对于引进装置，仪表的单体调校可以与仪表的品质检验结合起来。仪表有误差，可以作为索赔的依据。

2. 单体调校内容

仪表单体调校内容在（GB 50093—2013）中有明确规定。

（1）被校仪表应外观及封印完好，附件完全，表内零件无脱落和损坏，铭牌清楚完整，型号、规格及材质符合设计规定。

（2）被校仪表在调校前，应按下列规定进行性能试验。

① 电动仪表在通电前应先检查其电气开关的操作是否灵活可靠。电气线路的绝缘电阻值，应符合国家仪表专业标准或仪表安装使用说明书的规定。

② 被校仪表的阻尼特性及指针移动速度，应符合国家仪表专业标准或仪表安装使用说明书的规定。

③ 仪表的指示和记录部分应达到下列要求。

- 仪表的面板和刻度盘整洁清晰。
- 指针移动平稳，无摩擦、跳动和卡针现象。
- 记录机构的划线或打印点清晰，没有断线、漏打、乱打现象。
- 记录纸上打印点的号码（或颜色）与切换开关及接线端子板上所标的输入信号的编号相一致。

（3）报警器应进行报警动作试验。

（4）电动执行器、气动执行器及气动薄膜控制阀应进行全行程时间试验。

（5）控制阀应进行阀体强度试验。

（6）有小信号切除装置的开方器及开方积算器，应进行小信号切除性能试验。

（7）控制器应进行手动和自动操作的双向切换试验，具有软手动功能的电动控制器还应进行下列试验。

- 软手动时，快速及慢速两个位置输出指示仪表走完全行程所需时间的试验。
- 软手动输出为 4.960V（19.8mA）时输出保持特性试验。
- 软、硬手动操作的双向切换试验。

（8）被校仪表或控制器还应进行下列项目的精确度调校。

① 被校仪表应进行死区（即灵敏限）正行程和反行程基本误差及回差调校。

② 被校控制器应按下列要求进行。

- 手动操作误差试验。
- 电动控制器的闭环跟踪误差调校；气动控制器的控制点偏差调校。
- 比例度、积分时间、微分时间刻度误差试验。
- 当有附加机构时，应进行附加机构的动作误差调校。

此外，还要注意，仪表调校点应在全刻度范围内均匀选取不少于 5 个点。

由于现场条件的限制，下列仪表一般不进行单体调校。

① 温度仪表中热电偶和热电阻的热电特性，因“规范”没有明确规定，建设单位有明确要求时，要充分协商，但也只是抽检。

② 除节流装置外的流量仪表（因缺少标准流量槽）。

③ 部分没有提供样气（品）的分析仪表。

单体调校后仪表的保管很重要。要做好标记，调校合格的与不合格的和没有调校的表要分别妥善保管。保管仪表的库房要满足基本条件：环境温度为5～35℃，相对湿度低于85%；要有货架，不能放在地上。

校验结果要如实填写，特别是调校不合格但经过修理后合格的仪表。

10.3.2 自动化控制仪表的系统调校

1. 系统调校的条件

系统调校应在工艺试车前，且具备下列条件后进行。

（1）仪表系统安装完毕，管道清扫完毕，压力试验合格，电缆（线）绝缘检查合格，附加电阻配制符合要求。

（2）电源、气源和液压源已符合仪表运行要求。

2. 系统调校方法

系统调校按回路进行。自动化控制系统的回路有三类，即自动调节回路，信号报警、联锁回路，检测回路。

（1）检测回路的系统调校。检测回路由现场一次点、一次仪表、现场变送器和控制室仪表盘上的指示仪、记录仪组成。系统调校的第一个任务是贯通回路，即在现场变送器处送一信号，观察控制室相应的二次表是否有指示，其目的是检验接线是否正确，配管是否有误。第二个任务是检查系统误差是否满足要求，方法是在现场变送器处送一阶跃信号记下组成回路所有仪表的指示值。其计算公式为：

$$\delta=\sqrt{\delta_1^2+\delta_2^2+\cdots+\delta_n^2}$$

式中，δ——系统误差；

δ_1，δ_2，…，δ_n——组成回路的各块仪表的误差。

δ在允许误差范围内为合格。若配线、配管有误，相应二次表就没有指示，应重新检查管与线，排除差错。若δ大于允许误差，则要对组成检测回路的各个仪表逐一重新进行单体调校。

（2）控制回路的系统调校。控制回路由现场一次点、一次仪表、变送器和控制室里控制器（含指示、记录）和现场执行单位（通常为气动薄膜控制阀）组成。系统调校的第一个任务是贯通回路，其方法是把控制室中控制器手/自动切换开关定在自动上，在现场变送器输入端加一信号，观察控制器指示部分有没有指示，现场控制阀是否动作，其目的是检查其配管接线的正确是否。

第二个任务是把手/自动开关定在手动上，由手动输送信号，观察控制阀的动作情况。当信号从最小到最大时，控制阀的开度是否也从最小到最大（或从最大到最小），中间是否有卡阻的现象，控制阀的动作是否连续、流畅；最后是按最大、中间、最小三个信号输出，控制阀的开度指示应符合精度要求。其目的是检查控制阀的动作是否符合要求。

第三个任务是在系统信号发生端（通常选择控制器检测信号输入端），给控制器一模拟信号，检查其基本误差、软手动时输出保持特性和比例、积分、微分动作趋向，以及手/自动操作的双向切换性能。

若线路有问题，控制器手动输出动作不能控制相应的控制阀，就必须重新校线、查管。若控制阀的作用方向或行程有问题，要重新核对控制器的正、反作用开关和控制阀的开、关特性，使控制器的输出与控制阀动作方向符合设计要求。若控制器的输出与控制阀行程不一致，而控制阀又不符合其特性，就要对控制阀单独校验。若控制器的基本误差超过允许范围，手/自动双向切换开关不灵，就要对控制器重新校验。

系统调校过程中，特别是带阀门定位器的控制系统很容易调乱，一旦调乱，再调校就很不容易了。在这种情况下，有一经验调校办法，就是当输入为一半时（如 DDZ—Ⅲ型表，输入为 12mA DC，气动仪表为 0.06MPa 时），阀门定位器的传动连杆应该是水平的。也就是说，把阀门定位器的传动连杆放在水平位置，然后把输入信号定在 12mA，再进行校验，就能较快地完成二次调校。

（3）报警、信号、联锁回路的系统调校。报警、联锁回路由仪表、电气的报警接点或报警单元，控制盘上的各种控制器、继电器、按钮、信号灯、电铃（电笛、蜂鸣器）等组成。

报警单元的系统调试，首先是回路贯通。把报警机构的报警调整到设计报警的位置，然后在信号输入端给一模拟信号（报警机构的报警接点短接或断开），观察相应的指示灯和声响是否有反应，接着，按消除铃声按钮，正确的结果应该是铃声停止，灯光依旧。第二个试验是去掉模拟信号，按试灯按钮，应该是灯亮铃响，再按消除铃声按钮，应该是铃停灯继续亮。其目的是检查接线正确与否。

联锁回路的调试与报警回路相同，只是在短接报警机构输入接点后，除观察声光外，还要观察其所带的继电器动作是否正常，特别是所接控制设备的接点，应用万用表检测，是否由通到断或由断到通，应反复三次，动作无误才算通过。

如果输入模拟信号，相应的声光无反应，要仔细分析原因。首先要检查报警单元是否动作，信号灯是否完好，确信不是上述原因后，再对配线做仔细检查。

如果试验按钮或消除铃声按钮没有作用，要重新检查盘后配线，有必要时，要检查逻辑原理图或信号原理图。

对联锁回路的检查尤为重要，这是回路检查的重点，检查的内容还应包括各类继电器的动作情况。若用无接点线路，在动作不正确情况下，要仔细核对原理图和接线图。

10.3.3 交接验收条件

1. “三查四定”与“中间交接”

“三查四定”是交工前必须做的一个施工工序，由设计单位、施工单位和建设单位组成的三方人员对每一个系统进行全面仔细的检查。检查重点是施工质量是否符合（GB50093—2013）规定，施工内容是否符合图纸要求，是否有不安全因素和质量隐患，是否还有未完成项目。对查出的问题必须“定责任、定时间、定措施、定人员”。

“三查四定”工作完成后，建设单位应对施工单位所施工的工程进行接管。从施工阶段进入试车阶段时，装置由施工单位负责转到由建设单位负责。由于工程进入紧张的试车阶段，建设单位人员大量介入，如果工程保管权还在施工单位，会对试车不利，但又不具备正式交工条件，因此有一“中间交接”阶段。这一阶段是一个特殊的阶段，是建设单位、施工单位携手共同进行试车工作的阶段。中间交接双方要签字，要承担责任。

只有经过“中间交接”的装置，建设单位才有权使用。

2. 试车（开车）

（1）试车的三个阶段。按国家标准 GB50093—2013 规定：取源部件，仪表管路，仪表供电、供气和供液系统，仪表和电气设备及其附件，均已按设计和本规范的规定安装完毕，仪表设备已经过单体调校合格后，即可进行试运行。

① 试运行是试车的第一个阶段，也就是单体试车，主要标志是传动设备的试车，管道的吹扫，设备和管道的置换，以及仪表的二次调校。

单体试车时，仪表人员的工作量不大，内容不多，只是进行就地指示仪表的投运。对大型的传动设备，如大型压缩机、高压泵等不应开通报警、联锁系统。在这个阶段，仪表工作人员重点还在完成未完成工程项目和进行系统调校。如管道吹扫完后，工艺管道全部复位，仪表人员应把孔板安装好，控制阀卸掉短节，复位放在首位。此外，把吹扫时堵住口的温度计全部装上，压力表按设计要求安装好。控制阀复位后，抓紧做好配管配线工作。总的说来，这个阶段仪表的工作还局限于安装的扫尾工作，技术人员应抓紧时间做好交工资料的整理和竣工图的绘制工作。

② 联动试车是试车的第二个阶段，又称无负荷试车。工艺的任务是打通流程，通常用水来代替工艺介质，故又称水联动。这个阶段原则上仪表要全部投入运行。由于试车阶段工艺参数不稳定，因此有些仪表不能投入运行，如流量表。控制器只能放在手动位置，用手动可在控制室开启、关闭或控制阀门。报警、联锁系统要全部投入运行，并在有条件的情况下，进行实际试验。

对仪表专业而言，GB50093—2013 指出：“仪表系统经调试完毕，并符合设计和本规范的规定，即为无负荷试运行合格。”

无负荷试车，系统打通流程并稳定运行 48h 即为合格，这时对仪表的考验也已通过。GB50093—2013 指出：“经无负荷试运行合格的仪表系统，已对工艺参数起到检测、控制、报警和联锁作用，并经 48h 连续正常运行后，即为负荷试运行合格。”

③ 负荷试车是试车的第三阶段，这时已经投料，开始进行正式的试生产了。对仪表而言，在负荷试车前，已提前通过了“负荷试运行”。

（2）试车三阶段中施工单位仪表专业的任务。

① 单体试车阶段。在此阶段，施工单位仪表专业要全面负责起单体试车工作，并积极帮助建设单位仪表专业人员尽快熟悉现场，熟悉仪表，尽快进入角色。

② 无负荷试车阶段。在这个阶段，仪表专业应该是正在办理或已经办理完“中间交接”，对装置仪表的使用权和保管权正从施工单位向建设单位转移，并逐渐由建设单位负责，施工单位协助。

③ 负荷试车阶段。在无负荷试车完成后，仪表专业已完成负荷试车。因此在实际进行负荷试车时，仪表的操作、管理已完全由建设单位全权负责。施工单位仪表人员只是根据建设单位的需要，做“保镖”和进行必要的“维修”工作。

10.3.4　交接验收

1．交工（交接工作）

整个系统经无负荷试车合格后，施工单位在统一组织下，仪表专业与其他专业一起，向建设单位交工，建设单位应组织验收。

交工验收包括硬件与软件：硬件就是完整的、运行正常、作用正确的仪表及其系统，软件就是交工资料。交工资料的清单已在第 1 章详述，施工单位可按项目的情况酌情增减。交工资料总的来说包括两个内容：一是施工过程中实际的工程记录，包括隐蔽工程记录与调试记录；二是质量评定记录，是按施工时已经划定的分项工程为单位进行质量评定。这两种记录都应全面、完整、真实。

（1）仪表工程建设交工技术文件包括以下内容。

① 交工技术文件目录。
② 交工验收证书。
③ 工程中间交接记录。
④ 未完工程项目明细表。
⑤ 隐蔽工程记录。
⑥ 仪表管路试压、脱脂、清洗记录。
⑦ 节流装置安装检查记录。
⑧ 调校记录。
⑨ DCS 基本功能检测记录。
⑩ 控制器调校记录。
⑪ 仪表系统调试记录。
⑫ 报警、联锁系统试验记录。
⑬ 电缆敷设记录。
⑭ 电缆（线）绝缘电阻测定记录。
⑮ 接地极、接地电阻安装测定记录。
⑯ 设计变更一览表。

（2）仪表安装工程质量检验评定表主要内容如下所述。

① 温度取源部件安装质量检查记录。
② 压力取源部件安装质量检查记录。
③ 流量取源部件安装质量检查记录。
④ 物位取源部件安装质量检查记录。
⑤ 分析取源部件安装质量检查记录。
⑥ 成排仪表盘（操作台）安装质量检查记录。
⑦ 差压计、差压变送器安装质量检查记录。
⑧ 旋涡流量计安装质量检查记录。
⑨ 分析仪表安装质量检查记录。
⑩ 供电设备安装质量检查记录。

⑪ 电线（缆）保护管明敷设质量检查记录。

⑫ 电线（缆）保护管暗敷设质量检查记录。

⑬ 硬质塑料保护管敷设质量检查记录。

⑭ 电缆明敷设安装质量检查记录。

⑮ 仪表防爆安装质量检查记录。

⑯ 管路敷设质量检查记录。

⑰ 脱脂质量检查记录。

⑱ 隔离、吹洗、伴热、绝热、涂漆防护工程安装质量检查记录。

⑲ 指示仪表单体调校质量检查记录。

⑳ 记录仪表单体调校质量检查记录。

㉑ 变送器单体调校质量检查记录。

㉒ 分析仪表单体调校质量检查记录。

㉓ 控制仪表单体调校质量检查记录。

㉔ 控制阀、执行机构和电磁阀单体调校质量检查记录。

㉕ 报警装置单体调校质量检查记录。

㉖ 检测系统调试质量检查记录。

㉗ 控制系统调试质量检查记录。

㉘ 报警系统调试质量检查记录。

2. 验收规范和质量评定标准

《自动化仪表工程施工及质量验收规范》（GB50093—2013）是仪表施工的验收规范，是施工与验收的最高标准。仪表施工人员要切实按规范要求进行施工，建设单位也应按规范要求验收工业自动化仪表工程。高于规范的要求，可通过协商解决。

《自动化仪表工程施工及质量验收规范》（GB50093—2013）主要内容有总则，取源部件、仪表盘（箱、操作台）、仪表设备、仪表供电设备及供气、供液系统的安装，仪表用电气线路的敷设，电气防爆和接地，仪表用管路的敷设、脱脂、防护，仪表调校及工程验收。

引进项目还要遵照引进国家工业自动化仪表施工的有关规范。

《自动化仪表安装工程施工质量检验评定标准》（GB50131—2007）与《自动化仪表工程施工及质量验收规范》（GB50093—2013）配套使用，即工程项目按GB50093—2013施工、验收，工程质量按GB50131—2007评定。

《自动化仪表安装工程施工质量检验评定标准》（GB50131—2007）是国家建设部于2007年以（07）建标字第242号发布的国家标准，2008年3月1日起执行。该标准共分11章和4个附录，主要内容有：总则，质量检验评定方法与质量等级划分，取源部件的安装，仪表盘（箱、操作台）的安装，仪表用电气线路的敷设、防爆和接地，仪表用管路的敷设、脱脂和防护，仪表调校及仪表工程质量检验和方法等。

质量评定在施工过程中极为重要，工程质量优劣的最终结论依靠此检验评定标准下结论。通常评定的程序是由施工单位质量管理部门负责人会同建设单位质量监督部门负责人和有关人员，商定单位工程、分部工程及分项工程的划分，商量质量控制点即A、B、C检验点的确定。然后在施工中，对A类、B类项目按施工队的“共检项目通知单”进行三方（施工队、施工单位质量管理部门和建设单位质量监督员）共检，随时进行分项工程的质量评定。按工程进展情况，进行分部工程的质量评定。单位工程的质量评定要在负荷试车合格后进行。

质量评定只有两个等级，即合格与优良。

检验项目分为三部分：保证项目、主要检验项目和一般检验项目。

（1）分项工程质量评定规定。

① 合格：保证项目全部合格，主要检验项目全部合格，80%以上一般检验项目符合 GB50131—2007 规定。

② 优良：保证项目全部合格，主要检验项目和全部一般检验项目都必须符合 GB50131—2007 规定。

（2）分部工程质量等级的评定规定。

① 合格：所包含的分项工程的质量全部达到合格标准，即该分部工程为合格。

② 优良：所包含的分项工程的质量全部达到合格标准，并有 50%及以上分项工程达到优良标准，则此分部工程为优良。

（3）工程质量等级的评定规定。

① 合格：各项试验记录和施工技术文件齐全，在该工程所含的分部工程全部达到合格标准，为合格的工程。

② 优良：各项试验记录和施工技术文件齐全，在该工程中的全部工程合格且其中 50%及以上为优良（其中主要分部工程必须优良），可将该工程评为优良。

分项工程的质量评定是施工班组自评，由施工队施工员和班组长组织有关人员进行检验评定，由施工单位质量管理部门专职质量检查员核定。

分部工程的质量评定由施工队技术负责人和施工队队长组织有关人员进行质量检验评定，并经施工单位质量管理部门专职质量检查员核定，施工单位技术管理和质量管理部门认定。

工程质量评定由施工单位技术负责人和行政领导组织有关部门进行检验评定，质量管理部门核定后，可上报上级主管部门认定，也可由建设单位质量主管部门或地方质量监督机构认定。

实 训 课 题

1. 仪表各种管卡的制作与安装。
2. 仪表特殊设备的安装。
3. 仪表辅助设备的安装。
4. 系统中各仪表的调校。

思 考 题

1. 试说明系统单校、联校及系统调校的方法。
2. 如何评定仪表控制工程质量等级？
3. 仪表控制工程建设后交工技术文件有哪些？
4. 仪表的供电设备安装前要检查什么？要符合哪些要求？

5. 试述风压管路严密性试验的标准。
6. 试述施工技术交底一般应包括哪些内容。
7. 叙述测点开孔位置的选择原则。
8. 使用台钻时应注意哪些问题？
9. 试述底座安装前对基础应做哪些工作。

第11章 仪表安装综合实训

11.1 系统概述

"化工仪表维修工职业技能培训鉴定考核系统"（以下简称考核系统）根据自动化及相关专业的职业培训需要，依托仪表维修初级工、中级工、高级工、技师及高级技师应有的国家职业技能鉴定标准、天津职业培训包修订标准与职业技能实作细化指标；在吸收了国内外同类产品的特点和精华的基础上，汇集众多仪表专家及教学一线教师的丰富实践经验，精心设计、推出的全新技能培训考核教学系统。它将连续性工业生产过程中常见的容器、管路、泵、阀门等设备微缩、集中，配合自动测量、参数控制，可以对典型的物理参数（如液位、流量、压力、温度等）进行测量、显示和自动控制。系统采用了开放式的结构，即所有的设备均可拆、可装、可调、可操作；复杂对象通过柔性连接可以实现多种被控过程；开放式软件组态环境可以根据不同的控制方案组态构成不同的控制系统。系统可配接多种控制器（如模拟调节器、数字调节器、可编程调节器、可编程控制器、工业控制计算机等），实现从简单到复杂、从经典到现代的控制策略，以适应各级各类不同层次培训单位的需要。该考核系统还配有新研发的自动评分系统，可以将训练或考核过程的操作过程随机评判对错打分，从而消除人为判分误差，做到更加公正准确。

该考核系统主要能完成温度、压力、流量、液位四大参数的传感器（一次元件）、变送器、执行器（现场仪表）调校与工艺管道、仪表与阀门（安装方式采取法兰连接）、现场仪表及信号动力系统等的识图与安装；工艺过程中使用的各种一次仪表、二次仪表调校和控制系统回路测试；简单与复杂控制系统参数整定、调试；控制系统故障分析、诊断的技能实训。该考核系统的所有仪器、仪表、法兰、管路、信号动力系统等，都可按图拆卸与识图安装。可根据要求，在工艺控制对象上组成温度、压力、流量、液位四大参数复杂控制系统，并可完成仪器使用、仪表选型、测量点选择、仪表安装、管路连接、信号动力配线、控制方案确定、仪表调校、回路测试、系统联校、参数整定、运行调试、故障判断、交工验收等仪表工程施工功能。另外，配合计算机（DCS、PLC）控制应用，符合最先进的4C技术；还可以通过网络安装、系统组态和软件配置，让培训学员掌握更多集散控制和操作技能。

一、该考核系统的主要任务

（1）可实现对流程性工业自动化系统中的现场与控制台仪表的说明书识读与训练考核。
（2）对工艺系统所有仪表、部件、管路、动力信号等，都可实现按图拆卸与安装考核。
（3）可以进行常用仪器仪表校验（包括电流电压信号、热工信号、模拟信号）考核。

（4）可实现工业用自动化仪表（包括一次仪表、二次仪表）的调校训练与考核。

（5）可以进行仪表自动化的四大参数工程项目仪表选型训练与仪表参数设置训练与考核。

（6）可实现四大参数控制回路的测试与系统联校训练与考核。

（7）可实现自动化控制系统的回路测试及复杂控制方式的选择。

（8）可实现工业用仪表自动化系统故障分析及诊断，进行故障的诊断与排除训练及考核。

（9）可实现对仪表维修工初、中、高级工及技师的国家职业技能鉴定训练与考核。

（10）可满足《生产过程自动化仪表识图与安装》《自动化装置安装与维修》《过程仪表安装与维护》《传感器与自动检测仪表实训》《过程控制工程实施》《过程控制工程设计》《自动检测仪表与控制仪表》及《热工仪表过程控制》等课程的相关教学与考核需要。

（11）可实现对企业仪表技术人员和计控室技术人员基础知识、自动化技能的培训与考核。

（12）可作为仪表维修工、仪表自动化及相关专业中、高职学生和企业职工技能大赛与技能比武的基本技能训练与考核系统。

二、仪表安装过程中的主要工作

（1）配合工艺安装取源部件（一次部件）。

（2）现场仪表安装。

（3）仪表盘、柜、箱、操作台的安装。

（4）仪表桥架，槽板的安装，仪表管、线的配制，支架的制作与安装，仪表管路的吹扫、试压、试漏。

（5）单体调试，系统联校，回路试验。

（6）配合工艺进行单体试车和参数整定。

（7）配合建设单位进行联动试车。

仪表安装施工顺序图如图 11.1 所示。

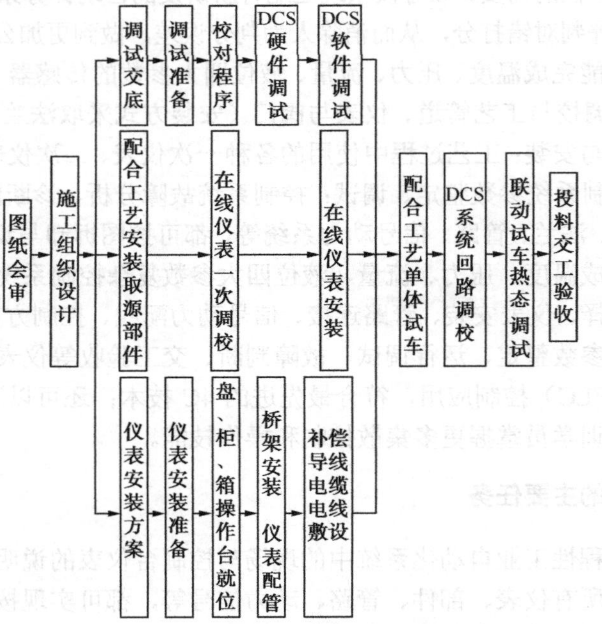

图 11.1　仪表安装施工顺序图

三、考核系统介绍

该考核系统由两部分组成，即仪表控制柜与工艺装置。工艺装置由液位水箱（加热圆筒式）、储水箱、各类检测装置（传感器、变送器）、执行器及水路动力系统等组成。

（1）化工仪表维修工职业技能培训鉴定考核系统控制系统图，如图 11.2 所示。

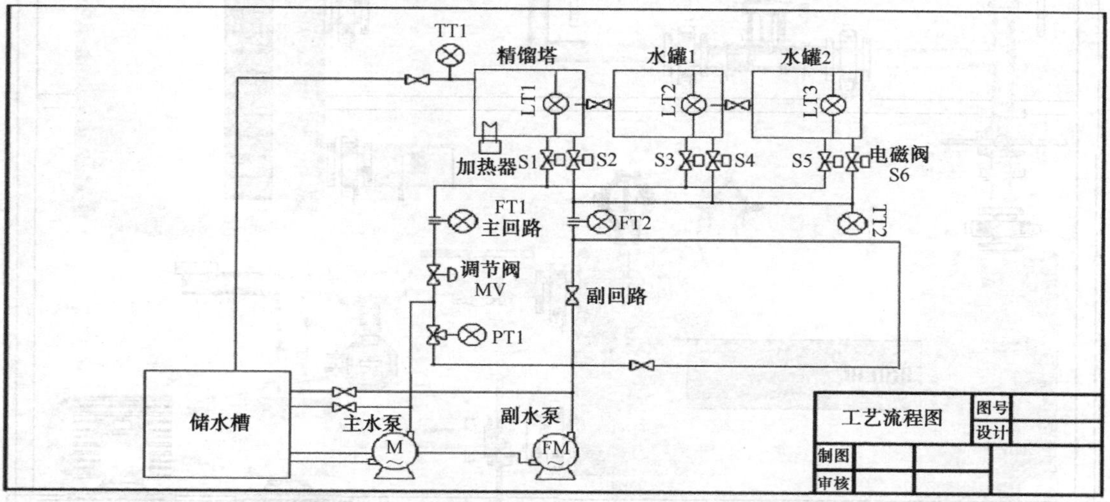

图 11.2 化工仪表维修工职业技能培训鉴定考核系统控制系统示意图

（2）化工仪表维修工职业技能培训鉴定考核系统工艺示意图，如图 11.3 所示。

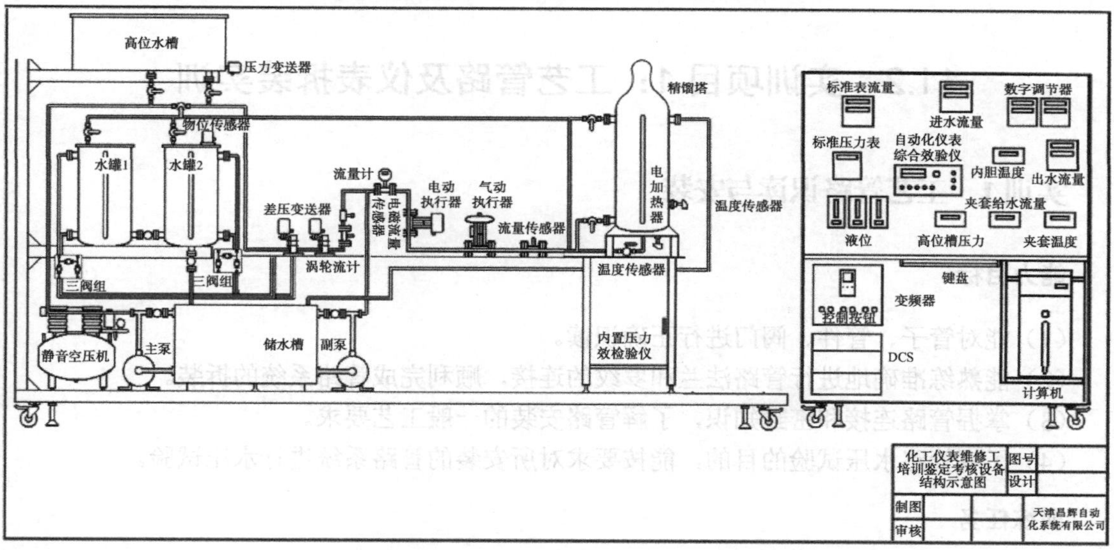

图 11.3 化工仪表维修工职业技能培训鉴定考核系统工艺示意图

（3）化工仪表维修工职业技能培训鉴定考核系统 PID 拆装图，如图 11.4 所示。

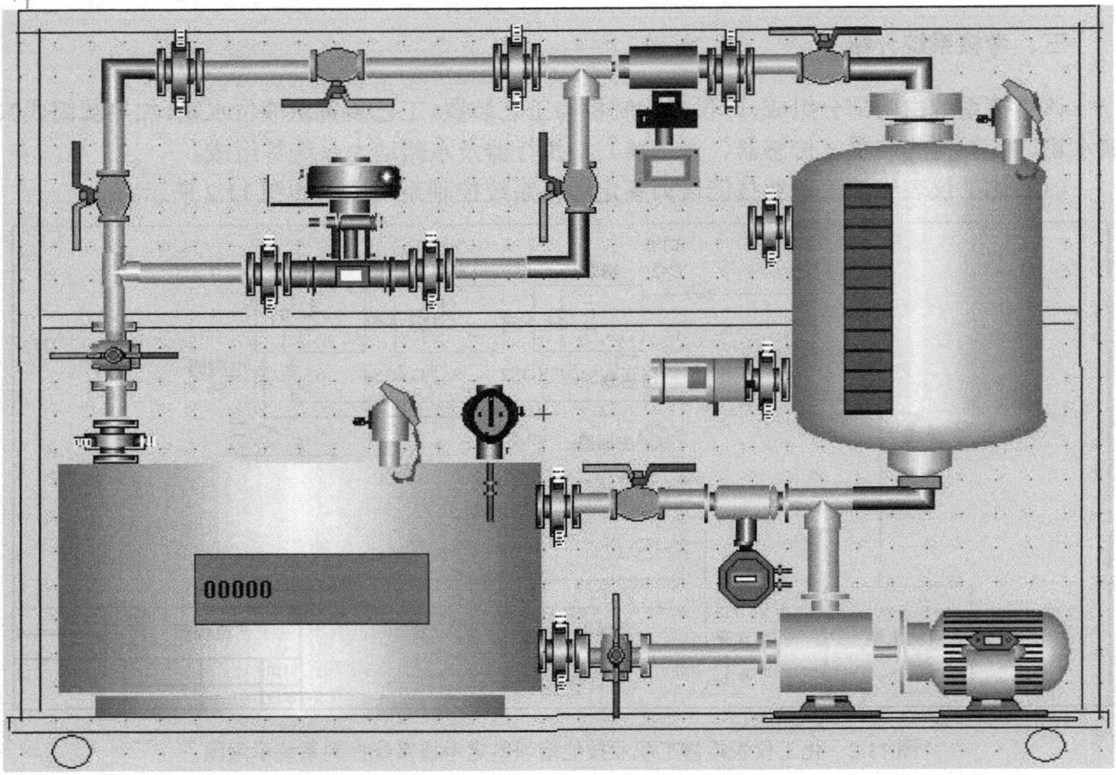

图 11.4　化工仪表维修工职业技能培训鉴定考核系统 PID 拆装图

11.2　实训项目 1：工艺管路及仪表拆装实训

实训 1　工艺管路识读与安装

能力目标

（1）能对管子、管件、阀门进行正确识读。
（2）能熟练准确地进行管路法兰和罗纹的连接，顺利完成管路系统的拆装。
（3）掌握管路连接和密封知识，了解管路安装的一般工艺要求。
（4）了解管路水压试验的目的，能按要求对所安装的管路系统进行水压试验。

训练任务

（1）按照工艺管路安装清单，认识管子、管件及阀门。
（2）对照工艺图，识图并进行管路的连接。
（3）完成离心泵进、出口的法兰连接。
（4）完成离心泵进口管路的罗纹连接，出口管路的法兰连接。
（5）对管路系统进行水压试验，直到不漏水为止。

训练要点

（1）Rc3/4、R3/4 与 ZG3/4 管径的区分。Rc 表示圆锥内螺纹；R 表示圆锥外螺纹；ZG 表示锥管螺纹；3/4″ 表示英寸的标注，代表 3/4 寸圆锥管螺纹。

一英寸等于 8 英分，3/4 的来历是 6/8＝3/4，俗称 6 分。

同样，ZG1/2″ 螺纹的管子内径≈15mm，俗称 4 分；ZG1″ 螺纹的管子内径≈25mm，俗称 1 寸；ZG11/2″ 螺纹的管子内径≈32mm，俗称 1 寸半。

（2）公称直径 *DN* 的含义。公称直径是指焊接钢管、铸铁管的管子和管件的标准直径（又称公称通径），它是就内径而言的标准，它近似于内径但并不是实际内径。同一规格的管子外径相等，但壁厚不一定相同，不同的工作压力要选用不同壁厚的管子。根据壁厚分为一般管和加厚管。例如，*DN*100 的水、煤气管，表明其公称直径为 100mm，而外径为 114mm，一般管壁厚 4mm，加厚管壁厚 5mm，可见 100mm 既不等于管子内径，也不等于管子外径。

英制螺纹螺距用一英寸长度内的牙数表示，外径用英寸标注。一英寸等于 25.4mm，如 19 牙，表示一英寸长度内有 19 个牙，螺距为 1.337mm。如果是英制螺栓就标注螺纹大径而没有公称直径。

（3）尺寸换算。1/2＝*DN*15，3/4＝*DN*20，1′＝*DN*25，1.2′＝*DN*32，1.5′＝*DN*40，2′＝*DN*50，2.5′＝*DN*65，3′＝*DN*80，4′＝*DN*100，5′＝*DN*125，6′＝*DN*150，8′＝*DN*200，10′＝*DN*250。

（4）管径识读。管径应以 mm 为单位，其表达方式应符合下列规定。

① 水煤气输送钢管（镀锌或非镀锌）、铸铁管等管材，管径宜以公称直径 *DN* 表示。

② 无缝钢管、焊接钢管（直缝或螺旋缝）、铜管、不锈钢管等管材，管径宜以外径×壁厚表示。

③ 钢筋混凝土（或混凝土）管、陶土管、耐酸陶瓷管、缸瓦管等管材，管径宜以内径 *d* 表示。

④ 塑料管材，管径宜按产品标准的方法表示。

⑤ 当设计均用公称直径 *DN* 表示管径时，应有公称直径 *DN* 与相应产品规格的对照表。

⑥ 建筑排水用硬聚氯乙烯管材规格用 d_e（公称外径）×e（公称壁厚）表示（GB 5836.1-92）；给水用聚丙烯（PP）管材规格用 $d_e \times e$ 表示（公称外径×壁厚）。

实训 2　仪表管路敷设与安装方法

能力目标

（1）能够完成安装准备工作。
（2）能熟练准确地进行导管敷设安装。
（3）掌握管路敷设安装后的试压。

训练任务

（1）核对仪表管路的管材、阀门、接头、附件等的材质和数量。
（2）按照工艺图，识图并进行管路的连接。
（3）完成导管支架的安装。

（4）完成导管路径的敷设。

（5）完成管路系统安装后的水压试验，直到不漏水为止。

训练要点

（1）安装准备。

① 核对仪表管路的管材、阀门、接头、附件等的材质和数量，以满足系统要求。

② 识读图纸资料，会同小组成员进行图纸会审，进行仪表管走向的二次设计。

③ 管材区分和标识确认。安装时，不同的工艺系统应选择相应材质的管材和阀门。

④ 导管应尽量以最短的路径进行敷设，差压管路不应靠近热表面。

⑤ 管道应尽量集中敷设，如需穿地板或墙洞时，要用保护管及保护罩。

（2）导管敷设安装。

① 导管支架安装。仪表安装工拼装并校正，电焊焊接。安装后进行防腐处理，先刷一层防锈漆，再覆盖一层面漆。

② 管路敷设与连接。

- 将试压后的阀门固定在阀门支架上。
- 预配管（有膨胀处应考虑热膨胀量）测量并计算好导管直段长度和弯头尺寸，用手动弯管器冷弯制作导管弯头。按需要用管子割刀截去多余的管段，清理管口，临时封闭管口。
- 导管的固定。敷设时用可拆卸的卡子（一般采用欧姆形管卡），用螺丝将导管固定在支架上，卡子的形式与尺寸应根据导管直径来决定，导管的间距应保持均匀。
- 导管的连接。常用的导管连接方式有气焊法、钨极氩弧焊法、卡套式管接头连接法。
- 去掉临时封头，采用以上方法将管路连接好后正式固定。

（3）试压过程。对系统压力在0.7MPa以上的采样管，采用跟随主设备一起试压的方法进行。试压前，拆开导管与仪表设备间的连接头，关闭仪表二次阀和排污阀，打开一次阀。升压过程中不断检查巡视，发现泄漏点及时关闭一次阀并做好记录；主设备泄压后，对泄漏点逐一重新焊接。重新焊接过的管路应用手压泵补试压。

实训3　PP-R管路敷设与安装方法

能力目标

（1）能熟练准确地进行PP-R管的敷设与安装。

（2）掌握PP-R管的安装要点。

训练任务

（1）能够完成安装准备与管材检验工作。

（2）按照工艺连接PP-R管，掌握热熔器、专用剪刀（断管器）、螺丝刀、手锤等的使用方法。

（3）完成安装PP-R管的工艺流程。

（4）掌握PP-R管热熔连接的操作规程。

训练要点

PP-R 管道具有施工工艺简单、成本低廉、操作容易的优点，因此得到广泛应用。

（1）安装准备。

① 管材检验。管材、管件的内外壁应光滑平整，无气泡、裂纹、脱皮和明显的痕纹，且色泽基本一致，冷水管、热水管必须有醒目的标志。阀门的规格、型号应符合设计要求。阀体铸造表面光洁，无裂纹，阀杆开关灵活，关闭严密，填料密封完好无渗漏，手轮完整无损坏，有出厂合格证。

② 机具准备。包括电锤、手电钻、台钻、电动试压泵、热熔器、专用剪刀（断管器）、螺丝刀、手锤、水平尺、线坠、钢卷尺、小线、压力表等。

③ 安装条件。

- 管道穿墙及楼梯处已预留洞或预埋套管，其洞口尺寸和套管规格符合要求，坐标、标高正确。
- 明装托、吊干管的安装必须在安装层的结构顶板完成后进行，沿管线安装位置的模板及杂物清理干净，托、吊、卡件均已安装牢固，位置正确。
- 立管安装宜在主体结构完成后进行，每层均应有明确的标线。暗装在竖井管道，应把竖井内的模板及杂物清理干净，并有防坠落措施。

（2）PP-R 管道的安装要点。根据现行设计规范要求，给水 PP-R 管道的敷设安装形式主要有直埋和非直埋两种。 直埋形式包括嵌墙敷设、地坪面层内敷设；非直埋形式包括管道井、吊顶内、装饰板后敷设，地坪架空层敷设。安装工艺流程为：安装准备→预制加工→干管安装→立管安装→支管安装→管道试压。

（3）操作要点。在安装前，应认真识读图纸，做好安装准备工作。总体原则是，按设计图纸画出管道分路、管径、预留管口、阀门位置等施工草图，在实际安装的结构位置上标记，按标记分段量出实际安装的尺寸，然后再按此尺寸进行下料预制。

PP-R 热熔连接应按如下规程进行操作。

① 切割管材必须使端面垂直于管轴线，管材切割一般使用专用管子剪，如为大管径，则用锯条切割，切割后断面去毛刺和毛边。

② 管材与管件连接端面必须清洁、干燥、无油。

③ 熔接弯头或三通时，按设计图纸要求应注意其方向，在管件和管材的直线方向上，用辅助标志标记其位置。

④ 连接时，无旋转地把管端导入加热套管内，插入到所标记的深度，同时无旋转地把管件推到加热管上，达到规定标记处。一般可用心中默读数字法掌握加热时间，或观察管件、管材的加热程度，当模头上出现一圈 PP-R 热熔凸缘时，即可将管材、管件从模头上取下进行下道工序。

⑤ 达到加热时间后，立即把管材、管件从加热套与加热头上同时取下，迅速无旋转地直线均匀插入到所标深度，使接头处形成均匀的凸缘。

（4）支吊架的安装。

① 管道安装时必须按不同管径和要求设置管卡或吊架，位置应准确，管卡与管道接触应紧密，不得损伤管道表面。

② 若采用金属管卡或吊架，金属管卡与管道之间应采用塑料带或橡胶等软物隔垫。在实际操作中常以同材质的管材或PVC-U排水管材做垫圈。

③ 明管敷设的支吊架在做防膨胀的措施时，应按固定点要求安装，管道的各支点、受力点及穿墙支管节点处，应采取可靠的固定措施。

（5）支管的安装。对于明管安装，要求支架平整，管道平直，各用水点甩口位置符合安装及设计要求；对于暗管安装，安装时必须做到各用水点甩口位置正确。

（6）阀门的安装。阀门的型号、规格、耐压和严密性试验符合设计和施工规范规定，安装位置、进出口方向应正确，连接要牢固、紧密，启闭要灵活，朝向应合理，表面要洁净。

（7）管道系统打压。管道系统安装完成后应进行综合水压试验。水压试验时应放净管内空气，充满水后进行加压。

实训4 取源部件及导压管的安装

能力目标

（1）各种取源部件的安装。

（2）能熟练准确地进行现场仪表的安装位置选择。

（3）掌握导压管的安装要点。

训练任务

（1）在管道和设备的开孔上选择安装取源部件。

（2）现场仪表安装位置的选择。

（3）对导压管按其工艺介质压力的不同进行选择。

（4）正确完成导压管的敷设。

训练要点

（1）取源部件的安装。一般规定，取源部件的安装应与土建施工、设备安装同时进行，取源部件的开孔与焊接工作，须在管道或设备的防腐、衬里、吹扫和压力试验前进行。

① 在管道和设备上开孔时，应采用机械加工方法。在混凝土构筑物上安装的取源部件应在砌筑或浇注的同时埋入或预留安装孔。

② 安装取源部件不宜在焊缝及其边缘上开孔和焊接。取源阀门与设备或管道的连接不宜采用卡套式接头。

③ 被取源介质连续流动大时，取源头部应在逆水流方向切斜口。取源位置的流速不够大时，应加装增压装置。

④ 取源位置须具有代表性，即应取流体的中央部分，并应尽量靠近分析仪表，以保证取源水样分析的即时性。

⑤ 取样管可为PVC、PP-R类塑料管。

（2）现场仪表的安装位置选择。

① 现场仪表的安装应选在光线充足、操作维修方便的地方；不宜安装在震动、潮湿、易受机械损伤、有强磁场干扰、高温、温度变化剧烈和有腐蚀性气体的地方，安装在室外的仪表

应采取相应的防曝晒、防水、防潮、防冻措施。

② 仪表的安装位置应选在便于检查、维修、拆卸，通风良好，且不影响人行和邻近设备安装与解体的场所。其中心距地面的高度宜为 1.2～1.5m。

③ 就地安装的显示仪表应安装在手动操作设备时便于观察仪表示值的位置。

④ 仪表安装前应外观完整、附件齐全，并按设计规定检查其型号、规格及材质。

⑤ 仪表安装时不应敲击或震动，安装后应牢固、平整。设计规定，需要脱脂的仪表应经脱脂检查后方可安装。

⑥ 直接安装在管道上的仪表，宜在管道吹扫后、压力试验前完成，仪表与管道连接时，仪表上法兰的轴线应与管道轴线相一致。固定时应使其受力均匀。安装完毕后，应随同系统一起进行压力试验。

⑦ 仪表及电气设备上接线盒的引入口不应朝上，避免杂质进入盒内，当不可避免时，应采取密封措施。

⑧ 仪表和电气设备标志牌上的文字及端子编号等，应书写正确、清楚。

⑨ 对于需用管道进行采样的仪表，一般情况下都应装有旁通管和旁通阀，并在保证仪表有足够采样源的前提下把旁通阀开到最大，以保证取样源的即时性。

（3）导压管的安装。导压管按其工艺介质的压力不同，可分为设计压力小于 0 的真空管；设计压力为 1.6MPa 及以下的低压管路；设计压力大于 1.6MPa 的中压管路和大于 10MPa、小于 100MPa 的高压管路。导压管的材质与工艺管道要求相同，按介质的温度、压力、腐蚀性等因素选择。常用的有中、低、高压无缝钢管、合金钢管、不锈钢钢管、水煤气管、镀锌水煤气管、塑料管、铝管、铜管等，铝管多用于空分装置，铜管多用于气管路式空分装置。导压管路敷设内容及要求如下所述。

① 导压管作为测量管线以较短为好，使控制点至一次仪表或传送仪表的距离较近，以减少测量滞后或测量附加误差。一般距离不超过 16m。

② 从工艺管道或设备引出的导压管路不允许进控制室，不能与电缆同走一个汇线槽盒。敷设方式为架空支架安装，尽量避免埋地敷设。实在需要埋地的需要做防腐处理，并且埋地部分不能有活接头，要认真做好隐蔽工程记录。

③ 导压管要进行清洗、吹扫、试压（包括气密性试验、强度试验和真空试验）、脱脂、防腐、保温等，要求同与其相连的工艺管道一样。真空度、强度气密性试验要同工业管道一起进行。

④ 导压管的敷设应有 1∶10～1∶100 的坡度，其坡度方向要保证既能排除不凝气体，又能排除蒸汽冷凝液。一般在管道的最高点和最低点分别安排气阀和排液阀。

⑤ 测量流量的差压导管，其正负压管应尽量靠近，并且要求高度一致，以减小环境温度和静压所引起的测量误差。

⑥ 导压管管路连接多采用气焊焊接和卡套式接头、焊接接头连接。自控仪表导压管的焊接要求也完全同与之相连的工艺管道，包括焊条要求、焊接工艺评定及无损探伤要求。焊缝处也必须按工艺管道要求进行。化肥高压管采用丝扣法兰连接方式，水煤气管（或镀锌水煤气管）多采用丝扣活接头连接方式，镀锌管不允许焊接。

⑦ 导压管采用冷弯的方法，不采用热煨。高压管道要测绘后一次冷弯成型，弯曲半径应符合规范要求。

⑧ 成排敷设的导压管，其管间距离应均匀一致，用可拆卸的卡子固定在预先制作安装好的支架上。管道支架的制作按设计要求，在设计没有特殊要求时，可按标准图制作。其安装距离应尽量均匀，并要满足规范对不同管径水平安装和垂直安装时支架距离的要求。

⑨ 需要保温或伴热的导压管，要留有足够的保温间隙，并适当缩小支架间距。

⑩ 导压管的走向原则上按施工图配制。现场情况复杂，必要时也可不按图纸走向配管，但必须符合测量要求、规范规定和满足便于修理、美观的要求。

⑪ 导压管材质、规格及其附件、加工件、阀门，品种繁多又有很多特性，保管和使用都很重要，一般要有记录，必要时还需进行材料复查，备有合格证或材料证明单。

实训5　供气气源与气动信号管的安装

能力目标

（1）掌握气动信号管线的敷设安装。
（2）能熟练准确地进行气动管缆的连接与安装位置的选择。
（3）掌握小型供气系统流程的安装要点。

训练任务

（1）气动信号管线的敷设。
（2）仪表敷设的进入装置的气动管路连接（为*DN*25的镀锌钢管）。
（3）气动仪表和气动调节阀相连接的6×1的尼龙及聚乙烯管缆的敷设。
（4）供气系统的安装，包括空气压缩机和气源净化装置。

训练要点

（1）小型供气系统的安装。小型供气系统的流程图如图11.5所示。

气源管是向仪表或装置供气的管路，供气管的安装方式有控制室安装和现场安装两种，用活接头或卡套式接头连接。管路材质在减压阀后为黄铜管、不锈钢钢管、镀锌管，之后为无缝钢管、镀锌管等。现场供气气源管分散安装在现场供气仪表附近，单独沿槽盒或支架敷设，或集中到现场供气装置（或管缆盒），再分至各用气仪表处（二级供气）。连接方式为：镀锌管采用活接头螺纹连接，不锈钢钢管或紫铜管采用卡套接头连接，无缝钢管可用焊接方式连接。

气动信号管线的连接方式按最新版《自控安装图册》的气动管路接头要求连接。

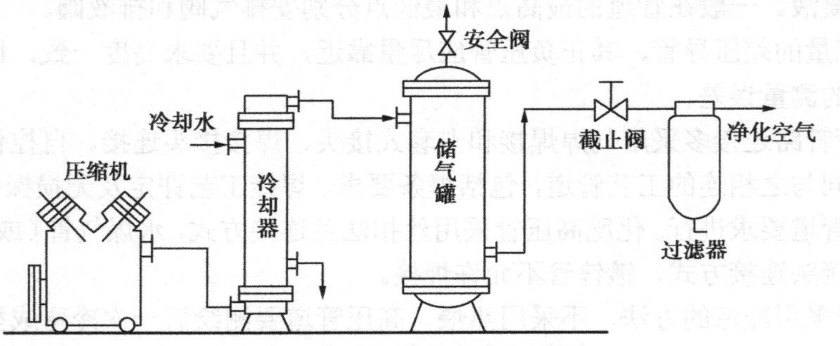

图11.5　小型供气系统流程图

① 气动信号管线的敷设，应避开高温、工艺介质排放口及易泄漏的场合，不应采用直接埋地的敷设方式。

② 管缆的中断必须经过分管箱（接管箱）。

③ 气动管线引出仪表盘或变送器箱时，应采用穿板接头连接。

④ 尼龙及聚乙烯管缆的备用芯数按工作芯数的30%考虑；不锈钢、铜芯管缆的备用芯数按工作芯数的10%考虑。

如图 11.4 所示为供气量小于 $3m^3/min$（标准）的小型供气系统流程图。供气系统包括空气压缩机和气源净化装置，冷却器、储气罐、过滤器等属于气源净化装置，因为气量较小，多采用可移动式油润滑。

（2）气动信号管线的敷设（如图 11.6 所示）。

① 作为气动信号传输的管路一般采用管径为 6mm 的紫铜管或不锈钢管，管径为 6mm 的管缆（包括铜管缆、尼龙管缆）或单芯尼龙管。

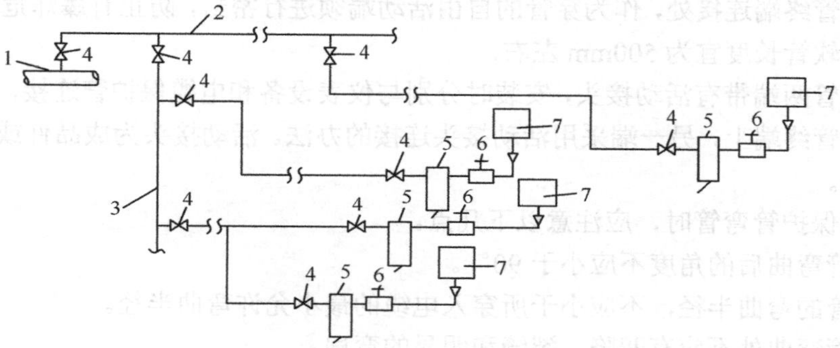

1—气源总管；2—干管；3—支管；4—截止阀；5—过滤器；6—减压阀；7—仪表

图 11.6　气动信号管线的敷设

② 多芯管缆敷设与电缆敷设相同。气动信号管采用沿槽盒敷设、并排沿支架敷设的方式，沿支架敷设要采取保护措施，支架间距和安装要求应符合安装规范规定。固定卡子不应损坏铜管和尼龙管。

③ 气动信号管都采用卡套式接头连接。紫铜管或铜管缆可以采用套焊连接，煨弯用专用工具冷弯。

④ 气动信号管要进行通气检查、吹扫、气密性试验等工作。

实训 6　电气保护管的安装

能力目标

（1）能够完成电气保护管管线的敷设安装。

（2）能熟练准确地进行电气保护管的连接与安装位置的选择。

（3）掌握电气保护管的安装要点。

训练任务

（1）常用电气保护管管线的敷设。
（2）金属软管的敷设安装。
（3）金属软管接头与管卡或U形螺栓的固定安装。

训练要点

保护管的安装在仪表工程中应用非常广泛，常用的保护管管材有镀锌水煤气管、镀锌有缝钢管和硬聚氯乙烯管，最常用的是镀锌水煤气管。

电气保护管是敷设电线、补偿导线的穿线保护管，常用作保护管的有铝合金电线管、镀锌水煤气管、硬聚氯乙烯管及金属软管等。

金属软管又称金属挠性连接管，俗称蛇皮管，用于自控仪表的现场检测端或其他现场仪表设备的电缆穿管终端连接处，作为穿管的自由活动端须进行密封，防止有爆炸危险的场合中气体进入。金属软管长度宜为500mm左右。

金属挠性管两端带有活动接头，安装时分别与仪表设备和电缆保护管连接，或采用一端直接焊接在保护管终端上，另一端采用活动接头连接的办法。活动接头为成品件或加工件，又称金属软管接头。

安装制作保护管弯管时，应注意以下几点。

① 保护管弯曲后的角度不应小于90°。
② 保护管的弯曲半径，不应小于所穿入电缆的最小允许弯曲半径。
③ 保护管弯曲处不应有凹陷、裂缝和明显的弯扁。
④ 单根保护管的直角弯不宜超过2个。

11.3　实训项目2：现场仪表与仪表盘的安装实训

实训1　热电偶、热电阻的选型与安装

能力目标

（1）学会使用热电偶、热电阻进行温度测量。
（2）掌握热电偶与热电阻的安装方法。
（3）掌握热电偶、热电阻与二次仪表的连接方法。

训练任务

（1）使用热电偶进行200℃以下的温度测量。
（2）使用热电阻进行200℃以上的温度测量。

训练要点

（1）热电偶与热电阻的安装。对热电偶与热电阻的安装，应注意要有利于测温准确，安全可靠及维修方便，而且不影响设备运行和生产操作。要满足以上要求，在选择安装部位和插入深度时要注意以下几点。

① 为了使热电偶和热电阻的测量端与被测介质之间有充分的热交换，应合理选择测点位置，尽量避免在阀门、弯头及管道和设备的死角附近装设热电偶或热电阻。

② 带有保护套管的热电偶和热电阻有传热和散热损失，为了减少测量误差，热电偶和热电阻应该有足够的插入深度。

- 对于测量管道中心流体温度的热电偶，一般都应将其测量端插入到管道中心处（垂直安装或倾斜安装）。如被测流体的管道直径是 200mm，则热电偶或热电阻的插入深度应选择 100mm。
- 对于高温高压和高速流体的温度测量，为了减小保护套对流体的阻力和防止保护套在流体作用下发生断裂，可采取保护管浅插方式或采用热套式热电偶。浅插式的热电偶保护套管，其插入主蒸气管道的深度应不小于 75mm；热套式热电偶的标准插入深度为 100mm。
- 假如需要测量的是烟道内烟气的温度，尽管烟道直径为 4m，但热电偶或热电阻插入深度 1m 即可。
- 当测量元件插入深度超过 1m 时，应尽可能垂直安装，或加装支撑架和保护套管。

（2）热电偶与热电阻的安装方法，如图 11.7 所示。

① 首先，应测量好热电偶和热电阻螺牙的尺寸，车好螺牙座。

② 要根据螺牙座的直径，在需要测量的管道上开孔。

③ 把螺牙座插入已开好的孔内，把螺牙座与被测量的管道焊接好。

④ 把热电偶或热电阻旋进已焊接好的螺牙座。

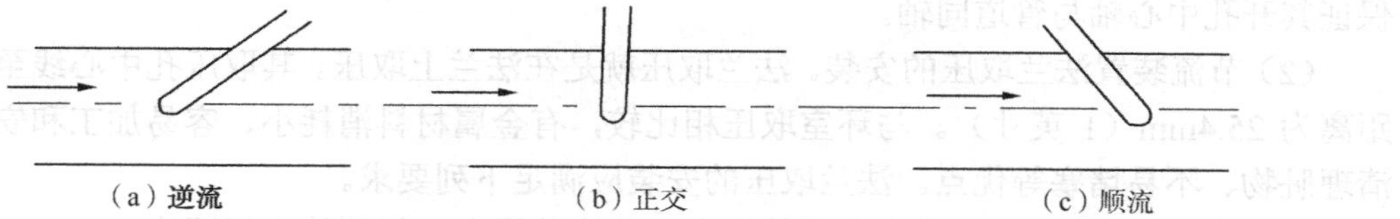

（a）逆流　　（b）正交　　（c）顺流

图 11.7　热电偶与热电阻的安装方法

⑤ 按照接线图将热电偶或热电阻的接线盒接好线，并与表盘上相对应的显示仪表连接。注意，接线盒不可与被测介质管道的管壁相接触，保证接线盒内的温度不超过 0～100℃范围。接线盒的出线孔应朝下安装，以防因密封不良、灰尘等沉积造成接线端子的短路。

⑥ 热电偶或热电阻安装的位置，应考虑检修和维护的方便。

实训 2　差压变送器与节流装置的安装

能力目标

（1）了解节流装置、标准节流件的结构与形式。

（2）理解节流装置产生差压的原因（节流原理）。

（3）掌握节流装置与差压变送器的安装与连接方法。

（4）能够使用差压变送器和节流装置进行流量测量。

训练任务

（1）角接取压和法兰取压的识别。

（2）环室取压与节流装置的安装。

（3）流量差压变送器的安装。

训练要点

（1）节流装置的安装。角接取压就是在节流件与管壁的夹角处，取出节流件上下游的压力。取压位置的具体规定是：上、下游侧取压孔的轴线与孔板（或喷嘴）上、下游侧端面的距离，分别等于取压孔径的一半或取压环隙宽度的一半。

角接取压装置有两种结构形式，即环室取压和单独钻孔取压。

环室取压适用于公称压力为 0.6～6.4MPa、公称直径在 50～400mm 范围内的场合。它能与孔板、喷嘴和文丘里管配合，也能与平面、榫面和凸面的法兰配合使用。环室分为平面环室、槽面环室和凹面环室三类。

节流装置的安装应满足以下要求。

① 节流装置应安装在被测量管道的直管段，不能安装在靠近弯管道上。

② 节流装置安装的位置应高于变送器。

③ 节流装置的位置，应考虑检修和维护的方便。

④ 节流孔板安装时，要注意方向性，不能装反。节流孔板内孔有斜口的面，应朝向流体方向。

⑤ 节流装置安装在管道中时，要保证其前端面与管道轴线垂直，偏差不超过 1°，还要保证其开孔中心轴与管道同轴。

（2）节流装置法兰取压的安装。法兰取压就是在法兰上取压。其取压孔中心线至孔板面的距离为 25.4mm（1 英寸）。与环室取压相比较，有金属材料消耗小、容易加工和安装、容易清理脏物、不易堵塞等优点。法兰取压的安装应满足下列要求。

① 节流装置安装时应注意介质的流向，节流装置上一般用箭头标明流向。

② 节流装置的安装应在工艺管道吹扫后进行。

③ 节流装置的垫片要根据介质来选用，并且不能小于管道内径。

④ 节流装置安装前要进行外观检查，孔板的入口和喷嘴的出口边沿应无毛刺和圆角，并按有关标准规定复验其加工尺寸。

⑤ 节流装置安装不正确，也是引起差压式流量计测量误差的重要原因之一。在安装节流装置时，还必须注意节流装置的安装方向，如图 11.8 所示。一般地说，节流装置露出部分所标注的“＋”号一侧，应当是流体的入口方向。当用孔板作为节流装置时，应使流体从孔板 90° 锐口的一侧流入。

⑥ 在使用中，要保持节流装置的清洁，如在节流装置处有沉淀、结焦、堵塞等现象，也会引起较大的测量误差，必须及时清洗。

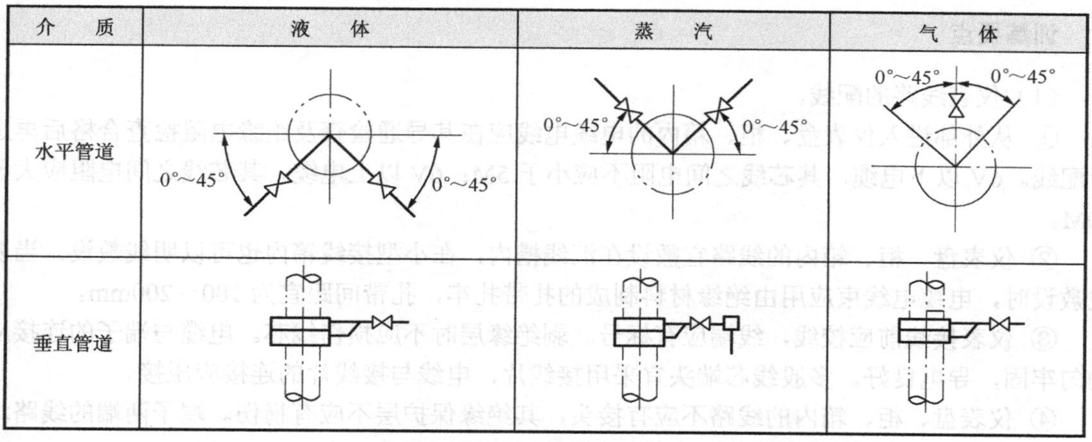

图 11.8　节流装置安装取压口方位图

（3）流量差压变送器的安装方法。流量或液位的测量准确度，很大程度上取决于差压变送器和引压管的正确安装。

① 差压变送器的安装要求如下所述。

- 变送器的安装应尽量选择在温度波动小的地方。
- 变送器安装的位置要避免震动和冲击。
- 应远离有腐蚀介质的地方。
- 引压管要尽可能短。
- 节流装置至变送器的管道上要安装一次阀门和三通阀（平衡阀）。

② 变送器与表头的连接方法。表盘的 220V 交流电源，要直接接至 24V 稳压装置的 220V 输入端，然后 24V 直流稳压电源的输出端再接到变送器相对应的表头上。

实训 3　仪表盘的安装与盘后配线

能力目标

（1）能够完成仪表盘的盘面仪表安装。

（2）能够完成仪表盘盘后立柱、横带、线槽、端子的安装。

（3）能够识读仪表盘盘后配线图，并按图接线。

（4）能够亲自动手对仪表回路测试查线。

（5）学会现场仪表的校验法。

训练任务

（1）识读仪表盘的开孔尺寸，完成仪表盘的安装。

（2）练习仪表盘的盘后线路连接。

（3）完成动手配线、查线工作。

（4）给仪表盘连配线时，做线号标记（异形管编号与标号）练习。

（5）把某根线拆掉，考查学生能否确认该线标号。

训练要点

（1）仪表线路的配线。

① 从外部进入仪表盘、柜、箱内的电缆电线应在其导通检查及绝缘电阻检查合格后再进行配线。6V以下电缆，其芯线之间电阻不应小于5M；6V以上电缆，其芯线之间电阻应大于10M。

② 仪表盘、柜、箱内的线路宜敷设在汇线槽内，在小型接线箱内也可以明线敷设。当明线敷设时，电缆电线束应用由绝缘材料制成的扎带扎牢，扎带间距宜为100～200mm。

③ 仪表接线前应校线，线端应有标号。剥绝缘层时不应损伤线芯。电缆与端子的连接应均匀牢固，导电良好。多股线芯端头宜采用接线片，电线与接线片的连接应压接。

④ 仪表盘、柜、箱内的线路不应有接头，其绝缘保护层不应有损伤。端子两端的线路均应按设计图纸标号，标号应正确、字迹清晰且不易褪色。

⑤ 接线端子板的安装应牢固。当端子板在仪表盘、柜、箱底部时，距离基础地面的高度不宜小于250mm；当端子在顶部或侧面时，与盘、柜、箱边沿的距离不宜小于100mm；多组接线端子板并排安装时，其间隔距离不宜小于200mm。

⑥ 剥去外部护套的橡皮绝缘芯线及屏蔽线，应加设绝缘护套。备用芯线应接在备用端子上，并按可能使用的最大长度预留，且应按设计文件要求标注备用线号。导线连接时，应留有余量。

（2）仪表盘上各种仪表的故障检查及处理。

① 一般情况下，仪表发生故障应首先检查是否有电源。

② 检查信号，先检查表头是否有信号到，如果有信号到，说明表头有问题，如果没有信号到，再到一次元件（热电偶或热电阻），如果一次元件没有信号输出，说明元件坏，需要更换元件，如果一次元件有信号输出，说明线路故障，需要更换电源线。

③ 仪表盘上各种仪表故障的处理方法。

仪表故障的处理方法是比较复杂的技术，要懂得校验方法；要懂得仪表的结构原理；要懂得各元件的位置；要懂得检查方法和测量方法。

④ 仪表故障检查方法是：检查电源是否正常→按照校验方法进行校验→检查测量与调节回路。

实训4　压力表的选型、安装及使用

能力目标

（1）学会压力表的选型。

（2）掌握压力表的安装方法。

（3）掌握压力（差压）检测仪表的正确选用。

训练任务

（1）压力表安装位置的选择。

（2）压力检测仪表的正确选用。

（3）测压仪表的安装及使用注意事项。

训练要点

（1）测压点的选择。测压点必须能反映被测压力的真实情况，其选取的原则如下所述。

① 要选在被测介质呈直线流动的管段部分，不要选在管路拐弯、分叉、死角或其他易形成漩涡的地方。

② 测量流动介质的压力时，应使取压点与流动方向垂直，清除钻孔毛刺及凸出物。

③ 测量液体压力时，取压点应在管道下部，使导压管内不积存气体；测量气体压力时，取压点应在管道上方，使导压管内不积存液体。

（2）压力（差压）检测仪表的正确选用。压力（差压）检测仪表的正确选用主要包括：确定仪表的压力形式（如测量的是表压、差压还是负压或是绝压），量程范围，量测压力单位，分辨率，准确度和灵敏度，外形尺寸以及是否需要远传和具有其他功能，如指示、记录、调节、报警等。

选用的主要依据如下所述。

① 工艺生产过程对测量的要求包括量程和准确度。在静态测试（或变化缓慢）的情况下，规定被测压力的最大值选用压力表满刻度值的2/3；在脉动（波动）压力的情况下，被测压力的最大值选用压力表满刻度值的1/2。

常用压力检测仪表的准确度等级有0.25级、0.4级、1.0级、1.5级和2.5级，应从生产工艺准确度要求和最经济角度选用。仪表的最大允许误差是仪表的量程与准确度等级百分比的乘积，如果误差值超过工艺要求准确度，则需要更换为准确度高一级的压力仪表。

② 仪表选用还要考虑被测介质的性质，如状态（气体、液体）、温度、黏度、腐蚀性、易燃和易爆程度等。如氧气表和乙炔表，带有"禁油"标志，专用于特殊介质的耐腐蚀压力表、耐高温压力表、隔膜压力表等。

③ 仪表的选用要考虑现场的环境条件，如环境温度、腐蚀情况、震动、潮湿程度等。如用于震动环境条件的防震压力表，须耐腐蚀的可用全不锈钢压力表。

④ 选用的仪表要适于工作人员的观测。根据检测仪表所处位置和照明情况选用表径（外形尺寸）不等的仪表。如锅炉及一些反应釜等特殊工作场所一般会选用200mm的表径或更大。

⑤ 选用的仪表要适于工作人员的安装。根据检测仪表安装位置和接口规格选用安装方式及接口不同的仪表。如在管路上一般选用径向安装式，方便安装及读数，在设备的控制板上一般就选用轴向前边或轴向支架安装式，至于镙纹则需按预留接口制作，一般都可以在购买压力表时请厂家按要求制作，若是无法定做的，则可以用变径或转换接头来实现，一般情况下并不影响仪表的使用和量测准确度。

（3）压力（差压）检测仪表的安装及注意事项。

测量系统的正确安装包括取压口的开口位置、连接导管的铺设和仪表的安装位置等。

① 取压口的位置选择。

- 避免处于管路弯曲、分叉及流束形成涡流的区域。
- 当管路中有突出物体（如测温组件）时，取压口应取在其前面。
- 当必须在调节阀门附近取压时，若取压口在其前面，则与阀门距离应不小于2倍的管径；若取压口在其后面，则与阀门距离应不小于3倍的管径。

● 对于宽广容器，取压口应处于流体流动平稳和无涡流的区域。

② 连接导管的铺设。连接导管的水平段应有一定的斜度，以利于排除冷凝液体或气体。当被测介质为气体时，导管应向取压口方向低倾；当被测介质为液体时，导管应向测压仪表方向倾斜；当被测参数为较小的差压值时，倾斜度可再稍大一点。此外，如导管在上下拐弯处，则应根据导管中的介质情况，在最低点安置排泄冷凝液体装置或在最高处安置排气装置，以保证在相当长的时间内不致因在导管中积存冷凝液体或气体而影响测量的准确度。冷凝液体或气体要定期排放。

③ 测压仪表的安装及使用注意事项。

● 仪表应垂直于水平面安装。
● 仪表测定点与仪表安装处应在同一水平位置，否则应考虑高度误差的修正。
● 仪表安装处与测定点之间的距离应尽量短，以免指示迟缓。
● 保证密封性，不应有泄漏现象出现，尤其是易燃易爆气体介质和有毒有害介质。

④ 仪表在下列情况使用时应加附加装置，但不应产生附加误差，否则应考虑修正。

● 为了保证仪表不受被测介质侵蚀或黏度太大、结晶的影响，应加装隔离装置。
● 为了保证仪表不受被测介质的急剧变化或脉动压力的影响，应加装缓冲器。尤其在压力剧增和压力陡降，最容易使压力仪表损坏报废，甚至弹簧管崩裂，发生泄漏现象的情况下。
● 为了保证仪表不受震动的影响，压力仪表应加装减震装置及固定装置。
● 为了保证仪表不受被测介质高温的影响，应加装充满液体的弯管装置或散热装置，如压力表翅片散热器或冷凝散热器，缓冲管（又称虹吸管）也有一定的散热作用。
● 专用的特殊仪表，严禁他用，更严禁用一般的压力表做特殊介质的压力测量。
● 对于新购置的压力检测仪表，在安装使用之前，一定要进行计量检定，以防压力仪表运输途中震动、损坏或其他因素破坏其准确度。

实训5　温度仪表的安装

能力目标

（1）掌握温度一次仪表的安装固定形式。
（2）掌握法兰固定安装、螺纹连接固定安装的方法。
（3）掌握法兰和螺纹连接共同固定安装方法。

训练任务

（1）法兰固定安装方式中的法兰形式。
（2）螺纹连接固定中的螺纹的五种形式。
（3）插入式连接的安装形式。

训练要点

（1）法兰安装。法兰安装适用于在设备上以及高温、腐蚀性介质的中低压管道上安装温度一次仪表，具有适应性广、利于防腐蚀和方便维护等优点。

法兰固定安装方式中的法兰一般有 5 种，分别是平焊钢法兰、对焊钢法兰、平焊松套钢法兰、卷边松套钢法兰及法兰盖。

（2）螺纹连接固定。一般适用于在无腐蚀性介质的管道上安装温度计，具有体积小、安装较为紧凑的优点。高压管道上安装温度计采用焊接式温度计套管，属于螺纹连接安装形式，有固定套管和可换套管两种形式，前者用于一般介质，后者用于易腐蚀、易磨损而需要更换的场合。

螺纹连接固定中的螺纹有 5 种，英制的有 1″、3/4″和 1/2″，公制的有 M33×2 和 M27×2。热电偶多采用 1″或 M33×2 螺纹固定，也有采用 3/4″螺纹的，个别情况也有用 1/2″的。热电阻多用英制管螺纹固定，其中以 3/4″最为常用，1/2″有些也用。双金属温度计的固定螺纹是 M27×2。

（3）法兰与螺纹连接共同固定。当配带附加保护套时，适用于有腐蚀性介质的管道和设备上的安装。

（4）简单保护套插入安装。有固定套管和卡套式可换套管（插入深度可调）两种形式，适用于棒式温度计在低压管道上做临时检测的安装。

测温元件大多安装在碳钢、不锈钢、有色金属、衬里或涂层的管道和设备上，有时也安装在砖砌体、聚氯乙烯、玻璃钢、陶瓷、糖瓷等管道和设备上。后者的安装方式与安装在碳钢或不锈钢管道和设备上有很大不同，但与安装在衬里或涂层设备和管道上基本相同，取源部件也类似，可以参考。

11.4　实训项目 3：仪表控制阀门的安装

能力目标

（1）能够对仪表控制阀门的安装位置进行选择。
（2）能熟练准确地进行仪表控制阀门的连接，顺利完成阀门管路系统的拆装。
（3）掌握阀门管路连接和密封知识，理解阀门管路安装的一般工艺要求。
（4）掌握仪表控制阀门与三阀组的管路系统安装。

训练任务

（1）按照仪表控制阀门安装图安装仪表控制阀门。
（2）对照工艺图，识图并进行三阀组的管路系统的连接。
（3）仪表控制阀门与三阀组的管路系统连接。
（4）可按图进行 6 种不同形式的连接。
（5）管路系统的水压试验，直到不漏水为止。

训练要点

（1）阀门的安装位置。

① 阀门的安装位置应不妨碍设备、管路及阀门本身的操作和检修。最适宜的安装高度为距操作面 1.2m 左右。当阀门手轮中心的高度超过操作面 2m 时，对于集中布置的阀组或操作

频繁的单独阀门及阀，应设平台；对不经常操作的阀门也应采取适当的措施，如链轮、延伸杆、活动平台或活动梯子等，链轮的链条不应妨碍通行。内有危险介质的管道和设备上的阀门，不得安装在人的头部高度范围内，以免伤人。

② 水平管道上的阀门的阀杆最好垂直向上或向左或向右偏45°，水平安装也可，但不准向下。垂直管道上的阀门杆朝向操作面，但应注意不要影响通行。

③ 对于质量较大的阀门，应在附近设立支架，阀门法兰与支架间距离应大于300mm；对于大型阀门，应考虑吊装的条件。

④ 平行布置管道上的阀门，其中心线尽量对齐。手轮间的净距离不应小于100mm。阀门应尽量靠近干管和设备安装。与设备管嘴相连接的阀门，若公称压力、直径、密封面形式与设备管嘴法兰相同或对应时，可直接连接。从干管引出的支管，一般要在靠近根部且在水平管段上设切断阀。

⑤ 升降式止回阀应装在水平管段上；立式升降式止回阀可装在垂直管道上；旋启式止回阀应优先装在水平管道上，也可装在管内介质自下向上流动的垂直管道上；底阀应装在离心泵吸入管的立管端；减压阀、调节阀应垂直装在水平管道上；地下管道的阀门应设在管沟内或阀门井内；消防水阀门井应有明显的标志，安装在设备上或管道上均应垂直安装。

（2）减压阀的安装。

① 减压阀组不应设置在靠近移动设备或容易受冲击的部位，应设置在震动小、有足够空间和便于检修的部位。为了检修需要，减压阀组应设切断阀和旁路阀。为防止杂质磨损，可在减压阀前设置Y形过滤器。阀组后应设置安全阀，当压力超过设定值时，能起到泄压作用。蒸汽系统的减压阀组前，应设疏水器或汽水分离器。阀组最低处应设导淋阀。

② 减压阀组的安装高度为：设在离地面1.2m左右时，可沿墙敷设；设在离地面3m左右时，也可以沿墙敷设，但应设立永久性操作平台。减压阀应装在水平管道上。波纹管减压阀用于蒸汽时，波纹管应向下安装；用于空气时，波纹管应朝上安装。

（3）安全阀的安装。

① 设备容器上的安全阀一般应垂直安装在设备容器的开口处，也尽可能装设在接近设备容器出口的管道上，但管路的公称直径应不小于安全阀进口的公称直径。

② 单独向大气排放的安全阀，应在其入口处装设一个保持经常开启的切断阀，并采用铅封。对于排入密闭系统或用集合管排入大气的安全阀，应在其入口和出口处各装设一个经铅封并保持经常开启的切断阀。切断阀应选用明杆式闸阀或密封性较好的旋塞。

③ 液体安全阀一般都排入密封系统，气体安全阀则排入大气。排入大气的气体安全阀放空管出口，应高出操作面2.5m以上，并引至室外。排入大气的可燃气体和有毒气体的安全阀放空管出口，应高出周围最高建筑或设备2m。如水平距离15m以内有明火时，可燃气体不得排入大气。

④ 安全阀入口管道最大压力损失，不超过安全阀定压的30%，为此，除安全阀的位置应尽量靠近被保护的设备和管道外，还可采用增大入口管的管径（可比阀入口口径大1～3挡）或采用长半径弯头或采用先导式安全阀来解决。

⑤ 安全阀出口管道的压力损失也不宜过大，以免安全阀的背压过大。普通型的背压不超过安全阀定压值的10%；波纹管型（平衡型）的背压一般不宜超过安全阀定压的30%；先导式安全阀的背压不超过安全阀定压的60%。可将出口管的端部切成平口，以便排出物直接向上高速排出。如出口管过长，应考虑良好的固定，以防震动。

⑥ 在装有安全阀的管道上设计支架时，应考虑气体或蒸汽高速排入大气时，在出口管中心线方向上产生与流向相反的作用力。安全阀的反作用力是可以计算的。

（4）调节阀的安装，如图 11.9 所示。

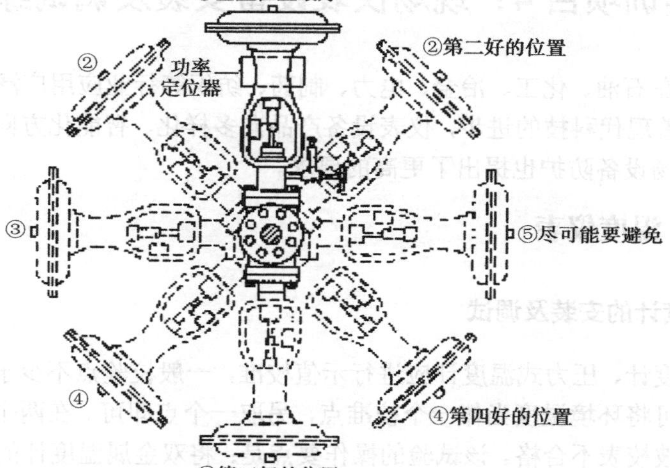

图 11.9　调节阀安装位置图

① 调节阀的安装位置应满足管道系统（工艺流程）设计要求，并应尽量靠近与其相关的就地指示仪表（一次表），尽量接近测量元件所在的位置，以便在手动操作旁通阀时，能观察到一次仪表数值。调节阀应尽量正立垂直安装于水平管道上，特殊情况下才可以水平或倾斜安装，但须加支撑。

② 为便于操作和维修，减少占地，调节阀组应尽量布置在地面靠墙、靠设备或平台等易于接近的地方。与平台或地面的净空应不小于 250mm。

③ 调节阀应安装在环境温度不高于 60℃且不低于－40℃的场所，应远离震动器，尽量避免火灾危险的影响。

④ 调节阀一般都要安装旁路与旁通阀。旁通阀主要是当调节检修停用时做调节流量之用，故一般应选用截止阀。但当旁通阀 $DN \geq 150$mm 时，也可选用闸阀。调节阀前后的切断阀宜先用闸阀，因其阻力小，关闭严密。一般调节阀前后有大小头，应紧接调节阀安装。

为了在调节阀检修时将两个切断阀之间的管道泄压、排净，一般可在调节阀入口侧上游的切断阀之间的管道的最低点设排液阀 $DN=15$mm。另外，宜在入口切断阀后、调节阀前加设过滤器（调节阀 $DN<25$mm 时，必须加过滤器）。调节阀头与旁通管及其阀门外壁方向的净距离应不小于 300mm。

⑤ 安装调节阀时要注意其流向。调节阀组应有可靠的支撑。有热伸长管道上的调节阀支架，两个支架之中应有一个是固定支架，另一个是滑动支架。

（5）热力膨胀阀的安装。热力膨胀阀安装在冷凝器（或储液器）与蒸发器之间的管道上，阀体应垂直安装，不能倾斜，更不能倒立安装。热力膨胀阀的感温包的位置是否合理，对热力膨胀阀能否合理调节向蒸发器的供液量有明显的影响，这是因为感温包感受温度变化不是十分灵敏，把感受到的温度变化转化为热力膨胀阀的动作也有一定的时间滞后，一般说来，感温包应安装在蒸发器出口端的水平直管上，距压缩机吸气口的距离应在1.5m以上，并应与管道一起进行保冷，以减少环境温度对感温包的影响。

11.5 实训项目4：现场仪表设备安装及调试综合训练

现场仪表设备在石油、化工、冶金、电力、制药、纺织等行业应用广泛，其特点是随工艺流程布局分散。随着现代科技的进步，仪表设备产品向多样化、智能化方向发展，安装方式更趋灵活，对施工现场设备防护也提出了更高的要求。

综合训练1 温度仪表

1. 双金属温度计的安装及调试

（1）双金属温度计、压力式温度计应进行示值校准，一般校验点不少于两点。如被校仪表已指示环境温度，可将环境温度当作一个校准点，另取一个点即可。在两个校准点中，若有一点不合格，则应判被校表不合格。该试验的操作要点是：将双金属温度计的感温元件与标准水银温度计的感温液置于同一环境温度中，注意控制被测介质温度的变化缓慢而均匀。如多支双金属温度计同时校准，应按正、反顺序检测两次，取其平均值。

（2）就地指示温度仪表安装时，应便于观察。

（3）温度仪表应在工艺管道、设备施工完毕后，压力试验前安装。

2. 热电阻的安装及调试

（1）热电阻应做导通和绝缘检查，并应进行常温下电阻测试，一般不再进行热电性能试验。如坚持对装置中主要检测点和有特殊要求的检测点的热电阻进行性能试验，原则上不超过总量的10%。

（2）温度仪表（热电阻）连接螺纹应与其配合使用的连接头螺纹匹配。

（3）在工艺管道上安装的温度取源部件，应与工艺管线的轴线相交，且其插入方向与工艺介质流向的夹角不小于90°。

（4）安装在工艺管道上的测温元件插入方向宜与被测介质逆向或垂直，插入深度应处于管道截面的1/3～2/3处。

（5）温度取源部件的安装位置应选在介质温度变化灵敏和具有代表性的地方，不宜选在阀门等阻力部件的附近和介质流速成死角及震动较大的地方。

（6）温度仪表应在工艺管道、设备施工完毕后，压力试验前安装。

综合训练2 压力仪表

1. 压力检测仪表的选择及安装

（1）压力检测仪表的选择。根据工艺生产的要求、被测介质的性质、现场的环境条件等，选择压力检测仪表的类型、测量范围和精度等。

① 仪表类型的选择。主要由工艺要求、被测介质及现场环境等因素来确定。例如，是要进行现场指示，还是要远传、报警或自动记录；被测介质的物理化学性质（如温度高低、黏度大小、腐蚀性、脏污程度、易燃易爆等）以及现场环境条件（如温度、电磁场、震动等）对仪表是否有特殊要求等。对于特殊的介质，则应选用专用压力表，如氨压力表、氧力压力表等。

② 仪表测量范围的确定。压力检测仪表的测量范围要根据被测压力的大小来确定。为了延长仪表的使用寿命，避免弹性元件产生疲劳或因受力过大而损坏，压力表的上限值必须高于工作生产中可能的最大压力值。根据规定，测量稳定压力时，所选压力表的上限值应大于最大工作压力的 2 倍；测量高压压力时，压力表的上限值应大于最大工作压力的 5/3。为了保证测量值的准确度，仪表的量程不能选得过大，一般被测压力的最小值，应在量程的 1/3 以上。

③ 仪表精度的选取。仪表精度是根据工艺生产中所允许的最大测量误差来确定的。因此，所选仪表的精度只要满足生产的检测要求即可。因为精度过高，仪表的价格也就更高。

（2）压力表的安装。

① 测压点的选择。测压点必须能反映被测压力的真实情况。要选在被测介质呈直线流动的管段部分，不要选在管路拐弯、分叉、死角或其他易形成漩涡的地方；测量流动介质的压力时，应使取压点与流动方向垂直，清除钻孔毛刺凸出物；测量液体压力时，取压点应处于管道下部，使导压管内不积存气体；测量气体压力时，取压点应在管道上方，使导压管内不积存液体。

② 导压管的辅设。导压管粗细要合适，一般内径为 6～10mm，长度小于或等于 50mm；当被测介质易冷凝或冻结时，必须加体温伴热管线。

③ 压力表的安装。

- 压力表应安装在易观察和检修的地方。
- 安装地点应避免震动和高温影响。
- 测量蒸气压力时应加装凝液管，以防高温蒸气直接与测压元件接触；测量腐蚀性介质的压力时，应加装充有中性介质的隔离罐等。
- 压力表的连接处应加装密封垫片，一般低于 80℃及 2MPa 压力时可用牛皮或橡胶垫片；350～450℃及 5MPa 以下时用石棉板或铝片；温度及压力更高时（50MPa 以下）用退火紫铜或铅垫。另外还要考虑介质的影响，例如测氧气的压力表不能用带油或有机化合物的垫片，否则会引起爆炸；测量乙炔压力时禁止用铜垫片。

2. 压力表的安装及调试

（1）一般弹簧压力表的校准宜用活塞压力计加压，被试仪表应与标准压力表或标准砝码相比较。当使用砝码时，应在砝码旋转的情况下读数；校验真空压力表时，应用真空泵产生负压，被校表与标准真空表或标准液柱压力计比较。

（2）测量低压的压力表或压力变送器的安装高度宜与取压点的高度一致。

（3）测量高压的压力表安装在操作岗位附近时，宜距地面 1.8m 以上，或在仪表正面加保护罩，防止万一发生泄露而伤人。

（4）压力仪表不宜安装在震动较大的设备和管线上。

（5）被测介质压力波动大时，压力仪表应采取缓冲措施。

3. 压力变送器的安装及调试

（1）基本误差（允许误差）、回差的调校按图11.10配线，并通电预热不少于15分钟。

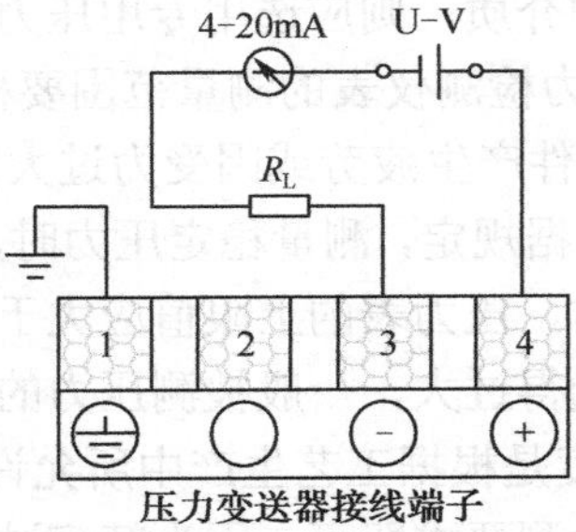

图11.10 基本误差（允许误差）、回差的调校配线图

（2）基本误差校准前应先调好零点和量程，然后依次做上升和下降的五点校准。

（3）智能变送器的单台仪表校准试验，当采用模拟信号法校准后，还要通过手持通信器试验其操作功能。

（4）集中安装的压力表或压力变送器应布局合理，排列整齐美观。

（5）测量液体或蒸气压力时，应优先选用变送器低于取压点的安装方案。测量气体（特别是湿气体）压力时，应优先选用变送器高于取压点的安装方案。

（6）使用绝对压力变送器时，应用真空泵产生负压，被校表与标准真空表或液柱压力计比较。

4. 压力取源部件的安装

（1）压力取源部件的安装位置应选在介质流速稳定的地方，其端部不应超出工艺设备或管道的内壁。

（2）测量带有粉尘、固体颗粒或沉淀物等介质压力时，取源部件应倾斜向上安装。

（3）测量温度高于60℃的液体、蒸气和可凝性气体压力时，压力取源部件应带冷凝装置。

（4）在水平和倾斜管道上安装的压力取源部件，其取压口方位应为45°。

综合训练3　流量仪表

流量检测元件及仪表的选用会因工艺条件和被测介质的差异而有所不同，且检测要求也不一样，要使一类流量检测元件及仪表满足所有的检测要求是不可能的。为此，全面了解各类检测元件及仪表的特点和正确认识它们的性能，是合理选用检测元件及仪表的前提。

1. 差压变送器安装及调试

（1）仪表差压范围应以《孔板计算书》为准。

（2）校准试验项目含基本误差、回程误差和测量室的密封检查。

（3）校准方法，差压变送器同压力变送器。

（4）差压计或差压变送器安装时，正负压室与测量管路的连接必须正确无误。变送器安装应便于操作与维护。

2. 其他流量计的安装及调试

（1）转子流量计、就地水表、电磁流量计、质量流量计、锥形流量计、椭圆齿轮流量计和涡街流量计等应核定出厂检定报告和出厂合格证。当合格证和检定报告在有效期内时，可不再进行精度校准，但应通电或通气检查各部件工作是否正常。带远传功能的流量计，应做模拟试验。当合格证及出厂检定报告超过有效期时，应重新进行计量标定。

（2）电磁流量计的安装应符合如下规定。

① 电磁流量计外壳、被测介质及工艺管道三者之间应连成等电位，并应有良好的接地。

② 在垂直的工艺管道上安装时，被测介质的流向应自下而上，在水平和倾斜的工艺管道上安装时，两个测量电极不应在工艺管道的正上方和正下方位置。

③ 口径大于 300mm 时，应有专用的支架支撑。

④ 周围有强磁场时，应采取防干扰措施。

⑤ 上游不小于 10 倍管道直径，下游不小于 5 倍管道直径。

（3）质量流量计传感器部分应有固定防震动措施，转换器应安装在环境条件良好处，就地安装的转换器应装保护箱。质量流量计的安装方式要满足对被测流体的正确测量。

（4）椭圆齿轮流量计宜安装在水平管道上，刻度盘应处于垂直平面内。流量计上游应设置过滤器，若被测介质含气体，则应安装除气器。垂直安装时，被测介质应自下而上流动。

（5）涡街流量计应采取加固管道等减震措施，同时要保证流量计前后有足够长的直管段，上游侧直管段的长度不宜小于 10 倍工艺管道内径，下游侧直管段的长度不得少于 5 倍工艺管道直径。前后工艺管道应固定牢固。压力传感器安装在流体迎流面流量计前，温度传感器安装在流量计后。

（6）为了保证水表计量最准确，在水表进水口前安装截面与管道相同的至少 5 倍表径以上的直管段，水表出水口安装至少 2 倍表径以上的直管段，同时安装水表前必须彻底清洗管道，避免碎片损坏水表。

3. 节流元件的安装

（1）孔板等节流元件安装前应进行外观和尺寸检查并进行记录，孔板的入口边缘应无毛刺和圆角，无划痕及可见损伤。安装时，孔板的锐边侧应迎着被测介质的流向。

（2）节流元件上、下游直管段的最小长度，应符合设计要求，当设计无规定时，应符合《自动化仪表工程施工质量验收规范》的规定，上游侧不小于 5～80 倍管径，下游侧不小于 2～8 倍管径。

（3）在节流装置下游侧安装温度计时，温度计与节流元件间的直管段距离不应小于 5 倍的工艺管道内径。

（4）夹紧节流元件的法兰与工艺管道焊接后，对焊的内径应同工艺管道的内径，插焊的管口应与法兰面平齐，法兰面应与工艺管道轴线垂直，法兰与工艺管道同轴。

（5）节流装置在水平或倾斜的工艺管道上安装时，取压口方位为：若为气体或液体，同图 11.7 所示；若为蒸汽，应在工艺管道上、下半部与工艺管道水平中心线呈 0～45° 夹角的范围内。

综合训练4　物位仪表

1. 单、双法兰差压变送器

（1）校验方法基本同压力、差压变送器，此外尚需考虑以下两点。

① 根据《仪表设备规格书》和介质比重认真核算变送器的量程。

② 制作校验用的辅助设施。

（2）电动法兰差压变送器的校准可按图11.11连接。校准时可把“＋”、“－”压法兰置同一平面，也可以模拟现场安装把“－”法兰升高到“＋”法兰的设计高差。前者应在“＋”压侧加负迁移信号后调零，而后者可直接调零。

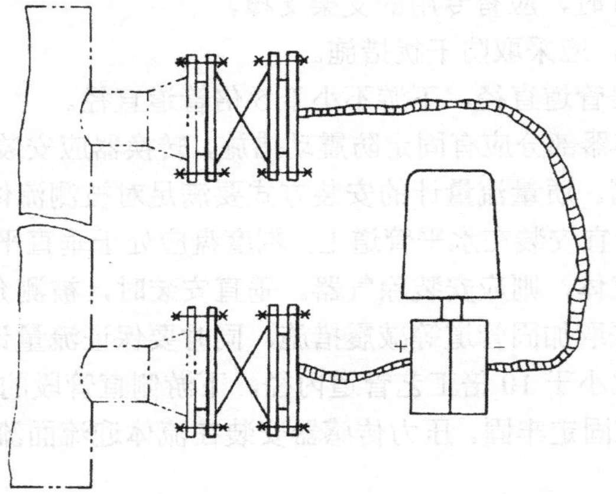

图11.11　电动法兰差压变送器的校准连接图

（3）差压液位变送器安装高度不应高于下部取压口，但用双法兰差压变送器吹气法及利用低沸点、液体汽化传递压力的方法测量液位时可不受此限制。

（4）法兰式差压变送器毛细管敷设时应加保护措施，弯曲半径应大于50mm，如安装地点环境温度变化过大，应采取隔热措施。

（5）普通物位差压变送器校验方法同压力变送器。安装时，正负压室与测量管路的连接必须正确无误。变送器安装应便于操作与维护。

（6）射频导纳液位仪、浮球液位开关只做通电检查变送器的电气性能。

（7）磁致伸缩液位计测杆末端距罐底宜为0.5～2mm且防止测杆弯曲，勿使探棒的电子仓端和末端承受大的冲击。取下测量孔处的法兰，将液面浮子和界面浮子定位环和卡簧依次装到侧杆上插入罐测量孔，用螺栓连接法兰。

综合训练5　调节阀和执行机构的安装及调试

（1）阀体压力试验和阀座密封试验等项目，可对生产厂出具的产品合格证明和试验报告进行验证。但对事故切断阀安装前应进行阀座密封试验，具体要求如下。

① 调整气动定值器出口压力，使被试调节阀全关。

② 根据调节阀计算书，查被试调节阀前后最大差压，将该值向被试阀入口单向加压，测

量泄漏量，不同口径的调节阀允许泄漏量如下所示。

调节阀口径（*DN*/mm）	25	40	50	65	80	100	150	200	250	300	350	400
允许泄漏量（ml/分）	0.15	0.3	0.45	0.6	0.9	1.7	4.0	6.75	11.1	16.0	21.6	28.4

③ 当调节阀在现场必须进行耐压强度试验时，应在被试调节阀全开状态下用洁净水进行，试验压力为设计工作压力的 1.5 倍，保压 3 分钟无泄漏为合格。

④ 调节阀应进行薄膜室气密性试验，将 0.1MPa 的仪表空气输入薄膜气室，切断气源，5 分钟内，气室压力不下降为合格。

⑤ 为确保进口调节阀的阀体性能，进口调节阀将不进行阀体强度和阀座泄漏量试验。

（2）带定位器执行机构应进行行程试验，其行程允许偏差应符合安装使用说明书的规定（带阀门定位器的调节阀行程允许偏差为±1%），行程试验可按图 11.12 所示连接。

① 执行器安装方向应与工艺管道介质流向一致。

② 调节阀安装应垂直，底座离地面距离应大于 200mm，调节阀膜头离旁通管外壁距离应大于 300mm。

③ 执行机构应固定牢固，操作手轮应处在便于操作的位置。

④ 执行机构的机械传动应灵活，无松动和卡涩等现象。

⑤ 带定位器的调节阀，应将定位器固定在调节阀支架上，便于观察和维修。定位器的反馈连杆与调节阀阀杆连接应紧密牢固。

（3）自力式调节阀安装时应注意，冷凝器必须高于调节阀，执行机构应低于阀前或阀后接管，以保证冷凝器充满冷凝液。取压点应取在离调节阀适当的位置，阀前调节阀应大于 2 倍管道直径，阀后调节阀应大于 6 倍管道直径。

图 11.12　行程试验连接图

为了现场维护，调节阀周围应有适当的空间，阀前后应设置截止阀与旁路手动阀。

综合训练 6　仪表盘（箱、柜、台）的安装

（1）仪表盘（箱、柜、台）安装在有震动影响的地方时，应采取减震措施；在恶劣环境或有爆炸危险的区域内安装时，其密封性和防爆性能应满足使用要求。

（2）仪表中间接线箱应固定牢固，密封垫圈完好无损。在有爆炸和火灾危险场所中安装的中间接线箱多余的进线口应做防爆密封。

（3）仪表保温（护）箱底距地面高度宜为 600～800mm，仪表箱支架应牢固可靠，并应做防腐处理。

①垂直度要求。箱高度小于 1.2m，允许偏差 3mm；箱高度大于 1.2m，允许偏差 4mm。

②倾斜度要求。水平方向倾斜度允许偏差 3mm。当 5 个以上成排安装时，允许偏差 5mm。

（4）仪表盘（柜、台）型钢基础制作应与设备尺寸一致，制成后进行除锈防腐处理。其直线度和水平方向倾斜度允许偏差为 1mm/m，型钢基础总长>5m 时，允许偏差为 5mm。

（5）单台仪表盘（柜、台）安装时垂直度允许偏差 1.5mm/m，水平方向倾斜度允许偏差 1mm/m。

（6）成排的仪表盘（柜、台）的安装还应符合下列规定。

① 相邻两盘（柜、台）顶部高度允许偏差为2mm。

② 当盘（柜、台）间连接处超过两处时，其顶部高度最大允许偏差为5mm。

③ 相邻两盘（柜、台）接缝处正面的平面度允许偏差为1mm。

④ 当盘（柜、台）间连接超过5处时，正面平面度最大允许偏差为5mm。

⑤ 相邻两盘（柜、台）间接缝的间隙不大于2mm。

综合训练7　仪表线路安装施工

由于仪表线路分本安、隔爆、电源3种信号，故线路施工中本安信号电缆、隔爆信号电缆、电源电缆各自采用单独的桥架和保护管敷设，严禁不同信号类型的仪表电缆敷设在同一桥架或保护管内。从仪表桥架到现场仪表设备及分线箱的电缆用槽盒或穿线管保护。为了保证施工质量和装置的顺利投产需编制施工方案。

（1）设备、材料出库。施工前应根据施工图、设备材料表认真核对设备、材料的规格、型号、材质、数量、附件等，确保上述内容符合设计要求，外观完整无缺，材质证、合格证等产品文件齐全。合格产品做好记录并妥善保管，不合格产品应做标识，隔离存放，统一退库。

（2）支架制作安装。

① 制作支架时应将材料矫正、平直，切口处不应有卷边和毛刺，制作好的支架应牢固、平正、尺寸准确。

② 制作好的支架应把焊渣除净，并做除锈、防腐处理，刷漆应均匀完整。

③ 安装支架时，在不允许焊接支架的工艺管道上，宜采用“U”型螺栓或卡子固定，也可加抱箍固定。

④ 支架应固定牢固，横平竖直，整齐美观，支架间距应均匀。

⑤ 桥架支架制作采用10#槽钢与托臂焊接的“L”型支架。

1. 仪表桥架的安装

（1）仪表桥架安装前，应进行外观检查，桥架内外应平整，槽内部应光洁无毛刺，尺寸应准确，配件应齐全。

（2）该项目仪表桥架大部分为玻璃钢材料，不能采用焊接，必须采用螺栓连接和固定。采用螺栓连接和固定时宜用平滑的半圆头螺栓，螺母应在电缆槽的外侧，固定应牢固。

（3）仪表桥架的安装应横平竖直，排列整齐。电缆槽的上部与建筑物和构筑物之间应留有便于操作的空间。垂直排列的电缆槽拐弯时，其弯曲度应一致。

（4）槽与槽之间、槽与仪表盘柜和仪表箱之间、槽与盖之间、盖与盖之间的连接处应对合严密，槽的端口宜封闭。

（5）仪表桥架安装在工艺管架上时，宜在管道的侧面或上方。对于高温管道，不应平行安装在其上方。

（6）仪表桥架的开孔，应采用机械加工方法，并采用合适的护圈保护电缆。

（7）仪表桥架垂直段大于2m时，应在垂直段上、下端槽内增设固定电缆用的支架。当垂直段大于4m时，还应在其中部增设支架。

（8）仪表桥架拐直角弯时，其最小的弯曲半径不应小于槽内最粗电缆外径的10倍。

（9）仪表桥架的直线长度超过 50m 时，宜采取热膨胀补偿措施。

2. 电缆（线）敷设

（1）敷设仪表电缆时的环境温度不应低于 0℃。

（2）电缆的弯曲半径，不应小于其外径的 10 倍。

（3）电缆（线）敷设前应做好外观及导通检查，并用 500V 兆欧表测量其绝缘电阻，电阻值不应小于 5MΩ，当有特殊要求时，应符合其规定。

（4）敷设电缆应合理安排，不宜交叉；敷设时应防止电缆之间及电缆与其他硬件体之间发生摩擦；固定时，松紧应适度。

（5）每根电缆敷设时应在电缆两端做位号标志，电缆敷设完及时在电缆两端及地下入井处挂电缆牌标识。

（6）该项目中本安电缆用单独的桥架敷设，非本安电缆与电力电缆敷设在同一桥架内，但要用隔板隔开。从仪表桥架到现场仪表的电缆用保护管敷设，同时中间加挠性管。

3. 电缆（线）校接线

（1）电缆（线）接线前应按图纸认真校线，准确无误后挂贴字头标识，并用 500V 兆欧表测量绝缘电阻，其电阻值应≥5MΩ，并做好绝缘电阻记录。

（2）电缆校线，绝缘电阻测试合格后，应在电缆两端制作电缆头。

（3）电缆头排列应整齐、美观，固定要牢固。

综合训练 8　仪表连接管路施工

仪表连接管路在仪表使用过程中起着传输信号、供给气源/液压源和保证仪表运行的作用。大多数的仪表连接管路在仪表运行中，承受着被测工艺介质的压力、温度、腐蚀等。其施工质量的好坏，不仅对仪表能否正常运行意义重大，也对装置能否安全运行有重大影响。因仪表连接管路而出现的安全事故时有发生，所以参加施工的人员，要切实保证仪表连接管路的施工质量，为仪表的正常运行提供保障。

1. 仪表连接管路的主要施工方法

（1）一般规定。

① 管路敷设的位置，不应在有碍检修、腐蚀、震动及其他影响测量之处。

② 管子加工应采用机械切割的方法，切割后应对管口进行处理，要使管口平正光滑，无毛刺、裂纹、凹凸、缩口、铁屑等。

③ 管路与仪表连接时，应保证其正对仪表连接口，不应使仪表承受机械应力。

④ 仪表管路为不锈钢材质时，在碳钢支架上固定应采取隔离保护，不应让其与支架直接接触。

⑤ 仪表管路采用对焊连接时，应使焊口两侧的管路轴线一致。其错边量不大于管子壁厚的 10%。

⑥ 仪表管路在穿墙或楼板时，应加装保护管段或保护罩。保护管段穿墙或楼板时，应伸出墙面 10～30mm。

（2）材料验收及存放。

① 仪表连接管路所用材料的规格、型号、材质等必须符合设计文件的规定，应具有出厂材质证明资料和产品合格证，并应按国家现行标准进行外观检查。特殊材质或有特殊要求的材料要进行复验。

② 测量管路材质的证明资料、产品合格证和复验报告要分类妥善保管，留做交工。

③ 检验合格的材料，要及时做好记录和产品合格标识，办理入库手续。库存材料要分类整齐摆放。不锈钢材料要做好隔离，不得与碳钢直接接触。

④ 仪表连接管路的安装材料，在库存期间要统一安排，对一些需除锈和防腐的材料，要进行除锈和防腐处理。

⑤ 测量管路使用的阀门和辅助容器必须经过强度压力试验和阀门泄漏量试验合格后，方可进行安装。

2. 管路支架的制作安装

（1）制作支架的材料在下料前应进行矫正，切口应光滑，制作应牢固、平正，尺寸准确。

（2）支架安装宜采用焊接。一般应焊接在钢结构或工艺设备和管道的支架上，不应焊接在工艺设备和管道上。

（3）支架安装应做到固定牢固，横平竖直，整齐美观，同一直管段上的支架间距应均匀。

3. 阀门安装

（1）阀门安装前，应按设计文件核对其型号、规格、材质，并应按介质流向确定其安装方向。

（2）与管道以法兰或螺纹方式连接的阀门，应在关闭状态下安装；与管道以焊接方式安装的阀门，必须在开阀状态下焊接。

（3）高压阀门安装前，必须复核产品合格证和试验记录。

（4）仪表连接管路系统敷设完毕后，测量管路系统的排放阀和差压仪表的平衡阀应处于开阀状态，其他阀门均应处于关阀状态。

4. 测量管路的施工

（1）该项目中仪表测量管路的设计为卡套式连接方式，卡套和无缝钢管连接时卡套内件不得缺少且方向必须正确，卡套松紧程度要适中。

（2）管路在煨弯时要使用专用工具，防止管路出现煨扁现象。

（3）测量管路在支架上固定应采用可拆卸的管卡固定。当管子与支架之间有频繁的相对运动时，应在管子与支架之间加木块或软垫。成排敷设的管路，间距应均匀一致。

（4）测量管路辅助容器的安装。

- 辅助容器安装前应按设计要求核对其规格、型号、材质，并进行压力试验。
- 辅助容器安装一般应用支架固定，固定应牢固平正。管路连接后，辅助容器不应承受管路的机械应力。
- 离容器、冷凝容器的安装应使其呈垂直状态，成对的安装标高必须一致。

5. 气源管路的敷设

（1）该项目中仪表气源管路设计采用气源分配台及 1″、3/4″、1/2″镀锌钢管和$\phi8\times1$不锈钢管敷设。气源主管采用 1″、3/4″、1/2″镀锌钢管敷设并与气源分配台连接，分支气源管采用$\phi8\times1$不锈钢管。

（2）气源管采用小管径金属管时应采用卡套式连接，镀锌钢管采用丝接。

（3）气源分配台应根据设计要求留有排污口及适量的备用口。

6. 仪表伴热管路的敷设

（1）差压仪表的导压管需伴热时，宜以管束的形式敷设，正、负压管分开时，伴热管应采用三通接头分支，沿正、负压管并联敷设，长度相近。

（2）伴热管与保温箱、仪表设备之间的连接处，或伴热管通过管路接头、法兰处，应采用可拆卸的管接头连接。当连接处需经常拆卸时，连接的管接头应伸出保温层外单独保温。

（3）伴热管线应采用镀锌铁丝或不锈钢丝与导压管捆扎在一起，捆扎不宜过紧，且不应采用缠绕方式捆扎。

（4）伴热管线从蒸气主管线或分配台引出时，应设置切断阀，阀后应有可拆卸的法兰或活接头。

（5）蒸气伴热管应采用单回路供气，不得串联。

（6）蒸气伴热的疏水阀与阀门的安装顺序应为：顺着蒸气的流向，先阀门，后疏水阀。

综合训练 9　仪表系统调试

1. 仪表系统调试的一般规定

（1）仪表设备已经过单体校准调试，并已安装完毕，规格型号符合设计要求。

（2）取源部件位置适当，测量管路安装正确无误，已吹扫、试压合格。

（3）气动信号管符合设计要求，已吹扫，气密性试验合格，已通入清洁、干燥、压力稳定的仪表空气。

（4）电气回路已进行校线及绝缘检查，接线正确，端子接线牢固，接触良好。

（5）接地系统完好，接地电阻符合设计要求。

（6）电源、电压、频率、容量符合要求，总开关、各分支开关和保险丝容量符合图纸要求。

（7）DCS 系统本身应已送电，硬件及软件调试检查已完成。

（8）每个系统试验之前应按系统中仪表要求的时间进行通电预热。

（9）做检测系统试验时，试验点一般应按设计量程（或信号）的 0%、50%、100%、100%、50%、0% 6 点（上行、下行各 3 点）试验，确认显示单元显示范围符合设计要求，显示的最大误差值及回差值应小于该系统的系统误差值（系统误差为该系统参与试验的各单台仪表允许误差平方和的平方根值）。

（10）联锁报警调试时，应首先确认联锁报警设定值，调试误差不大于允许的系统误差值。

（11）每个系统调试完成后，应把如线路、箱盖、槽盖、管路、阀门等在调试中改变过状态的设备及线路恢复到原始状态或合理的状态。

（12）系统试验是仪表施工的最后一道工序，是施工单位与建设单位进行中间交接的过程，因此，系统调试人员应会同甲方、监理、工艺操作人员共同进行调试，并按交工表格要求做好系统调试记录。

2. 调试方法

（1）压力检测回路调试。在进行系统调试前，应在该系统进入控制室端子处用智能手操器在线自检，通过后检查该变送器位号、单位、量程及温度是否符合要求及当时情况，然后做修改参数调试，并检查置位输出电流功能，在测试完成后，再进行系统模拟调试。

（2）温度检测回路调试。在进行系统调试之前，应先查看温度显示仪表显示值，应为该热电阻所在位置的环境温度，然后把电缆从热电阻接线端子上拆下，接到标准电阻箱上，根据设备规格表要求分度量程，查对对应的温度对照表，分别给出量程的3点上、下行电阻值（50%测量点可选附近相对整数的电阻值），分别记录调试值，显示仪表调试误差值应符合要求。

（3）流量检测回路调试。调试之前，应首先确认流量计安装方向及前后直管段符合要求，然后从流量计端子上拆下信号线，分别送出相应的电流或频率信号，记录调试值，显示仪表调试误差应符合要求。

（4）物位检测回路调试。料面液位计的系统调试应和甲方有关人员协商，如果可能，应由工艺专业人员配合向被测容器内加水（或别的允许的介质），进行零位和量程的标定，然后进行 5 点调试。如果不可能，应首先把信号电缆从液位计端子上拆下，直接用信号发生器加相应的模拟信号，误差应符合要求。然后在联动试车或化工投料试车阶段，用水或物料再做校准调试。

（5）分析检测回路调试。在线分析仪表应按说明书要求，先通电恒温一定时间，按校验的程序要求通入样品、样气，进行零位及量程的标定，相应显示单元也应显示零位值及满量程值。然后用毫安发生器加毫安信号，指示应为对应值，误差应符合要求。

（6）调节回路调试。做调节系统调试时，一般应在DCS操作室手动给定0%、50%、100%、100%、50%、0%上下行程各3点输出值，调节阀应有相应的0%、50%、100%、100%、50%、0%动作。

综合训练10　安装质量保证措施

1. 执行的规范和标准

《自动化仪表工程施工及验收规范》（GB50093—2002）、《自动化仪表工程施工质量验收规范》（GB50131—2007）。

2. 工程质量目标

仪表安装工程质量达到优良标准。

3. 施工质量控制

（1）材料质量技术保证措施。

① 业主供应设备材料，在出库时必须经过检查验收，不合格的立即处置，不能进入施工

现场。

② 我方采购的焊条、焊丝等材料在入库前，必须先自检合格，然后将自检记录、材料合格证、质保单、试验报告等材料，连同报验申请单一并交业主、监理检验，合格后方可入库使用。

（2）仪表安装质量技术保证措施。

① 施工前，仪表工程师要先向作业班组进行技术交底并填写技术交底卡。

② 对安装现场的就地仪表及仪表箱，在竣工前要妥善保护，以免碰坏。

③ 一次检测源部件开孔位置必须根据施工图确定方位，同时与工艺专业人员和业主共同确认后施工。

④ 仪表安装用导压管线及部件，施工前必须进行检查和内部清污，仪表用电缆敷设前必须进行绝缘试验，并做好记录。

⑤ 仪表用阀门安装前必须进行试压检验，做好合格标记。

⑥ 仪表出库后，安装前经检验合格，按单位工程号挂牌保管，建立有效的保管、存放、领取措施。

⑦ 严格执行国家规定的仪表工程安装规程、规范及质量评定标准。

⑧ 制定质量保障措施及各项管理制度，配备专职质量检查员，严格把好设备、材料质量鉴定关。

⑨ 建立施工人员负责制，记录安装设备的材料和材质、规格型号，确保消除工程隐患。

⑩ 认真填写施工记录、质量自检记录和隐蔽工程记录，工程技术人员要向施工班组下达工序质量单并严格执行“三检”制度，包括作业班组自检、专职质检员检查、工序报监理检查。

附录A

化工过程仪表自控设计用标准及规范

一、行业法规及管理规定

1.1 化工厂初步设计内容深度规定［(88) 化基设字第251号］

1.2 化工厂初步设计内容深度规定中有关内容更改的补充［(92) 化基发字第695号］

1.3 自控专业施工图设计内容深度规定（HG 20506）

1.4 化工装置自控工程设计规定（HG/T 20636~20639）

1.4.1 自控专业设计管理规定（HG/T 20636）

1 自控专业的职责范围（HG/T 20636.1）

2 自控专业与工艺、系统专业的设计条件关系（HG/T 20636.2）

3 自控专业与管道专业的设计分工（HG/T 20636.3）

4 自控专业与电气专业的设计分工（HG/T 20636.4）

5 自控专业与电信、机泵及安全（消防）专业的设计分工（HG/T 20636.5）

6 自控专业工程设计的任务（HG/T 20636.6）

7 自控专业工程设计的程序（HG/T 20636.7）

8 自控专业工程设计质量保证程序（HG/T 20636.8）

9 自控专业工程设计文件校审提要（HG/T 20636.9）

10 自控专业工程设计文件的控制程序（HG/T 20636.10）

1.4.2 自控专业工程设计文件的编制规定（HG/T 20637）

1 自控专业工程设计文件的组成和编制（HG/T 20637.1）

2 自控专业工程设计用图形符号和文字代号（HG/T 20637.2）

3 仪表设计规定的编制（HG/T 20637.3）

4 仪表施工安装要求的编制（HG/T 20637.4）

5 仪表请购单的编制（HG/T 20637.5）

6 仪表技术说明书的编制（HG/T 20637.6）

7 仪表安装材料的统计（HG/T 20637.7）

8 仪表辅助设备及电缆、管缆的编号（HG/T 20637.8）

1.4.3 自控专业工程设计文件的深度规定（HG/T 20638）

1.4.4 自控专业工程设计用典型图表及标准目录（HG/T 20639）

1 自控专业工程设计用典型表格（HG/T 20639.1）

2 自控专业工程设计用典型条件表（HG/T 20639.2）

3 自控专业工程设计用标准目录（HG/T 20639.3）

1.5 化工装置工艺系统工程设计规定（HG 20557-20559）

1.5.1 工艺系统设计管理规定（HG 20557）

1.5.2 工艺系统设计文件内容的规定（HG 20558）

1.5.3 管道仪表流程图设计规定（HG 20559）

1.6 石油化工装置基础设计（初步设计）内容规定（SHSG-033）

1.7 石油化工自控专业工程设计施工图深度导则（SHB-Z01）

二、图形符号

2.1 过程检测和控制流程图用图形符号和文字代号（GB 2625）

2.2 过程检测和控制系统用文字代号和图形符号（HG 20505）

2.3 Instrumentation Symbols and Identification 仪表符号和标志［SHB-Z02（等同于 ISA S5.1）］

2.4 Binary Logic Diagrams for Process Operations 用于过程操作的二进制逻辑图［SHB-Z03（等同于 ISA S5.2）］

2.5 Graphic Symbols for Distributed Control/Shared Display Instrumentation, Logic and Computer Systems 分散控制/共用显示仪表、逻辑和计算机系统用图形符号［SHB-Z04（等同于 ISA S5.3）］

2.6 Instrument Loop Diagrams 仪表回路图图形［SHB-Z05（等同于 ISA S5.4）］

2.7 Graphic Symbols for Process Displays（ISA S5.5） 过程显示图形符号

2.8 分散型控制系统硬件设备的图形符号（JB/T5539）

2.9 Process Measurement Control Function and Instrumentation-Symbolic Representation（ISO 3511）过程测量控制功能及仪表符号说明

2.10 Recommended Graphical Symbols Part 15: Binary Logic Elements （IEC 117-15）推荐的图形符号：二进制逻辑元件

2.11 Graphic Symbols for Logic Diagrams (two state devices)（ANSI Y32.14）逻辑图用图形符号（二状态元件）

2.12 Symbolic Representation for Process Measurement Control Functions and Instrumentation （BS 1646）过程测量控制功能及仪表用符号说明

2.13 Bildzeichen fü r messen, steuern, regeln: Allgemeine bildzeichen. 自控图例：一般图形（DIN 19228）

2.14 仪表符号（JIS Z8204）

三、工程设计规范

3.1 计算站场地技术要求（GB 2887）

3.2 计算机机房用活动地板技术条件（GB 6650）

3.3 城乡燃气设计规范（GB 50028）
3.4 氧气站设计规范（GB 50030）
3.5 乙炔站设计规范（GB 50031）
3.6 工业企业照明设计标准（GB 50034）
3.7 锅炉房设计规范（GB 50041）
3.8 小型火力发电厂设计规范（GB 50049）
3.9 电子计算机机房设计规定（GB 50174）
3.10 氢气站设计规范（GB 50177）
3.11 压缩空气站设计规范（GBJ 29）
3.12 冷库设计规范（GBJ 72）
3.13 洁净厂房设计规范（GBJ 73）
3.14 石油库设计规范（GBJ 74）
3.15 工业用软水除盐设计规范（GBJ 109）
3.16 工业电视系统工程设计规范（GBJ 115）
3.17 化工厂控制室建筑设计规范（HG 20556）
3.18 石油化工储运系统罐区设计规范（SH3007）
3.19 炼油厂燃料油燃气锅炉房设计技术规定（SHJ 1026）
3.20 加油站建设规定（SHQ1）

四、自动化仪表

4.1 工业自动化仪表电源、电压（GB 3368）
4.2 不间断电源设备（GB 7260）
4.3 工业自动化仪表用模拟气动信号（GB 777）
4.4 工业自动化仪表用模拟直流电流信号（GB 3369）
4.5 工业过程测量和控制系统用电动和气动模拟记录仪和指示仪性能测定方法（GB 3386）
4.6 工业过程测量和控制用检测仪表和显示仪表精度等级（GB/T 13283）
4.7 工业自动化仪表用气源压力范围和质量（GB 4830）
4.8 工业自动化仪表工作条件温度和大气压（ZBY 120）
4.9 工业自动化仪表电磁干扰电流畸变影响试验方法（ZBY 092）
4.10 工业自动化仪表工作条件～振动（GB 4439）
4.11 工业自动化仪表盘基本尺寸及型式（GB 7353）
4.12 工业自动化仪表盘盘面布置图绘制方法（JB/T 1396）
4.13 工业自动化仪表盘接线接管图的绘制方法（JB/T 1397）
4.14 工业自动化仪表公称通径值系列（ZBN 10004）
4.15 工业自动化仪表工作压力值系列（ZBN 10005）
4.16 流量测量仪表基本参数（GB 1314）
4.17 工业自动化仪表通用试验方法-接地影响（ZBN 10003.26）

4.18 Quality Standard for Instrument Air （ISA S7.3）仪表空气的质量标准

五、自控专业工程设计规范

5.1 流量测量节流装置用孔板、喷嘴和文丘里测量充满圆管的流体流量（GB/T 2624 等同于 ISA 5167）

5.2 自动化仪表选型规定（HG 20507）

5.3 控制室设计规定（HG 20508）

5.4 仪表供电设计规定（HG 20509）

5.5 仪表供气设计规定（HG 20510）

5.6 信号报警联锁系统设计规定（HG 20511）

5.7 仪表配管配线设计规定（HG 20512）

5.8 仪表系统接地设计规定（HG 20513）

5.9 仪表及管线伴热和绝热保温设计规定（HG 20514）

5.10 仪表隔离和吹洗设计规定（HG 20515）

5.11 自动分析器室设计规定（HG 20516）

5.12 分散控制系统工程设计规定（HG/T 20573）

5.13 自控设计常用名词术语

5.14 石油化工自动化仪表选型设计规范（SH 3005）

5.15 石油化工控制室和自动分析器室设计规范（SH 3006）

5.16 石油化工仪表配管配线设计规范（SH 3019）

5.17 石油化工仪表接地设计规范（SH 3081）

5.18 石油化工仪表供电设计规范（SH 3082）

5.19 石油化工分散控制系统设计规范（SH/T 3092）

5.20 石油化工企业信号报警、联锁系统设计规范（SHJ 18）

5.21 石油化工企业仪表供气设计规范（SHJ 20）

5.22 石油化工仪表保温及隔离吹洗设计规范（SH 3021）

5.23 石油化工紧急停车及安全联锁设计导则（SHB-Z06）

5.24 Environmental Conditions for Process Measurement and Control Systems: Temperature and Humidity 过程测量和控制系统的环境条件：温度和湿度（ISA S71.01）

5.25 Control Centers Facilities （ISA RP60.1）控制中心设施

5.26 Human Engineering for Control Centers （ISA RP60.3）控制中心的人类工程

5.27 Documentation for Control Centers （ISA RP60.4）控制中心的文件

5.28 Electrical Guide for Control Centers （ISA RP60.8）控制中心的电气导则

5.29 Piping Guide for Control Centers （ISA RP60.9）控制中心的配管导则

5.30 Recommended Practice for the Design and Installation of Pressure-Relieving Systems in Refineries （API RP520）炼油厂压力泄压系统的设计和安装

5.31 Vibration, Axial Position, and Bearing Temperature Monitoring Systems.（API 670）非接触式振动和轴位移监测系统

5.32 Control Valve Sizing Equations for Incompressible Fluids （ISA S39.1） 不可压缩流体用调节阀的口径计算公式

5.33 Flow Equations for Sizing Control Valves （ISA S75.01）控制阀口径计算公式

5.34 Control Valve Terminology （ISA S75.05）控制阀术语

5.35 Control Valve Manifold Designs （ISA RP75.06）控制阀的阀组设计

5.36 调节阀口径计算（ANSI FCI62-1）

5.37 Control Valve Seat Leakage （ANSI B16.104/FCI70-2）控制阀泄漏量规定

5.38 Terminology for Automatic Control （ANSI C85.1） 自动控制术语

六、通用图册和设计手册

6.1 自控安装图册（HG/T 21581）

6.2 仪表单元接线接管图册（TC 50B1）

6.3 仪表回路接线图册（TC 50B2）

6.4 自控设计防腐蚀手册（CADC 051）

6.5 仪表修理车间设计手册（CADC 052）

6.6 石油化工企业仪表修理车间设计导则（SHB-Z002）

6.7 仪表维护设备选用手册（SHB-Z003）

6.8 Manual on Installation of Refinery Instruments and Control Systems （API RP550） 炼油厂仪表及调节系统安装手册

6.9 Part Ⅱ Installation Operation and Maintenance of Combustible Gas Detection Instruments （ISA S12.13） 可燃气体检测仪表的安装、操作和维护

七、管法兰与管螺纹

7.1 钢制管法兰国家标准汇编（GB 9112~9128）

7.2 钢制管法兰、垫片、紧固件（HG 20592~20635~97）

7.3 高压管、管件及紧固件通用设计（H1~37）

7.4 石油化工企业钢制管法兰（SH 3406）

7.5 管路法兰及垫片（JB/T 74~90）

7.6 用螺纹密封的管螺纹（GB 7306，相应于 55° 圆锥管螺纹）

7.7 非螺纹密封的管螺纹（GB 7307，相应于 55° 圆柱管螺纹）

7.8 60° 圆锥管螺纹（GB/T 12716）

7.9 钢管螺纹［ISO 7/1（R.RC）］

7.10 直管螺纹［ISO 228/1（G.Ga）］

7.11 Pipe Flanges and Falanged Fittings Flange Surface Shall be Smooth. （ANSI B16.5）管法兰和法兰连接件

7.12 Steel Orifice Flanges （ANSI B16.36、B16.36a）钢制孔板法兰

7.13 Flange Mounted Sharp Edged Orifice Plates for Flow Measurement （ISA RP3.2）流

量测量用法兰安装式锐孔板

7.14 管螺纹（ASME B1.20.1）

八、安全防护

8.1 爆炸性环境用防爆电气设备（GB 3836）

8.2 外壳防护等级的分类（GB 4208）

8.3 电气设备安全设计导则（GB 4064）

8.4 电子测量仪器安全要求（GB 4793）

8.5 爆炸和火灾危险环境电力设计规范（GB 50058）

8.6 石油化工企业设计防火规范（GB 50160）及1999年筑物抗震设计

8.7 构筑物抗震设计规范（GB 50191）

8.8 建筑抗震设计规范（GBJ 11）

8.9 建筑设计防火规范（GBJ 16）

8.10 火灾自动报警系统设计规范（GBJ 116）

8.11 化工企业爆炸和火灾危险环境电力设计规范（HGJ 21）

8.12 化工企业静电接地设计规程（HGJ 28）

8.13 石油化工企业可燃气体和有毒气体检测报警设计规范（SH 3063）

8.14 Electrical Instrument in Hazardous Atmospheres （ISA RP12.1） 危险大气里电气仪表

8.15 Instrument Purging for Reduction of Hazardous Area Classification （ISA S12.4） 用于降低危险区域等级的仪表吹气法

8.16 Installation of Intrinsically Safe Systems for Hazardous（Classified）Locations（ISA RP12.6） 本安系统在危险区的安装

8.17 Area Classification in Hazardous （Classified） Dust Locations （ISA S12.10） 危险粉尘场所的区域分类

8.18 Electrical Equipment for Use in Class1, Division 2 Hazardous（Classified）Locations（ISA S12.12） 1区2类危险场所的电气设备

8.19 Classification of Degrees of Protection Provided by Enclosures. （IEC 529） 外壳防护标准

8.20 Electrical Apparatus for Explosive Gas Atmospheres Part10: Classification of Hazardous Areas.（IEC 79-10）爆炸气体场所的电力设备第10部分：危险场所的划分

8.21 Part14: Electrical Installations in Explosive Gas Atmospheres.（IEC 79-14）爆炸气体环境的电力设备（除矿用外）

8.22 Intrinsically Safe Apparatus in Division I Hazardous Locations （NFPA 493） I区危险场所中的本安设备

8.23 Classification of Areas for Electrical Installations in Petroleum Refineries （API RP500A）炼油厂电气安装用防爆场所的划分

九、施工验收

9.1 工业自动化仪表工程施工及验收规范（GBJ 93）
9.2 自动化仪表工程施工及验收规范（GB50093-2002）
9.3 自动化仪表安装工程质量检验评定标准（GBJ 131）
9.4 电气装置安装工程接地装置施工及验收规范（GB 50169）
9.5 电气装置安装工程低压电器施工及验收规范（GB 50254）
9.6 洁净室施工及验收规范（HGJ 71）
9.7 石油化工仪表工程施工技术规程（SH3521）
9.8 长输管道仪表工程施工及验收规范（SYJ 4005）
9.9 工业控制计算机系统验收大纲（JB/T 5234）

参 考 文 献

［1］ 乐嘉谦．仪表工手册．第2版．北京：化学工业出版社，2004.
［2］《工业自动化仪表手册》编委会．工业自动化仪表手册．北京：机械工业出版社，1988.
［3］ 方卫东．仪表安装与维修．北京：化学工业出版社，2001.
［4］ 国海东，刘江彩．自动化装置安装与维修．北京：化学工业出版社，2005.
［5］ 张德泉．仪表工识图．北京：化学工业出版社，2005.
［6］ 叶江祺．热工测量和控制仪表的安装．北京：中国电力出版社，1998.
［7］ 李骁，姜秀英．自动化控制工程设计．北京：电子工业出版社，2009.
［8］ 李骁．仪表维修工职业操作技能培训教材．北京：化学工业出版社，2015.